U0016461

潛入亞馬遜

了解全球獨大電商的最後一塊拼圖

潜入ルポ amazon 帝国

橫田增生——著
林姿呈——譯

目次

編按：內文中的括弧小字爲編註、譯註。

序言

不知道從何時開始，我家隨處可見印有「亞馬遜公司」商標的紙箱。除了書本、雜誌，我連背包、紅酒、清潔劑，甚至是乾電池都在亞馬遜網站上購買。

平日購物時，我也養成了跟亞馬遜網站比價的習慣。例如，我常吃的維他命B群在亞馬遜網站上的價格大約落在三百多到五百日圓左右，所以如果同樣商品在實體藥局店面標價超過五百日圓，我就不會在那裡購買，而是回家網購，隔天即刻宅配到府。紅酒也是一樣，我習慣先去超市查看品牌、年代和價格，然後上亞馬遜網站搜尋。

這樣比價很可悲嗎？但這已經成了我日常生活習慣的一部分了。

亞馬遜創辦人兼執行長貝佐斯於九〇年代中期成立公司，當時他認爲想要獲得顧客青睞，必須掌握三大要點。第一是低價；其次是提供多樣化的產品；再者是下單後立即送達的便利性。貝佐斯編寫的這套經營戰略，算是完全正中我的下懷。

當初我爲了撰寫二〇〇五年出版的《臥底報導：亞馬遜公司的光明與黑暗》（潛入ルポアマゾン・ドット・コムの光と影；出版文庫本時，書名改爲《亞馬遜公司的臥底報導》〔潛入ルポ Amazon.com〕）一書，不僅潛入亞馬遜位於JR京葉線沿線市川鹽濱站附近的物流中心工作，更開始上亞馬遜網站購物。我第一次下單是在二〇〇三年，記得當時按下確認訂單按鍵時，內心七上八下的。那一年，我只下了五次訂單，購物金額不超過一萬日圓。

然而，自從我在二〇一二年成爲亞馬遜尊榮服務（Amazon Prime）的會員後，便猶如脫韁的野馬般，購物次數不斷攀升。二〇一七年我開始動筆撰寫本書時，這一年的購物次數已經超過七十次，金額也突破了二十萬日圓，網站上的購物車裡有將近六百多筆的待購商品，這時候我已經可以毫不猶豫地在亞馬遜網站網購了。

我在亞馬遜網站上利用的服務不限於購物。

我家沒有電視，早上起床後，對著亞馬遜開發的ＡＩ語音助理「Alexa」下達指令，收聽廣播新聞；工作以外的時間，我會用 Alexa 播放背景音樂。電影也是一樣，我在亞馬遜尊榮服務上觀看的次數，比上電影院的次數要多好幾倍。雖然是在電腦螢幕上看電影，震撼力絕對比不上電影院的聲光效果，但尊榮會員享有免費觀看，既不用多花錢，又不用出門，在家就可以輕鬆觀賞電影。至於漫畫或小說，我則是在電子書閱讀器「Kindle」上閱讀瀏覽。

光從用戶的角度來看，便可以深刻地體會到亞馬遜自創立以來產生的巨幅轉變。不過，亞馬遜究竟經歷了哪些歷程，才得以成爲今日的樣貌？由於亞馬遜成長得太過龐大，單從新聞或報章雜誌的內容，很難掌握其全貌。

所以，我才會想要重新寫一本書，來探討亞馬遜這家企業。相較於十五年前我所寫的潛入報導，亞馬遜究竟有何改變？現在的亞馬遜又是一間什麼樣的企業？

爲了取得線索，我決定再次潛入亞馬遜的物流中心。爲此，我特地從亞馬遜網站購買攝影眼鏡、ＳＤ卡、附計步器的手錶及筆記本等，準備潛入採訪所需的用具。

不過，我這次的報導對象，不單單針對物流中心的概況，還包括亞馬遜主要獲利來源的「亞馬遜雲端服務」（Amazon Web Service, AWS）、租稅規避策略、「市集賣場」（Marketplace）賣家，以及在亞馬遜網站上橫行的假評價等面向，我想盡可能地從多方角度來探討亞馬遜。

令人擔憂的是，亞馬遜是一間不願意接受採訪的企業。《紐約時報》專欄作者就曾以「最堅守保密主義的科技公司」來稱呼亞馬遜。

而且，我是個曾經潛入被亞馬遜視爲「祕密寶庫」的物流中心大半年、還出書大肆報導的「前科犯」，再加上日後我又寫了優衣庫、大和運輸等企業的相關紀實作品，已經被貼有「不受企業歡迎記者」的標籤。

我想這次仍舊無法期待亞馬遜會接受我的訪問，因此想必要耗上不少時間。那麼，我就配合二〇一九年夏天，亞馬遜迎來創業第二十五週年這個大喜之日，作爲本書日文版的發行日期，竭盡所能地進行採訪。

第一章

睽違十五年，再度潛入巨大倉庫

我第二次潛入的地點，是日本亞馬遜在國內最大的小田原物流中心，占地相當於「四座東京巨蛋」。在這座物流中心裡，遍布監視員工工作情況的巧妙設計。

螻蟻面對巨象

「亞馬遜竟然成長到如此龐大。」二〇一七年十月十四日，我不禁被眼前的景象所震懾。

睽違十五年，我再次踏進亞馬遜物流中心的大門。

這次我潛入的地點，位於神奈川縣小田原，是日本亞馬遜最大的物流中心，開頭的那句話是我首次去小田原揀貨的第一印象。工作人員依照指示揀貨，從物流中心揀取、挑出顧客所選購的商品。在上次的臥底報導中，我也被分配到揀貨單位。

工作時，揀貨人員會在便服外，再套上前後印有名字的藍色安全背心，背心上別著表示新人標誌的紅色緞帶，另外還會配戴中心發放的橡膠手套，胸前掛著印有全名與照片的出入識別證。一整天這副模樣，推推車到處尋找商品。

爲了撰寫《亞馬遜公司的臥底報導》，我在二〇〇二年年底潛入當時位於千葉縣市川鹽濱臨海的物流中心（爾後遷移至市川鹽濱車站前），待了半年左右。

在二〇〇五年《亞馬遜公司的臥底報導》出版之前，日本國內幾乎沒有任何有關日本亞馬遜的完整資訊。我在那半年期間，一邊打工，一邊觀察亞馬遜物流中心內部的作業流程、整體輪廓和內部人員的整體概況。計時人員時薪九百日圓，合約每二個月更新一次。

在物流中心打工的同時，我讀遍國內外各大報章雜誌，並四處打聽亞馬遜的相關消息。當時接受我採訪的人員，包括拒絕亞馬遜創辦人傑夫·貝佐斯併購案提議的BOOK SERVICE（二〇一六年整合至樂天書城）前社長；獨占亞馬遜物流中心業務及宅配，並且曾與貝佐斯直接商談的日本通運前董事；以及當時被視爲亞馬遜勁敵的bk1（二〇一二年整合爲綜合書店honto）社長等人。

在上本書中，我除了指明亞馬遜在幾乎無人注意到的情況下，悄然無聲且持續快速成長的事實，更揭露亞馬遜職場上存在著類似「種姓制度」的階層制度。位於制度頂端的是亞馬遜的正職員工；再來是僅次於亞馬遜正職員工、掌控物流現場的日本通運；最底層則是領取時薪九百日圓的計時人員。紀實作家鎌田慧曾於七〇年代以定期約聘人員的身分潛入豐田汽車，並據此出版《汽車絕望工廠》一書。我曾比較豐田與亞馬遜的差異，提出以下論述。

「豐田工廠之所以稱得上是『絕望工廠』，不外乎是因爲當時還存有一絲『希望』，而那一絲希望，多半是來自『只要能夠成爲大企業的員工，就算是最底層的工廠工人，都還能一輩子不愁吃穿，養家活口』的想法；但在亞馬遜，就連追求那一絲絲的希望都嫌奢侈。豐田與亞馬遜兩者最關鍵的差異，就在於『希望』的存在與否。」

十五年後，我又再度潛入亞馬遜。我想要用自己的雙眼見證，亞馬遜的物流中心依舊不存在絲毫的希望。

十五年前，市川鹽濱是亞馬遜在日本唯一的物流中心，兩層樓高的建築，總樓地板面積近五千坪。相較之下，此次潛入的小田原物流中心自二〇一三年開始啓用，五層樓、總樓地板面積約六萬坪。若以每樓層的樓地板面積計算，相對於市川鹽濱的二千四百坪，小田原有一萬二千坪，足足相差五倍。

現在除了小田原以外，亞馬遜在日本還有十多處物流中心在運轉。若將現今亞馬遜在日本國內所有物流中心的總樓地板面積加總起來，合計超過二十萬坪，在電商產業無出其右，比起剛在日本起步階段，成長了五十倍以上。憑我多年來持續觀察亞馬遜的經驗，我敢打包票，當初我潛入亞馬遜時，沒有人可以想像亞馬遜會擴展到現今如此龐大的規模。

二〇〇二年當時，亞馬遜在日本的銷售額約五百億日圓。到了二〇一八年，亞馬遜銷售額約一兆五千一百八十億日圓，成長幅度超過三十倍。從日本零售業者的銷售額排名來看，已然超越第五名 UNI FamilyMart HD，與第四名的山田電機並駕齊驅。當然亞馬遜不只銷售額有所成長，相當於電商後院的物流中心數量與其樓地板面積，亦隨之不斷擴張。

亞馬遜以「大約四座東京巨蛋」來形容小田原物流中心的寬敞。相形之下，市川鹽濱的物流中心頂多是「一座小學體育館」。兩者之間究竟有何差距？打個比方，在市川鹽濱的物流中心，工作人員彼此在朝會上打招呼後，整日下來還會在儲貨架間數度擦身而過；然而在小田原那座寬廣的物流中心裡，揀貨員在朝會上打過照面之後，就幾乎沒有碰面的機會，各自分散、四處埋頭工作。

小田原物流中心的作業面積不單單只是寬敞，在空間使用上也十分密集。

小田原中心儲貨架的排列方式，單側大多以三個儲貨架爲一組、排成一列，一排通道左右各有三個儲貨架並列，這也意味著揀貨員必須從左右合計共六個的儲貨架揀貨。舉例來說，右側有一、二、三號儲貨架，左側有四、五、六號儲貨架並列，揀貨員可以直接從排在最前面的儲貨架揀貨，但如果商品擺在其後方的第二、三個儲貨架上，就必須將前面的儲貨架往左右移動才能找到商品。同樣一列的儲存空間，當一個儲貨架數量增加為三個，就表示可收納的商品數量增加了三倍。

前文中我曾提及小田原每層樓的面積是市川鹽濱物流中心的五倍，所以如果再將每一列多三倍量的商品計算進來，單純從數學算式來乘除，小田原可容納的商品數量是市川鹽濱的十五倍，其數量之龐大，給人相當大的壓迫感。我光是想到要從一列六個塞滿衆多商品的儲貨架上，找出某個特定訂單的商品，就覺得渾身無力，這大概就是所謂螻蟻面對巨象時的心境吧。

全面錄取的面試

十月初，我上網瀏覽求職資訊，發現小田原物流中心正在應徵計時人員，便投了履歷。

亞馬遜有十多家物流中心，為何我偏偏選上小田原？除了因為它是日本亞馬遜規模最大的物流中心以外，另一個關鍵原因是，因為某家物流企業老闆曾向我透露「小田原內部好像挺烏煙瘴氣的」。根據他的說法，那裡的業務水準低，就連募集計時人員都有困難。

如果純粹考慮通勤時間，以電車僅需十五分鐘就能抵達的市川鹽濱站前物流中心最爲方便，但我心中暗忖，如果日本最大的小田原物流中心內部當眞是「烏煙瘴氣的」，說不定能取得有趣的撰寫材料，這才是我想要潛入小田原的最大動機。

我上網搜尋打工資訊，打電話給正在召募小田原物流中心計時人員的人力仲介公司，共撥了三通電話，最後選定隔日即可面試的「日本ＮＳ人力仲介公司」，前往橫濱分店接受面試。

面試地點位在橫濱車站附近的綜合大樓內的某間辦公室，距離車站步行約十分鐘。辦公室約四坪大，共有三名工作人員。當我表示來參加計時人員的面試之後，一名三十多歲的男子，神似漫才二人組「衝動」（インパルス）成員堤下，臉上堆滿了笑容，一副好像生意上門忍不住搓揉雙手的模樣上前迎接。

「通常，在亞馬遜大人工作的時薪是一千日圓，現在是特別優惠期間，每小時加薪五百日圓，絕對超値。」

我們中間隔著折疊式活動長桌，面對面坐在折疊鐵椅上。才一入座，剛才來迎接我的男子便即刻切入正題。

我先前在網上瀏覽時，未曾留意到加薪五成，不過他的態度看起來，似乎覺得我是看上時薪加成的「好康」才前來應徵工作，既然如此，我就配合他的假設。

「堤下」將這五成加薪稱爲「假日津貼」，實施期間到十二月二十五日聖誕節爲止。當時神奈川縣的最低時薪是九百五十六日圓。所以，原時薪一千日圓，再加薪五百，是何等慷慨大方。在我忍不住讚嘆亞馬遜眞闊氣的同時，堤下接著說道：

「但是有幾個附帶條件。第一，一週必須工作二十小時以上。第二，一個月內當日電請（透過電話聯絡請假）最多一天。所以，請務必確認您可以依照上述要求提出班表來上班，亞馬遜大人非常討厭員工請假，會造成人手不足。能做到以上兩個條件，我們就會以假日津貼的薪水來支付工資。您應該曾在亞馬遜大人的網站上買過東西吧？」

「是……」

「那麼您應該知道，亞馬遜大人的商品到貨速度很快，也就是說，必須要有人手來完成這項工作。負責的計時人員一旦休息，商品就無法如期出貨。最後，容我提醒，假日津貼沒有敗部復活的機會。如果十月因條件不符而被淘汰，那就是到此爲止，沒有十一、十二月還能重來的機會，關於這點，還請您諒解。」

最讓我在意的是他言語間所使用的「亞馬遜大人」這個稱號。

我第一次潛入亞馬遜臥底時，當時的承包商日本通運，會以擬人化的方式「亞馬遜先生」來稱呼亞馬遜。隨著光陰流逝，現在竟然升格到「亞馬遜大人」。後來我所遇到的計時人員也都用「亞馬遜大人」這個稱呼。就我個人而言，「亞馬遜先生」這個稱呼還勉強可以接受，但用「亞馬遜大人」就太噁爛了。我眞的很想吐槽：「你是何方神聖啊?!還眞的當自己高高在上，跟員工是雲泥之別了嗎?!」最後我頂著面試專用的虛僞笑臉，將到嘴的話往肚裡吞。

根據提下的解釋，亞馬遜底下有一間負責承包人資服務的人力仲介公司「英特科」。英特科旗下包含日本NS人力仲介公司在內，共有三十多家下游承包商。

亞馬遜需要這麼多間承包商與下游承包商協助，主要是爲了精確管理計時人員。小田原物流中心的計時人員平時一千人左右，爲了迎接歲末購物季，他們會提早加派人手，所以人數會增加到大約二千人，也因此需要這麼多家人力仲介公司協助亞馬遜管理爲數龐大的計時人員。

舉例來說，根據人力仲介公司的指示，所有計時人員在工作日當天，必須提前原定的出勤時間二小時，撥電話到日本NS人力仲介公司現場負責人深谷大二郎（化名）的手機，只要電話撥通便可立即掛掉，這是用來確認計時員工當天是否能到職上班的機制。接著每天早上在物流中心的二樓休息室，會再跟負責人碰面，作爲上班出勤的雙重認證。

說起來，我才開始工作沒幾天，就發生了一段小插曲。有一天我突然忘記寄放私人物品的置物櫃密碼，無法打開置物櫃，於是我打電話給先前提及的那位深谷先生，他立刻飛奔到物流中心，幫我開啓置物櫃。亞馬遜將包含上述種種細枝末節的員工管理，全數外包給人力公司，由他們代勞確保計時人員不會在工作日休息，能確實上班，完全不用再勞煩亞馬遜經手。若想按照亞馬遜的期望來管理成千上萬的計時人員，估計需要三十多間的人力仲介公司。

我的班表是上午九時至下午五時，工時八小時，其中有四十五分鐘的午餐時間，及二次十五分鐘的休息，所以實際勞務時間爲六小時又四十五分鐘。想要取得時薪一千五百日圓的工資，必須一週工作三天以上，每月的工作時間必定會超過八十小時。若以時薪一千日圓計算，月薪八萬日圓，再加上假日津貼，就有十二萬日圓。

不同值班時段的薪資差距頗大。

如果是值夜班，薪資加成〇・二五倍，時薪立即跳漲到一千八百七十五日圓，以時薪來看，相當高薪。但我在以前的臥底報導中，曾連續數月上夜班，結果搞垮身體，我從此決定不再值夜班。

我在當時的《日本經濟新聞》中發現一則新聞，標題爲〈時薪一千八百七十五日圓＋每週一萬日圓倉庫工作變高薪打工〉（時給１８７５円週＋１万円倉庫作業がリッチバイトに）。

「人力仲介公司英特科自九月起，以史無前例的超高時薪召募倉庫作業員。每週需工作四十小時以上，夜班時薪高達一千六百至一千八百七十五日圓。其他業務時薪也有一千四百七十日圓以上，比一般時薪多五百日圓。只要滿足無曠職等條件，每星期還可多領一萬日圓……工作地點是電子商務（ＥＣ）巨擘位於神奈川縣小田原市的物流中心。類似工作的平均時薪，在東京都內大約落在一千～一千一百日圓上下。如此高額的『高薪打工』，主要是爲了消化年終購物潮，短期內需召集三百人。」（《日本經濟新聞》二〇一七年十月二日）

雖然沒有指名道姓說出亞馬遜的公司名號，但「電子商務（ＥＣ）巨擘位於神奈川縣小田原市的物流中心」，明顯指的是亞馬遜小田原物流中心，而且報導中指出的英特科公司是亞馬遜承包商，由此亦可窺見一二。

然而，至今物流中心的計時人員時薪行情，多半落在九百五十日圓上下。明明是先進來的計時人員在工作上比較純熟，卻是年底前才到職的菜鳥時薪比較高，而且多領了五成薪，對於這個情況，難道沒有人提出質疑嗎？

我查看類似臺灣批踢踢的網路論壇「5ch」裡的亞馬遜小田原物流中心主題，確實累積了諸多不滿的回文。

「爲什麼我們時薪才九百七，新人卻拿一千八百五十？」

「好久沒看求職網，結果發現一堆倉庫打工時薪一千五百圓時，我笑了，這肯定跳槽的啊！」

「起碼年底幫員工調高時薪啦！死慣老闆。」

「新人不認眞工作，累了就坐在儲貨架旁邊偷懶，時薪拿一千八。」

也不能怪這些以往時薪不到一千日圓的計時人員會生氣。然而在此同時，新進的計時人員難道不會對聖誕節前時薪一千五百日圓，節日結束後就得被調降到一千日圓這件事感到憤恨不平嗎？抑或對亞馬遜而言，召募這些計時人員，不過是爲了在繁忙期湊人數應急，所以就算他們全數辭職走人也無所謂？

除了假日津貼，我在物流中心裡還發現各式各樣的獎勵海報，分成夜班、日班、連續等，鉅細靡遺地列出不同的工作模式所規定的工作時數、一週到班幾天、遲到和曠職的次數等。我雖然不是爲了獎勵金而來，但也立刻了解不能輕易、全盤地接受亞馬遜所提出的誘人條件。這種做法就像是在馬的頭上掛著一根紅蘿蔔，引誘馬不斷向前奔跑，最後再給予紅蘿蔔作爲獎勵。

舉例來說，我在物流中心內發現一張海報，上面寫著十一月二十六日到十二月二十三日期間限定，「在這四週內，全部按白金班表上班，就有八萬日圓入袋」。亞馬遜內部有各種「白金班表」，其中一例便是上午八時至夜間七時（休息一小時），一天工作十一小時，一週六天，一個禮拜能拿到二萬日圓的津貼，連續工作四個禮拜，最多可領取八萬日圓的津貼。

但是備有但書：「只要各週工作期間發生當天曠職、遲到、早退等情形，便不予支付該週獎金。」

實際工作十小時，做滿六天即工作六十小時，然後針對這部分支付二萬日圓的津貼，換算成時薪，相當於一小時加薪三百三十三日圓。爲了拿到這個金額，一天十小時的工作，一星期必須做六天，光想我就覺得頭皮發麻。

某個女計時人員直盯著那張海報看，我聽到她嘴裡喃喃自語地說：「好，我就做給你看！」

在這麼嚴苛的條件下連續工作四星期，不出聲幫自己加油打氣實在做不下去。

等堤下說明告一段落，我取出他們要求我帶來的四樣物品：一張證件照、身分證、印章及銀行存摺影本。他們會事先要求我帶這些東西來，因爲這是場一開始就以錄取爲前提的面試。不問性別、年齡，也不問個性。在這個不惜將時薪提高五成也要募集人手的繁忙期，資方沒有挑選員工的餘力，來者不拒。

堤下補充說道：「我們沒有補助交通費，所以從最近的接駁車乘車地點搭乘前往物流中心的公車最方便。」

我告知堤下在物流中心工作期間，會搭乘早上七點四十分左右從平塚站前出發的公車，回程則搭下午五點四十多分從中心發車的公車回平塚車站後，結束了這場面試。

截然不同的企業

我在小田原物流中心從二〇一七年十月十四日做到二十七日，前後大約歷時兩個禮拜。這段期間，我的出勤天數共計八天，屬於短期的臥底採訪。

這次採取短期的臥底形式，主要有三大理由。

第一是十五年前，我已經寫了一本有關亞馬遜物流中心的臥底報導，這次我再度潛入的目的是爲了與上次的情況比較，而非寫出和上次一樣的臥底報導。

其二是因爲那時我已經寫完前一本著作《潛入優衣庫一年》（ユニクロ潜入一年）的稿子，希望能在該書的出版日二〇一七年十月二十七日前，結束這次的採訪任務。

在《潛入優衣庫一年》書中，我透過合法途徑改名換姓，在優衣庫的三家分店工作超過一年以上，並根據我的經歷描繪優衣庫內部的實際情況。書中我曾提及自己是如何改名，以及透過哪些管道潛入優衣庫分店。這次潛入亞馬遜時，我沿用了上次的假名，藍色安全背心上所掛的名牌就標記了我後來的名字。

此外，爲了配合《潛入優衣庫一年》的發行，身爲作者，我接受了包含網路媒體在內的多家媒體訪問，因此該書正式販售時，網路上會出現大量附有我的照片的訪問報導。雖然從歷來的臥底採訪經驗來看，我不認爲臥底採訪會因爲這些作者訪問而曝光，但俗話說打鐵要趁熱，所以最後決定在自己的大頭照被大量在網路傳播之前，趕緊結束臥底採訪方爲上策。

最後一個理由，則是歸因於亞馬遜的巨大轉變。

我才開始揀貨不久，便發現亞馬遜所網羅的商品變得更多元且多樣化。

我一踏入四樓的作業樓層，便將儲貨架分格中所儲存的物品一一取出查看，結果如下。

「鴨井加工紙紙膠帶」

「三顆單排 LED 燈板」

「TAKARA TOMY 戰鬥陀螺」

「曼秀雷敦 HAND VEIL 濃厚高保濕護手霜」

「DUcare 化妝筆山羊毛粉底腮紅刷」

「大阪阿倍野章魚燒一番 Yamachan 原創章魚燒粉」等。

從文具用品到汽車百貨、玩具，甚至是美容產品，各種商品應有盡有，全塞在儲貨架上。翻看旁邊的分格，則又出現完全不同的商品，其種類之繁多，超乎你我的想像，讓人再次體會，以網路書店通路起家的亞馬遜，如今已經成爲一間包攬各種商品的「什麼都賣的商店」（Everything Store）。

同時間我又想「這下不得了了」。

在寫《亞馬遜公司的臥底報導》時，我可以將重點放在亞馬遜與出版業之間的關係來蒐集資料，也就是說我能依照「因長年不景氣而叫苦連天的出版業 vs. 急速成長的亞馬遜」的圖解模型，來採訪其背景及意義，從而彙整成書出版。

然而，現在的情況是，要稱亞馬遜現已蛻變成另一間迥然不同的企業也絲毫不爲過。查看亞馬遜的年報，可以發現該公司如今最賺錢的項目是提供雲端服務的「亞馬遜雲端服務」。亞馬遜的企業規模架構已不再像以前一般，可以任我一邊在物流中心打工、一邊抽空採訪，蒐集出版業的資料便足以出書那樣單純。

所以，個人認爲這次的潛入臥底不過是個導引，日後我必須投注心力，專注在採訪及蒐集資訊，否則無法完整拼湊出亞馬遜現今的全貌。再者，我還想加入海外報導。如今的亞馬遜已成爲全球跨國企業的代表，日本以外的國家又如何評價它？透過採訪比較，亞馬遜在日本國內的立場或許會更加明確清晰。所以我決定提早結束臥底行動，針對亞馬遜進行更宏觀、徹底的調查。

以上，便是我想在短時間內完成這次潛入臥底的三個理由。

計時人員管理計時人員

上班第一天，我搭接送專車，上午八點半多抵達物流中心。我在二樓休息室遇見日本NS人力仲介公司的女性負責人，她一見到我，便主動向我打招呼：「早安！從今天開始，勞煩你協助幫忙。」

她的態度溫和不帶刺，用詞客氣有禮，我便同樣以禮待之，寒暄問候。

她看我在針織衫外面還套一件毛衣，好心提醒我：「你穿那麼多，揀貨後過不了多久，可能就會覺得熱。」看她的表情，我可以感受到她的發言純屬好意。

但是，我清楚記得上回在亞馬遜臥底時，儘管他們事先說明了中心內部冷暖氣設備完善，然而冷冽的大冬天，暖氣卻不暖，我穿了好幾件貼身襯衣，工作時還是被凍得手腳冰冷，所以我決定忽略她的善意，穿毛衣進現場工作。

不料，我開始揀貨才過大概三十分鐘，便已經全身熱透，必須脫下毛衣，捲起針織衫的袖子。在這邊工作多年的員工這樣說：「冬天做到流汗還勉強撐得過去，但是夏天有的人甚至會熱到中暑，必須呼叫救護車緊急送醫。」

這倒是讓我回想起美國賓州當地報紙曾經報導，在地的亞馬遜物流中心內部，夏天氣溫超過攝氏三十八度，整個夏天超過十五名員工因中暑而不支倒地，救護車也隨時在中心附近待命。以前是跟酷寒對抗，現在則是得和高溫抗衡了嗎?!

進到作業現場，一名頂著短髮妹妹頭、戴著眼鏡，且身上穿著綠色背心名牌上面標示「領班」的四十多歲女性，要我們這批首日報到工作的十來名計時人員集合，她要宣布事情。

「PTG八五%以上是我們必須達成的目標值，請各位努力讓自己的PTG數值能在開始作業十天後達到七五%的成績。無法達成預定目標值的人員，日後將由我們領班直接面談，檢討如何才能提高產能。」

這人的態度，既陰沉又傲慢無禮。

這位領班說話時，一副高高在上的樣子，以爲自己很偉大嗎？

亞馬遜現場的工作人員，有像我這種位居最底層被稱爲「作業員」（worker）的計時人員，還有位高一階的「指導員」（trainer），更上層的的是「領班」（leader），以及最高職位的「主管」（supervisor）。整體來看，總計四百人的揀貨人員當中，包含二十名指導員、十名領班與五名主管。

而這些職稱的所有人，不過都是以時薪聘用的計時人員。

假設作業員時薪是一千日圓，差別頂多只在於指導員領一千零五十日圓、領班領一千一百日圓、主管領一千二百日圓。這些人全部都是和人力仲介公司簽訂半年合約的計時人員，與亞馬遜無直接僱傭關係。簡言之，所有人都同屬計時人員，然後在這些計時人員頭上冠上不同位階的職銜，讓計時人員管理計時人員。

小田原約有一百名的亞馬遜正職人員，大多待在非作業現場的四樓亞馬遜專用辦公室，其中似乎有一些人會來現場勘查。

妹妹頭領班口中所說的PTG是「percentage to goal」的簡稱，意指目標達成比例。我們在揀貨時，會使用Motorola生產的掌上型終端機。揀貨期間，螢幕上會顯示「到下一個揀貨產品還剩幾秒」的文字。舉例來說，假設在一百次的揀貨作業中，一百次都在終端機所指示的時間內完成揀貨，便是PTG一〇〇，其中如果有五次比預定時間提早完成，便會得到PTG一〇五的成績；反之，如果有五次超過預定時間，則為PTG九五。

在物流中心，每天都會將所有計時人員的名字、順位和PTG成績列成一張表格，張貼公告。我曾多次嘗試想要找出自己的名字，但不知道是否因為出勤天數太少，從來沒有在排行榜單上發現。不過，隨時監視計時人員的作業情形、未達目標就予以譴責這一點，跟以前一樣毫無改變。

領班簡單講解之後，計時人員各自使用手中的終端機，開始揀貨作業。掌上型終端機的上半部是螢幕，下半部則是〇到九的數字和英文字母等按鍵。上次潛入臥底時，揀貨員每人會拿到一張上面印有一百項左右商品的「揀貨單」，根據表單上面所列印的商品去揀貨，完全是人工作業。

現在則是加入掌上型終端機輔助，首先將綠色塑膠折疊籃，也就是所謂的物流籃放到手推車上，用終端機讀取貼在物流籃上的條碼後，才開始揀貨作業。終端機的螢幕上會顯示需要揀貨的商品資料。

「Ｐ－４　Ａ２４１　Ｃ４４８
ＫＩＪＩＭＡ螺栓組」

揀貨作業最重要的是第一行資訊。

Ｐ－４指的是四樓。從二樓到五樓，每層劃分成Ａ至Ｈ區。一樓則爲進貨、出貨和包裝用的空間，沒有商品庫存。接著「Ａ２４１」表示Ａ區第２４１號的儲貨架。每一列的儲貨架，由下而上又依序編列爲Ａ到Ｊ（依儲貨架的差異可能略有不同）的編號，這裡的「Ｃ４４８」表示從下方數來第三個儲貨架，其中的第「４４８」號分格中，存放有ＫＩＪＩＭＡ公司製造的螺栓組汽車零件。揀貨員必須從好多種商品的分格之中找出螺栓組，再用終端機讀取貼在商品上的條碼。所揀選的商品若正確，螢幕便會維持綠色畫面，並顯示下一個待揀貨的商品資訊；但是如果輸入錯誤的商品條碼，終端機會發出「嗶、嗶、嗶」刺耳的警告音，同時畫面會變成紅色，顯示「商品錯誤」的字樣，在找到正確的商品之前，無法進入下一個揀貨作業。

換言之，在採用終端機輔助的揀貨作業當中，不可能發生揀貨失誤的情況，極力降低人爲疏失的可能。十五年前還沒有掌上型終端機，所以這類的揀貨失誤，曾造成物流中心的作業效率大幅落後。

在我準確地揀選出螺栓組後，下一個待揀商品是飲料。

「P-4　A241　A347

神田食品研究所無糖檸檬一．八公升」

掃描器的商品顯示底下，會持續出現一排文字「到下一個揀貨還剩●●秒」，同時表示時間的橫軸會逐漸向數字零遞減。

舉例來說，「A241　C448」的螺栓組，與「A241　A347」的無糖檸檬位在同一個儲貨架，但分格不同，假設這時螢幕上顯示「到下一個揀貨還剩十五秒」，即表示橫軸每秒會從右側的十五秒開始往左側的零秒逐漸倒數。這便是那位女領班所說，PTG所顯示的數字。

根據移動到下一個揀貨位置的距離，掌上型終端機上會出現各種倒數數字，例如「十五秒」「二十秒」「三十秒」「四十五秒」到「一分三十秒」等。十五年前的揀貨目標只是抓個大概「一分鐘三本書」，如今移動距離的長短也反映在時間上，可謂更加精準，但是從計時人員的角度來看，被監視的準確度提高到以秒計算，心情上十分鬱卒。

每當我在揀貨時，總有被人在背後催促、快點工作的感覺。然而，這裡所設定的時間十分短促，要在時間內完成揀出下一樣商品幾乎不太可能辦到。

下一個出現的商品是：

「P-4 A251 D185
職場女性 Blouson 知惠美
附娃娃頭假髮、襯衫、短裙、化妝貼紙、段子本五件組
角色扮演用小道具男女通用」

我猜大概是十月底萬聖節變裝派對要用。

再來是：

「P-4 A251 E464
MOLDEX 耳塞
Softies 八副 6600」

諸如此類，作業指令一個接著一個，毫無間斷。

物流籃裝滿之後，按「F 鍵」（Finish），再輸入 Enter，便可放到輸送帶上，掃描另一個新物流籃。一天工作時間結束之前，不斷重複上述的作業流程。

消費者能夠隔天收到亞馬遜網站上所下單的商品，與物流中心現場嚴格控管工作量有著高度的關係。

消費者於亞馬遜網路的頁面上，點選「確定下單」之後，那筆訂單會先傳輸到美國亞馬遜的主機，再透過主機分送到日本國內距離收件地址最近的物流中心。在物流中心內部，揀貨指令會經由掌上型終端機傳給計時人員，接著訂單商品便會在數小時以內由人工揀貨。完成揀貨的商品會透過輸送帶，傳遞到一樓的包裝出貨區，在這裡商品會在短時間內完成包裝，然後從亞馬遜的物流中心運往宅配業者的轉運中心。

下單當日晚上，商品就會在宅配業者的貨運中心，依地區詳細分類。以貨車載運至負責收件地址區域的分區營業所去，則是下單隔日的早晨。然後，由送貨人員從早到晚挨家挨戶配送包裹，這便是日本亞馬遜隔日送達服務的流程。

物流中心的數量與地點全都不能公開

時間來到休息時間的十一點四十五分，我回到值勤室歸還掌上型終端機後，邁向二樓餐廳。那天，我點了三百五十日圓的日式炸肉餅定食，和一百圓的沙拉一份，定食附贈的味噌湯和白飯可以自己拿取。

眞是便宜。

餐廳的便宜定食是亞馬遜提供給計時人員的少數福利之一。我後來才知道，這個定食到了聖誕節前後會降價成二百日圓，新年元旦當天到三號更是完全免費。

裝有白飯的煮飯器一旁標示著「嚴禁續飯」的警語。放眼望去，餐廳裡的男性計時人員，飯碗中大多添了三碗份的白飯量。雖然這個工作相當耗費體力，但我反而忍不住替他們擔心，攝取那麼多碳水化合物，從醣類攝取管理的角度來看，久了容易出問題。

反正沒人陪我吃午餐，我一邊咬著日式炸肉餅，一邊在腦中整理思緒。

首先我想到的問題是，亞馬遜在全日本究竟蓋了幾座物流中心？

根據亞馬遜網站資料，以二〇一三年五月的數字來看，亞馬遜「在日本國內擁有九座FC（指亞馬遜的物流中心）」。但是，網站資料已經過時，不具參考價值。不過，小田原物流中心的入口處附近有一張表格，上面提供了二〇一六年十月當時亞馬遜物流中心的資料。根據此表顯示，亞馬遜在日本有十三座物流中心，及四座尊榮服務專屬的小型物流中心。

撰寫本書時，我曾在亞馬遜的求職網站上確認，網站上標明共有十七座物流中心，但不包含北海道的物流中心。

換言之，亞馬遜連旗下物流中心的正確數字與所在位置，都沒有公開。即使我打電話到公司客服中心洽詢，估計也是徒勞無功。就算詢問他們物流中心有幾間？地點在哪？對方頂多會冷淡地回答我「我們沒有公開這類訊息」「這是企業機密」。凡事扯上亞馬遜，就連物流中心的設立地點這類基本資料，都會被當成「企業機密」。

容我岔開話題。亞馬遜將他們的物流中心稱爲履行中心（fulfilment center），簡稱FC，這是亞馬遜公司的內部用語，除了亞馬遜以外，沒有任何一家企業用「履行中心」這種名稱。亞馬遜爲什麼要將物流中心稱爲履行中心呢？

我在入口處發現底下一張海報上面寫著：

「物流中心一般稱爲運送中心（DC），但亞馬遜稱之爲履行中心（FC）。亞馬遜剛開始經營時，也是用DC一詞來稱呼物流中心，一九九九年才改爲履行中心。因爲，亞馬遜的物流中心不單單只是產品的進出場所，更是提供滿足顧客心中所期盼的『服務』，聯合其他部門創造顧客滿意度的地方。換言之，履行中心是一個用以實現顧客『滿足感』的空間。」

看完以上文字，我的感想是：「喔，這樣喔，眞高尙啊！」

我了解了亞馬遜的堅持，但並不打算奉陪，所以在本書中，爲了方便理解，我依舊採用物流中心一詞。

不只FC的說明，在小田原物流中心，牆面上只要有一小塊的空間，就會被貼上各式各樣的海報，像是亞馬遜方針的說明、針對計時人員的聯絡事項、健康資訊、勞災事故等相關資訊、人爲失誤的相關警語等，什麼樣的海報都有。

在這裡，我既不曾與亞馬遜的公司員工交談，亦很少有機會跟領班或主管說話，只能默默埋頭苦幹，所以我很熱中於查看物流中心內部張貼的海報，試圖從中讀取亞馬遜的意圖。

就和其他作業現場一樣，亞馬遜物流中心同樣欠缺向計時人員善盡解釋的義務和態度。然而，細看那些海報，亞馬遜的司馬昭之心，卻是路人皆知。其中最明顯的，就是那些警告作業員、語帶威脅施加壓力的海報。

舉例來說，某張海報上是先以「發生了重大品管事件」爲標題，列舉實例描述計時人員在商品上架的工作中，將原本應該存放在最底層儲貨架上的商品擅自移動到最上層，並將其他商品放入最底層空出來的空位裡，導致揀貨人員找不到原先擺在最下層的商品，並且用紅色字體標註「切勿犯下類似違規行爲。如有發現任何違規行爲，本公司將徹查，並嚴厲處置」。

其他還有以「重大事件發生通知」爲標題，其內文是「故意破壞商品，故意在倉庫內飲食。吃完東西隨意丟棄垃圾、打開蓋子造成液體四散」，文字底下附有兩張照片，分別是炸豬排醬與美乃滋被倒放，造成大量液體流至地面的景象。最後結語是「如發現可疑人物，請盡速通報。我們絕不容許這類的犯罪行爲」。

我看到照片差點笑出來，不禁想像計時人員會這樣做的原因，不知道是因爲工作太過單調而心生厭惡爲了發洩所幹的，還是想要藉機報復討厭的領班或主管？

寄物櫃附近則貼有警語海報，「最後再次確認！口袋裡有沒有手機？嚴禁攜帶手機入內。帶手機入內者，經查獲有可能立即解僱」。

物流中心嚴格禁止攜帶手機進入工作場所。

要是不小心隨身攜帶手機進去，警衛不僅會一一確認手機裡所有的私人照片、影片、信件內容及電話號碼，還會扣留手機直到他判斷沒有問題才會歸還，有時甚至要等待兩、三天以後才能取回手機。如果拒絕提供手機給他們查看內容資訊，則會被當場解僱。

有別於十五年前，如今只要有手機，亞馬遜物流中心內部的格局、工作情況等，隨時可以拍照、攝影、外流出去。但是，對亞馬遜而言，物流中心內部的所有一切都相當於企業機密。

海報上那些「嚴厲處置」「可疑人物」「犯罪行爲」和「立即解僱」等惡意帶刺的言詞，氣焰囂張地擺在打工人員的眼前，我想他們看了也只會降低工作意願，內心隨時充滿「工作不能失誤」「無時無刻有人在監視我」的懸念，鬱鬱寡歡地工作。

計步器顯示二萬五千三百零六步

隨著我東想西想，午休時間轉眼即逝。我趕在十二點三十分之前返回揀貨區。下午開始，不再有領班指導，我開始獨立作業。

我不過是完成早上的揀貨工作，已覺得雙腳沉重。揀貨時，與其說是我推著手推車，反而比較像是我全身體重壓在手推車上，雙腳一前一後地被手推車拖著走。

爲了這個打工，我特地從亞馬遜網站購買附有計步器功能的手錶。可攜入工作區的物品規定十分嚴格，只能攜帶手錶、錢包、原子筆、記事本、眼鏡與手帕。

根據計步器的計算，上午十點休息前，我走了六千二百五十六步，五公里的距離；截至午餐時間，共走了一萬五百九十三步，距離八・四七公里。從這時候開始，我的小腿肚開始隱隱作痛。這一日，到下午五點下班之前，我總共走了二萬五千三百零六步，距離二〇．二四公里。正式上工之前，我還特地提前十天，每天外出走路數公里，藉以訓練腳力，但是一邊揀貨還得走上二十公里的路，還真是讓人吃不消。

呼吸也是上氣不接下氣。

我看著二十公里這個數字，回想起早上娃娃頭領班說的話：「每人一天大概會走上十公里的路。」

她以爲沒有人會實測步行距離嗎？根本少報了一半好嗎！十公里跟二十公里差很多耶！

我想，當初的臥底採訪，我應該也走了差不多的公里數。但是當年我才三十多歲，如今五十有餘，雖算不上老人，但也不再年輕，已經沒有足夠的體力，潛入藍領勞動現場。

包括這個週六，我排了連四天的班表。

現在，我開始擔心撐不撐得下去。

五點鐘聲一響，我便速速將掌上型終端機歸還至四樓值勤室，打卡下班，之後再走樓梯下到一樓，通過嚴格程度形同機場規格的安檢門。錢包、手錶、皮帶等金屬物品必須放入塑膠籃裡，從安檢門一旁的平臺通過，只有本人可以穿過安檢門。安檢門如果出現金屬反應，駐派現場的四、五名警衛便會一擁而上，進行嚴格的搜身檢查。一旦展開搜身檢查，可能得耗費五到十分鐘不等的時間。

警衛在安檢門一旁，不斷大聲地重複提醒。

「當安檢門警鈴響起時，將會即刻升級為罪犯檢查，耽誤您回家的寶貴時間，所以手錶、皮帶等金屬類物品，請務必放入籃內，以加快安檢速度。」

竟然直接說罪犯檢查。

十五年前還沒有安檢門，但是下班時同樣會檢查私人物品。換言之，現在的安檢變得比以前更嚴格。

在我順利通過安檢門之後，回想起多年前美國內華達州的亞馬遜物流中心員工曾提起訴訟，控告亞馬遜應該針對員工下班後、通過安檢門所花費的時間支付薪水。據說在內華達州的物流中心，通過安檢門最長需要耗費三十分鐘。要是每次都得多花三十分鐘才能下班，我完全能理解那位員工想提起訴訟的心情。

我自己便是拖著這副疲憊不堪的身軀，回到更衣室換衣，再踱步去搭乘回程的接駁車。但是來到這，我不知道要在哪搭公車，問了問附近的男性員工，他回道：「你要往平塚車站方向？就搭那輛神中公車。」他的手指向停在前方、車身上寫著神奈川中央交通公車。將神奈川中央交通簡稱為「神中」，大概是在地人的習慣講法。

每次臥底報導，我都會學到不少東西。

我們知道你在偷懶

二〇一七年十月十六日星期一，小雨。

我從平塚車站南口，搭乘早上七點四十五分出發的神中接送專車。

公車幾乎客滿，載了四十多名乘客。在此之前的臥底任務中，我也搭乘過大和運輸和佐川急便的接送專車，一路上大部分的人不是閉目養神，就是滑手機。計時人員的接送專車上，沒有對話或笑聲。

神中公車穿過西湘交流道，駛進相模灣沿途的高速道路。週末會看到許多衝浪愛好者踏上浪板乘風破浪的英姿，但這一天是星期一，只有少數兩、三人來衝浪，公車抵達小田原物流中心，已經超過八點十五分。

我到小田原上班後，心中第一個疑問是，到底從幾點開始算上班時間？換句話說，我到底是從幾點開始支薪？

人力仲介公司規定，員工必須在上班前兩個小時，撥一通電話給某支特定手機號碼。假設九點上班，員工就必須在七點之前打電話，要是不小心忘了撥那通電話，八點左右就會接到來電確認：「你今天會來上班嗎？」

抵達小田原中心後，必須在入口刷ＩＤ卡通過三叉機才能進入中心。在入口正面可以看到萬聖節人偶，往右拐便是更衣室。到了更衣室，先在門口前方的出勤點名簿上，找出自己的名字打勾簽到，再將私人物品寄放到更衣室的置物櫃，準備就緒後，走上二樓，從貼在二樓白板上的名單找出自己的名字，再次打勾簽到，接著將手掌貼放在同樣位於二樓共計有六部的靜脈辨識認證電腦上，員工狀態便會改爲出勤，然後八點五十分左右，於四樓值勤室透過電腦掃描ＩＤ卡條碼。

從中心入口處刷ＩＤ卡的地方算起，員工總計回報了五次出勤紀錄。即便如此，日後我看薪資明細，上面依舊記錄上午九時出勤。這部分的時間管理也太過草率。最晚至少應該將四樓值勤室掃描ＩＤ卡的時間點視為出勤才算合理。

多數計時人員更為不滿的是，四樓值勤室到二樓餐廳之間那段遙遠的距離。

有一位跟我同一天到職上班的四十多歲女士阿部秋繪（化名），這日一早也來找我聊天。

據我推測，她應該是本地的家庭主婦。我們聊天時，她曾發過牢騷：「你有時間好好吃午飯嗎？像我從四樓值勤室走到二樓餐廳，來回要花十分鐘，整個吃飯時間都縮短了，眞是傷腦筋。」

一般人可能會想「哪有這麼誇張」，但是小田原的物流中心占地足足有四座東京巨蛋大，走動上相當費時。

午休之前，員工必須在完成最後一項工作後，先上四樓值勤室歸還掌上型終端機，而且中心規定休息前後都必須掃描ＩＤ卡，以便記錄休息時間。四樓值勤室的地點幾乎位在整棟物流中心的中央地段，要從值勤室下樓，必須從設在四邊角落的某一側樓梯走到二樓餐廳，單趟路程確實需要花費五分鐘。這座物流中心的空間就是如此寬敞。

結果，原本四十五分鐘的午休時間，實質上只剩下三十五分鐘。阿部強調她根本無法好好用餐。對於午休時間因此而縮短，不只阿部感到不滿，日後我在小田原中心認識的員工，也有不少人對此抱怨連連。

根據《日本勞動基準法》第三十四條第三項規定，雇主必須讓勞工「自由運用休息時間」（工作時間若超過六小時，必須至少給予四十五分鐘的休息時間；超過八小時，則需給予一小時的休息時間）。四十五分鐘的休息時間包含了移動所需的十分鐘，這很難稱得上是「讓勞工自由運用休息時間」。假設計時人員有所選擇，可以帶便當到四樓值勤室，在那裡用餐，或許還勉強可以接受，但作業區內嚴禁飲食，中心內部只有二樓餐廳開放飲食，所以那十分鐘的移動時間是絕對的必要條件，絕非屬於計時人員能夠自由運用的休息時間。由此觀點來看，亞馬遜的休息時間可說是大有問題。

朝會每日早上九點整開始。朝會開始之前，所有計時人員會依照地板上用白色油漆所標示的白線排隊，一排十二人。假設排了十列隊伍，便知道有一百二十名的計時人員，一望便知。

至於爲什麼是十二人一列，而非十人一列，原因不明。說不定這裡是用一打爲一單位來計算。

今日男領班手持麥克風，開頭便報告：「昨天，在川崎發生了重大意外，有員工左手縫了二十針。」接著他逐一說明意外發生的詳細情況，以及該如何預防事故發生。據說該名員工是在包裝時，執意用紙箱切刀裁切包材，導致刀尖部分斷裂，順勢切到壓著包材的左手，因而送醫縫針。

事後我才得知，這種輕度傷害意外事故，亞馬遜會坦然公告，與工作人員分享訊息，但如果有員工在作業中傷亡等情況較爲嚴重的死傷事故，即使員工之間已經謠言滿天飛，亞馬遜官方也不會有任何表示。

男領班接著說道：「昨天的績效，『F漏按ENTER』二十一件、『過多過少』五件、『超高』十三件。另外，PTG平均八一%、上線率八〇%。PTG與上線率都未達原定目標值，請各位再多加努力，達成目標。」

儘管盡是聽不懂的內容，我還是將聽到的名詞及數字一一抄錄下來。日後我才慢慢了解這些名詞的定義。

「F漏按ENTER」，意指在揀貨完成後，沒有在「F」之後輸入「Enter」，就直接將物流籃放到輸送帶上傳遞的失誤。

從同一分格中取出多件同樣商品時，其操作步驟只需掃描第一件揀貨商品的條碼，再利用掌上型終端機上的數字鍵輸入揀取數量即可，揀取兩件輸入「2」、揀取三件輸入「3」，依此類推。假設揀貨商品為一公升的液態洗潔劑，不可能搞錯揀貨數量，但如果像是手機SIM卡這類體積極其輕薄的商品，常會數錯數量，原本只需十件，終端機也輸入十件，結果實際卻取出十一件，這類失誤便歸類在「過多過少」的範圍內。

另外，物流籃內部在大約八分滿的高度貼有膠帶。「超高」便是籃內裝了超過膠帶高度的商品，這似乎會導致輸送帶停止運轉。

PTG如前文所說明。那麼，到底什麼是上線率？

當然，在這樣的工作場合，不像是可以要求詳細解說的地方。

後來我看到一名女性計時人員正在專心查看揀貨排行榜，試著上前詢問，得到以下的回答。

「上線率？我也不知道耶。這間物流中心剛成立不久我就來這裡上班了，但從來沒有人解釋過那是什麼意思。」

每天朝會公告的數據，難道不具任何意義嗎？

之後，我在五樓工作時發現一張公告，才了解上線率的意思。那張說明上線率的公告上，寫著斗大的標題：「我們知道你在偷懶!!」

「上線率表示員工從打卡上班之後，扣除朝會、十五分鐘休息、移動時間後所得的『純工作時間』。若以標準時間來計算，上線率八六％以上方爲合理數值。上線率異常者，我們將個別約談，確認工作內容。」

不單揀貨數量少，揀貨時數短也會被視爲「在偷懶」，而被列入個別談話的對象。然而，亞馬遜所揭示的目標值「上線率八六％」，這個要求標準相當高。中心每天都會公告平均上線率的折線圖，平均數字經常低於八六％，由此可知標準訂得太高。這個數字同樣也是亞馬遜用來鞭撻計時人員，迫使他們工作到極限的工具。

這種在一舉一動遭人監控的環境下，被緊迫盯人驅使工作的模樣，正是亞馬遜計時人員的最大特徵。我在上一本著作中曾提及英國作家喬治．歐威爾的反烏托邦小說《一九八四》，並寫道我感到莫名的恐慌，彷若置身在歐威爾所描述的監控社會當中。

那麼因爲人爲疏失而發生失誤的頻率究竟有多少件？

這個問題，同樣可從中心內部所張貼的「品質狀況報告」中的柱狀圖得到解答。以整體總配送件數爲分母，遭客戶退貨的商品數量爲分子，計算所得的數值，即爲人爲失誤比例。

單週期望值是相對於一百萬筆出貨件數，退貨件數低於五十件以下。所以當亞馬遜以ppm（一百萬分率）爲單位，來表達相對於一百萬筆出貨件數的退貨數量時，目標值即爲單週五〇ppm。

二〇一七年的實際退貨率如下：

第三十六週（九月三日～九月九日）一一七ppm
第三十七週（九月十日～九月十六日）一〇六ppm
第三十八週（九月十七日～九月二十三日）八一ppm
第三十九週（九月二十四日～九月三十日）九八ppm
第四十週（十月一日～十月七日）九四ppm
第四十一週（十月八日～十月十四日）一二〇ppm

一百萬筆出貨量中，有一百件左右的退貨量，相當於一萬件出貨單裡僅一件不到的退貨量，這個數字幾乎可以說等同零失誤，十五年前的數字亦相差不遠。由此可知，在亞馬遜物流中心裡，從進貨到揀貨、再從出貨到配送之間的作業流程準確度相當高。

亞馬遜效應

朝會最後以簡單的體操收尾後，工作人員各自分散到負責的樓層。

這日，我從四樓開啓今日的揀貨作業。

在我將不知道是第幾個物流籃放上輸送帶之後，時間已經超過十點半，我偶然看到一名年約四十多歲的女計時人員坐在輪椅上、由救護人員迅速推往出口離去的景象。我心想：她是在工作期間受傷了嗎？還是突然頭暈、頭痛？光從遠處看，當然看不出所以然來。重點是，隔日的朝會上沒有任何說明。

之後，我改去五樓揀貨，這是我第一次接觸圖書和 CD 的儲藏空間。

和其他商品相較之下，我覺得揀書比較輕鬆。這一天，我揀取的商品如下：《終極證人》（*The Client*，約翰．葛里遜著）、《貓醫師，神回覆！》《第九位賢者》、DVD《美麗身軀今宮泉》（綺麗なハダカ今宮いずみ）、《你也能成爲落語家》（あなたも落語家になれる）。

如果發現看似有趣的書，我會抄下書名，以便日後找書閱讀。那天，我記下的書名有：《天皇家的密使占領與皇室》（天皇家の密使たち占領と皇室）、《不管

身體多硬，都能讓你在背後上下勾手的肩胛骨伸展運動》（どんなに体が硬くても背中でギュッと握手できるようになる肩甲骨ストレッチ）、《透過藝術品解讀舊約聖經》（旧約聖書を美術で読む）、《救救胃病》《惡魔日記：阿佛烈・羅森堡與第三帝國失竊的祕密》（*The Devil's Diary: Alfred Rosenberg and the Stolen Secrets of the Third Reich*）等等。

在揀貨的同時，我深刻地體會到自己非常不擅長這項工作。

揀貨最重要的是正確且迅速地找出掌上型終端機上所顯示的分格。

舉例來說，假設當螢幕上顯示指令，要揀貨員尋找五樓位在「Ｈ３４２Ｇ４１２」分格中的圖書。

首先，我必須先走到Ｈ３４２排，找出Ｇ儲貨架的４１２號分格。但就我的情況而言，我無法輕易記住這兩個英文字母和六個數字。雖然我覺得自己已經記住了，但還是會走到Ｈ４３２排去，等我發現錯誤，走回Ｈ３４２排，接著又再次弄錯，走去找Ｇ４２１的儲貨架，我已經犯下無限多次諸如此類的錯誤。在錯誤的分格中，不論再怎樣翻找，都不會找到預計要找的商品。每當掌上型終端機出現揀貨的指令，都會不斷磨耗我的神經，讓我費好大的勁才能抵達指定的分格前。照這情況來看，我不可能提高揀貨速度。

不知是否因爲我有輕度「失讀症」（閱讀障礙）的學習障礙，時常發生大腦無法正確接收數字或平假名等文字訊息的情形，所以就連揀貨這種簡單的工作流程，對我來說都是高難度的工作。

我在五樓揀書時，發現一堆用來搬運書本的閒置棧板。我想用棧板交貨，代表該公司與亞馬遜的交易量夠大。

我發現了「日本出版販賣」「大阪屋EC專門」「文祥流通中心」「京葉流通倉庫」「日本物流企畫」「技術評論」「（股）Hobby Japan」「醫齒藥出版」「KADOKAWA」「河出興產」等十種棧板。我在市川鹽濱物流中心工作時，也曾看過兩大批發商日販與大阪屋（嚴格來說爲大阪屋栗田）的棧板。經查證，文祥流通中心、京葉流通倉庫、日本物流企畫似乎是倉庫業者。

這裡値得大家留意的是KADOKAWA。

亞馬遜想要略過批發商這道關卡，直接與日本出版業交易，在出版業已是衆所周知的公開訊息。KADOKAWA是業界率先與亞馬遜直接交易的出版社。

二〇一五年四月，KADOKAWA宣布與亞馬遜直接進行交易。以大型出版社而言，第一間公布與亞馬遜直接交易的就是KADOKAWA。

《日本經濟新聞》針對此事，報導如下：

「KADOKAWA以往主要透過大盤批發商日本出版販賣（日販）與東販，批發商品到亞馬遜。亞馬遜沒有庫存時，需要耗費五至八日才能送貨到亞馬遜，同時也會產生物流費用」，然而，現在「亞馬遜沒有庫存時，KADOKAWA最短可以在一日之內將商品運送到亞馬遜，相對地商品也能更早送達消費者的手中。」（二〇一五年四月二十二日）

亞馬遜小田原中心所堆放的那些印有KADOKAWA字樣的藍色棧板，可說是兩大公司正值蜜月期的證據。不限於KADOKAWA，亞馬遜一直以來便不斷希望能夠跳過圖書批發商，與更多的出版社直接交易。亦有新聞報導指出，日本全國總計約有三千家出版社，其中與亞馬遜直接交易的出版社已增加至將近三百家。

「亞馬遜效應」是業界盛傳的一句話，大致的意思是指「亞馬遜銷售額急速增長，橫掃擊潰其他同業公司」。有時爲了特意誇大亞馬遜的威脅，甚至會使用「致命的亞馬遜」這類更聳動的形容詞。然而，假設亞馬遜效應確實存在，其影響力將會遍及包括日本在內的各國出版業界。關於亞馬遜與日本出版界之間的爭執與交涉策略，容於第十章中詳述。

除棧板以外，我還注意到陳列暢銷作品的區域，將通常爲三排的儲貨架改爲一排，以便增加擺放的深度。那裡所擺設的全是各期當季的暢銷書籍，包括：《西鄉佬！》（西郷どん！）、《狼陛下的新娘》第十七集、《蜻蜓》（蜻蛉）第三集、《賢者之孫》第五集、《Black Box》、《我與地球合唱》（ボクは地球と歌う）第三集等等，以漫畫居多。

讓人訝異的是，對面的儲貨架上有一整排整套的二手漫畫書：《網球爭霸戰！》《匠三代》《進擊的巨人》《天下一!!》《煩惱拼圖》《蒼之封印》《巨人之星》等等。

亞馬遜販賣的商品不限於書本，其更透過「市集賣場」這種外來供應商開設商店的機制，在亞馬遜網站上販售其他公司產品。二〇〇二年亞馬遜在日本開辦市集賣場，如今市集賣場的商品規模已經成長到亞馬遜網站的一半以上。

二〇〇二年市集賣場開辦之初，賣家大多是進行二手書「轉手買賣」（以低廉價格收購二手書，再於亞馬遜網站上以高價轉售）的店家。當時，大多數的店家是從日本二手書商 BOOKOFF 批貨，將書本存放在自家的倉庫中，待收到顧客從亞馬遜下單的通知，再從倉庫取書，根據訂單一一出貨。

日本亞馬遜於二〇〇九年開始提供「亞馬遜代售服務」（fulfillment by Amazon, FBA），自此以後，市集賣場的店家只需支付定額手續費，即可將商品交由亞馬遜物流中心保管，並直接從物流中心出貨。亞馬遜經由開辦市集賣場，對外部業者開放網站的商品頁面權限，並透過 FBA 服務，將物流中心對外開放使用；而且不限於二手書商家，所有店家都可以利用 FBA 這項服務，所以在亞馬遜網站開店的難度瞬間下降。整套二手書陳列在亞馬遜物流中心的儲貨架上，便是 FBA 服務的一大範例。

隸屬物流中心的所有商品都會標上 ASIN 這個亞馬遜特有數列的識別編號，市集賣場店家的商品則會在 ASIN 之前加上英文字母「X」，稱爲 XASIN。

然而，相較於ＡＳＩＮ商品，亞馬遜對ＸＡＳＩＮ商品的處理態度相當隨便。

這一點，從我好幾次拿著包裝快要破損的商品去值勤室詢問領班，是否應依照折損商品辦法處理，結果得到「如果是ＸＡＳＩＮ的商品，請直接出貨，退貨是店家的責任，跟亞馬遜大人一點關係都沒有」的回應來看，亦可窺知一二。

請勿將尿布沖進馬桶

這一日的午休時間從正午到十二點四十五分爲止。

二樓餐廳採用大面積的窗戶，空間寬敞，感覺可以輕鬆容納五百人。

今天，我點了里肌炸豬排定食及沙拉，同時無意間發現放在餐廳某一角落的白板上，寫著「圓片票選每週排行榜」。

熱銷排行：

第一名豬肉燴飯　四．四七分

第二名吻仔魚蓋飯　四．三五分

第三名豬肉咖哩（十四日）　四．三三分

滯銷排行：

第一名青菜炒肉絲　三．〇〇分

第二名咖哩烏龍麵／蕎麥麵　三．二二分

第三名和風醬油拉麵　三・四〇分

榜單上，在熱銷第二名的吻仔魚蓋飯一旁有一個對話框表示「預計推出套餐」，滯銷第一名的青菜炒肉絲則是「再議」。

套餐取餐處一旁擺有五顏六色的圓片，員工取餐時，可以順手拿一個圓片，並在用餐結束後，將圓片投入得分罐中。得分罐共有五個，分別代表一至五的分數，五表示「還想再吃」，一表示「需要改進」，最後再統計票數。

亞馬遜的餐廳業務也是外包制，就連吃飯都要嚴格執行打分數的原則，這項堅持讓人不由得噗哧一笑。我不清楚這是亞馬遜的要求，還是餐廳經營業者自發的提議做法，不論是何者，都讓我不得不佩服，不愧是亞馬遜的物流中心，這種事只有他們幹得出來，更別提統計數字竟然嚴謹計算到小數點後第二位。我一想到熱銷第二名的吻仔魚蓋飯與第三名豬肉咖哩之間那〇・〇二分的差距，便又忍俊不禁。真的有必要做到這種程度嗎？

今天一樣沒人陪我吃飯。正當我一個人孤零零地用餐時，不經意地瞄到餐廳裡的大螢幕電視上正播放的影像。

原來在播放當地國中小學生來亞馬遜物流中心戶外教學，以及前經濟產業大臣世耕弘成和前國土交通大臣石井啟一參觀物流中心內部的景象。從影片內容來看，亞馬遜似乎與物流龍頭企業豐田汽車往來密切。豐田汽車獨創的生產管理「看板法」十分出名，雙方除了參訪彼此的物流現場，似乎也曾召開會議，交換物流中心經營的意見。這部影片無非是想要傳達「亞馬遜對外公開透明」的企業形象。

然而，某間全國性報社記者多年前曾因添購最新自動機器人的新聞，前往川崎物流中心進行採訪，他在和我分享採訪心得時曾說道：「記者可以參觀、拍照的地方，所有的細節都是由亞馬遜公關部一手包辦。我從來沒跑過這麼無聊的新聞。」

面對小學生或國中生，這種態度或許勉強行得通，但難不成他們對豐田汽車、經濟產業省或國土交通省的大臣，也維持這般高姿態嗎？這些疑問，我光從影片也無從得到解答。影片最後播放到日本亞馬遜總裁賈斯培・張（Jasper Cheung）鞠躬目送大臣離開的片段。

午飯過後，我回到四樓開始下午的揀貨工作，接著在三點十五分休息十五分鐘。我伸展著早已沉重不堪的雙腳，進入休息室，發現一名三十來歲、體格健壯的金髮男子正在休息。

我看著窗外滿天厚重的烏雲，主動開口說：「這雨看來一時半刻停不了了。」他回答：「對啊，一直下不停。我騎腳踏車通勤，遇到下雨真的很麻煩。」

得到不算簡短的回覆，倒是出乎我意料之外。我心裡打著說不定有機會訪談的盤算，一邊繼續和他閒聊。

這名男子與雙親同住，住家距離中心騎腳踏車約二十分鐘路程，下雨天他還是穿雨衣、騎腳踏車來上班。小田原中心才剛成立不久他便來這裡上班，所以算來已經在這裡工作四年了。

他身上穿著橘底黃色直線條紋背心，基於好奇，我問他身上穿的制服有什麼意義，他回答他的工作是場控，主要是操作可用單手控制的手動托盤搬運車，將一疊一疊的物流籃搬運到需要的地方去。在這裡工作四年後，今年十月時薪終於從九百五十日圓調升到九百七十日圓，我問他對於新進計時人員的時薪高達一千五百日圓這件事有何看法，他敷衍地回答道：「這……我們也無可奈何吧。反正也才這兩、三個月……」

要說莫可奈何，也確實是無計可施，但計時人員這種冷漠的態度，跟我上次潛入時一樣，毫無改變。雖然有些計時人員會上「5ch」表達心中的不滿，但大多數的計時人員對亞馬遜物流中心不抱任何期待，也就不會有憤怒或喜悅的情緒。

休息結束後，我又回到自己的工作崗位。

下午四點三十七分，掌上型終端機的螢幕跳出訊息視窗。

「各位辛苦了。今日確定要加班，想提出申請的同仁，有勞各位了。」

這大概是對全體計時人員發送的訊息，對我這個沒有申請加班的人來說，剩餘時間還有二十多分鐘。我對著自己猶如掛上千斤重腳鍊的雙腳打氣，不斷揀貨直到五點的到來。

今天最後一項工作，是整箱飲料的揀貨作業。成箱的礦泉水、寶特瓶罐裝的茶、罐頭啤酒等，一次揀一箱，一下便裝滿物流籃，然後就得搬去輸送帶傳送。我在飲料儲貨架與輸送帶之間往返走了不下十趟，飲料的重量加上那差勁的工作效率，加深了我的疲憊。

這一天計步器裡的紀錄如下：在我上午十點休息之前，顯示六千八百七十三步、五．四九公里；午休之前，顯示一萬二千八百八十步、一〇．三〇公里；下午五點下班時，顯示二萬八千七百六十一步、二三．〇〇公里，今天整日的步行距離比第一天多了三公里。不知道這是因為雙腳漸漸習慣？還是因為做得越來越順手？我坐在一樓更衣室裡的長椅上，一邊思索一邊寫筆記，這時坐在我隔壁的一名四十多歲男子，正壓低聲音對著手機一頭講電話。

「請問本村照護員在嗎？你好，我是川田。原本預計明天要請你們來我家，但如果一群人一起進去，我媽會很生氣，破口大罵……是，不好意思。如果只有搬床的工人，我想應該沒有問題。那就拜託你了。」（以上人名皆為化名）男子維持手持手機的姿勢，對著空氣深深地一鞠躬。

男子身穿黑色POLO衫、黑色牛仔褲、黑色外套、黑色鞋子，全身黑的打扮。我猜他大概是利用看護服務，一邊照顧年邁的母親，一邊在這裡打工。光靠這裡的時薪，付得起看護服務的費用嗎？我吞下不可能問出口的疑問，走向接送專車。

然而，需要看護的，不只是這名男子的母親。

物流中心單間男性廁所的牆上，貼著一張「請勿將尿布沖進馬桶」的告示。

「將尿布丟進馬桶，會造成馬桶阻塞，無法使用！若再有類似情形發生，迫於無奈，我們將向肇事者索取賠償，謹請留意。」告示一旁，設有尿布專用垃圾桶。

換言之，在這座物流中心裡工作的計時人員之中，也有人因故在使用成人用紙尿布。

樓層示意圖也是企業機密

十月二十二日，星期天。氣象預報指出第二十一號強烈颱風「蘭恩」正接近日本，一早便會開始下雨，中午過後關東地區可能遭暴風雨襲擊。

在這日早上的接送專車裡，我坐在司機正後方的座位，右手邊的靠窗位置早有一名二十七、八歲的男子先行入坐，他專注盯著手機螢幕。我隨意瞄了一眼他的手機畫面，似乎描述數名女高中生進入芭蕾社團，遇見帥氣的長髮男教練的動漫，不知是否像以前《排球甜心》般的愛情喜劇？正當我這麼想，公車出發後沒多久，那名男子沉沉睡去。

公車行駛期間，雨勢越下越大，抵達中心下車後，儘管我撐著傘，但光從下車地點走到中心入口，運動鞋便已全濕。

在亞馬遜物流中心工作，不會因爲發生颱風來襲等自然災害而停班或縮短工時。一年三百六十五天，一天二十四小時，全年無休。儘管第二十一號颱風「蘭恩」後來造成八人死亡，但在它登陸關東地區的這一天，例行公事照常進行，與平時沒什麼兩樣。同時，這一天也是衆議院選舉投票日。亞馬遜的公司職員、承包商公司職員，以及上班的計時人員會去投票嗎？還是他們已經事先投完了？

朝會前，我會用原子筆將自己的休息時間寫在左手背上，免得開始專心工作後，搞錯寶貴的休息時間。對於工作簡單、枯燥的計時人員來說，休息時間是僅有的期盼，千萬不能忘記。

朝會前，我時常和山崎愼二（化名）稍微聊一下天。我們隸屬同一間人力仲介公司，工作時間也一樣，所以已經交談過許多次。山崎身高大約一百七十公分左右，中等身材，身穿乳白色襯衫搭配西裝褲的裝扮，讓人猜想他原本應該是一名上班族。

我問山崎來亞馬遜工作的理由，他回道：「每天在家跟我太太大眼瞪小眼也很沒意思。」山崎看起來大約七十歲上下，這個年紀即使退休在家，過著領養老金的休閒生活也不足爲奇，他卻說今天五點以後申請了加班。我問他加班不會太累嗎？他回答：「放心啦，我沒有很認眞在做。」

眞的嗎？

沒問題嗎？

我差點要很不客氣地對他說：「你可別太勉強自己！」

朝會上，不論是強颱正不斷接近日本，還是選舉投票日的事，一個字都沒提。負責朝會進行的領班，和往常一樣報告前一日的工作失誤次數、ＰＴＧ數值、上線率等數據，待報告完畢，大家跟著領班的口令一起大聲複誦：

「不彎腰、不扭腰；不在樓梯間奔跑；飯前廁後勤洗手；凡事不慌張，越忙越需要遵守標準流程；單手操作物流籃是事故發生的罪魁禍首。」

今天我在四樓揀貨，螢幕上只寫著「轉出」，沒有任何說明。我猜大概是揀取轉移到其他亞馬遜物流中心的商品。以業界術語來講，指的是「橫向串聯物流配送」。

到目前爲止，我做的大多是短距離的揀貨作業，一件商品到下一件商品之間的距離很短，而且時常在同一排揀取四、五樣商品。這樣的安排，讓員工可以在鄰近商品附近揀貨，工作效率比較高。

然而，看著掌上型終端機螢幕上出現的工作指令，我感覺「轉出」商品之間距離相當遠。

這裡需留意的是，第一個儲貨架的數字相距甚遠。

「F342 F461 手機眼鏡共用架」
「F405 E321 捲線器」
「G524 D643 不鏽鋼油罐 3L」
「G503 D123 露營墊 M 尺寸」
「H226 H401 LED 夜燈」

這次的轉出商品，每揀取一件商品，就得推著手推車，大老遠走個十幾、二十公尺才能到達目的地，而且只需轉送一件商品到其他中心時，螢幕上會出現「請交換物流籃」的指令，這時我必須前往輸送帶傳遞物流籃。

不論揀貨指令的效率好或壞，都非我能力所及之範圍，但是和我以往的揀貨工作相比，這個毫無效率的遠距工作，確實讓我的疲勞倍增。

依照揀貨指令，雖然是從四樓F區經過G區、再到H區，但不知這算不算是小田原中心的設計，內部的英文字母排列相當奇特，並未按照F、G、H的順序排列。F區的隔壁是H區，要從F區走到G區，必須經過H區。

物流中心如果能發給每個新進人員一張各樓層地圖的話，便可以參照地圖輕鬆尋找到目的地，但現實狀況卻是要計時人員自己先找出貼在中心某處的地圖，再弄清楚自己負責的揀貨區。亞馬遜就連中心樓層的示意圖都視爲企業機密。計時人員大概要花一、兩個月的時間，才能完整背下所有的地圖，才有辦法一看到掌上型終端機畫面的指示，便即刻反應走向目的地。

終於到了午休時間，我走到餐廳，點了炸雞定食，並單點一份沙拉。我以爲炸雞上配的是蘿蔔嬰，結果是我最討厭的青蔥，讓我超級沮喪。

人一倒霉，連飯都不能好好吃。

揀取自己的新書

吃完午餐，下午剛上工沒多久，終端機的螢幕上彈跳出一個視窗，上面用英文寫著「No more work: Unable to get job for picker」。

計時人員將之簡稱爲「No More」。

我第一次看到這個指令，完全搞不清楚狀況，看到其他員工一個接一個返回值勤室，我也跟著他們走回去。所有的揀貨人員都回到值勤室，我這才聽說是因爲系統沒辦法順利運轉，無法下達作業指令。

大家在值勤室裡無事可做，打發時間。我心中擅自妄想，不知道是不是受到颱風的影響，但同樣在值勤室等候的領班和主管並未出面說明。也罷，我決定當自己賺到多餘的休息時間，不再多做臆測。

大約二十分鐘過後，重新上工。

回到工作崗位上以後，二點三十九分，終端機螢幕上彈跳出一則視窗訊息：「各位辛苦了。今日開放加班，意者煩請提出申請。」

當然，本人準時五點下班。總之，我暫且按下ＯＫ鍵回傳。

十分鐘過後，螢幕又出現另一則視窗訊息：「各位辛苦了。有關今日加班事宜，因與包裝作業的輸出步調不合，確認取消，特向已提出加班申請的同仁致上萬分的歉意。」

中心內部似乎無法正常運作。

然而，究竟哪裡出了問題，計時人員向來無從可知。

四點三十二分，螢幕上再度出現「No more work」的訊息。

我暗自竊喜，今天眞是幸運。回到值勤室後，湊巧身旁有一名二十來歲的男性計時人員，我試著跟他搭話。

——No More 經常發生嗎？

「多的時候，一個月會遇到二、三次。今天發生的原因嗎？這我就不知道了，也不確定是不是颱風的影響。」

我們繼續聊天，他說他在藤澤讀大學，今年大三，念計算機資訊處理相關科系。我想他今年大三的話，差不多也該開始準備找正職工作了。不知道從他在大學所學的專攻來看，未來是否想在亞馬遜工作？

「沒有耶。只是剛好我家在小田原車站附近，所以大概一年多以前開始在這裡打工，一週三天這樣。」

聽他說話，覺得他為人爽快又有趣，所以我當場跟他交換了手機號碼。還有另一個打算，說不定能在辭去計時人員之後採訪他。

就在我們閒聊之間，時針指向下午五點，我這一天的工作終於結束。

回到更衣室，看了一下我的計步器，在十點休息以前，我走了五千三百九十七步，四．二三公里。

午休前走了一萬一千四百一十二步，九．一二公里；五點下班，累積了二萬六千六百六十二步，二〇．五二公里。中間夾了兩次「No More」，想想步行距離差不多就這樣。每當下班來到更衣室，就覺得解脫，忍不住連續嘆好幾口氣。我會盡量不讓旁人發現，悄悄地連續嘆幾口氣，因爲這樣做似乎可以讓身體的疲憊溶入我所呼出的空氣裡，隨著嘆氣一起排出體外。

這一天，我打電話給日本NS人力仲介公司的負責人，傳達我只做到這個禮拜的二十七號（星期五），便要辭去計時人員的意願。時間雖短，但我不曾遲到，也無曠職。

在我最後工作的那一天，我得到了一個很有意思的體驗。

敝人的著作《潛入優衣庫一年》這一天正式上市，還讓我這作者本人揀取了兩本。歐洲和美國雖然有不少記者潛入亞馬遜的物流中心，但在揀貨作業中揀取自己的作品，我想這個經驗應該只有我有吧。

除了覺得大致掌握了亞馬遜物流中心的內部概況，加上《潛入優衣庫一年》上市以後，網路上多家媒體便會公開附有本人照片的採訪報導，所以我決定早早抽身，才是明智之舉。

在因緣際會之下，在我還是以計時人員身分在小田原工作期間，一名同樣在小田原物流中心工作的亞馬遜正職員工，透過某個主流週刊雜誌的讀者小道消息網站發送訊息給我，說他想要舉發小田原劣質的工作環境。

我與此人會面，也是在二十七日這一天。

第二章

亞馬遜正職員工的告發

自小田原物流中心啟用以來，五年內相繼發生了五名計時人員死亡的案件。這些事實大多未公諸於世，長期以來死亡事件皆遭掩藏、遮蔽。於是，我親自訪問死者遺屬，詢問他們死前的模樣。

凡事都要徹底隱瞞

我以計時人員的身分在亞馬遜工作的最後一日傍晚，和西川正明（化名）約在平塚車站前某家居酒屋的包廂裡會面。自從亞馬遜小田原物流中心正式開始運作，西川便到職就任，算是資深員工。

入座後，我請西川出示工作證。藍色識別證代表亞馬遜正職員工，證件上貼有大頭照，並標示全名。包括我在內的計時人員識別證是綠色的，亞馬遜的正職員工則別藍色的識別證。亞馬遜正職員工別藍色識別證是全球一致。

我問西川的第一個問題是：爲什麼從週刊雜誌小道資訊網站上，傳送告發亞馬遜的訊息給我？訊息內容長達四張 A4 用紙。從我開始著手進行亞馬遜的紀實報導，便深刻了解到亞馬遜是一間徹頭徹尾、秉持祕密主義的公司，這種由公司職員內部舉報的情況可說是史無前例。

西川一鼓作氣地回答。

「我已經受夠了亞馬遜對凡是不利自己立場的事情，都採取徹底隱瞞的態度。我知道有好幾個人在小田原上班時間內往生，但是隔天亞馬遜頂多是擺個花瓶，插插花、聊表心意，對現場的作業員卻沒有任何解釋。雖然我曾向內部提議發生死亡事件時，事後應該找機會向作業員說明比較妥當，卻得到『向大家說明也沒什麼意義』這種莫名其妙的回應，藉故避開官方應做說明的職責。而且就算是正職人員自己在中心的經營上犯下大錯，給作業員帶來工作上的困擾，也不曾表達任何歉意，只是一味隱藏自己的過失，甚至時常傳出對公司員工或作業員性騷擾或職場霸凌的事件。亞馬遜堅守保密主義，所以這類消息不可能上媒體，甚至連2ch（2 channel，現改爲5ch）網站上，也幾乎找不到任何資訊。這幾年工作下來我一直覺得很苦悶，不斷地想：『這樣對嗎？我們是不是一天天失去作業員對我們的信任？』」

西川說話的時候，每當居酒屋店員拉開包廂推門進來點菜，都會噤聲不語，從他身上我強烈感受到「隔牆有耳」的戒心。

就西川所知，小田原物流中心剛成立後不久，二〇一三年至一六年之間便有三人死亡，死者皆是値夜班的男性。其中一人是在揀貨中昏倒，二、三十分鐘過後才被人發現，隨後死亡；另一名是剛下夜班在更衣室昏迷，因爲他已經換上便服，不清楚隸屬於哪間人力公司，爲了釐清所屬公司，花費了不少功夫，結果在救護車上過世。西川所提到的供養花瓶、獻花祭悼指的便是這個事故。第三位據說是在夜班執勤業務時，倒地死亡。

聽著西川的描述，我不禁心想，資料有點過時，即便我想確認死者身分，在亞馬遜這種員工流動頻繁的職場上，還記得當時事件發生情況的人應該爲數不多，沒想到西川接著就爆出最近也有計時人員剛死亡的消息，讓人大吃一驚。

事情發生在我即將進入亞馬遜工作的二〇一七年十月上旬。據說，死者是一名五十多歲的女性，確切的死亡時間發生在十月十日上午九時許，她在上架作業中昏迷倒地後不久便死亡。這名女性名字爲內田里香（化名），也知道所屬的人力公司。我內心暗想，這樣一來我或許能找到罹難者家屬。

至於西川所說「給作業員帶來困擾」的情況，則是發生在我進亞馬遜工作的六個月以前。亞馬遜原本預計中止由人力仲介公司派遣計時人員的工作契約，改由亞馬遜直接聘僱，並將時薪提高近三百日圓。然而，人員召募的情況不如預期，計畫被迫中斷。最後，西川提到對作業員的職場霸凌，則是指逼迫那些因身體狀況不佳而經常請假的計時人員，要對方自動提出辭呈的情形。

救護車一小時後才到

西川所舉發的項目當中，我覺得情況最爲嚴重的，是在上班時段死亡的員工不只一人。

首先，我針對十月十日內田的死亡事件走訪調查。

綜合多位相關人士的說法，我將內田死亡的經過彙整如下。

內田的工作時間原定早上九時至傍晚六時。接著，在九點半左右，有人發現內田昏倒在四樓物流中心內部擺放調度用品區、通稱「B臨放」附近的儲貨架之間。發現內田異狀的是一名男性計時揀貨員。這名發現者聲稱，他聽到癱倒在地的內田發出類似打呼的聲音，於是他立即聯絡出場（從揀貨到包裝、出貨爲止的工作流程）領班，因領班，告知情況，接著又轉交給入場（從進貨到存放至儲貨架上爲止的工作流程）領班，爲揀貨雖是出場作業的一部分，但內田負責的上架卻隸屬入場工作。入場領班抵達現場之後，說了一句「接下來交給我就好」，便接手過去。

順帶一提，「B臨放」的地點距離四樓值勤室大概步行一、二分鐘。

該名入場領班用手機連繫上級主管後，曾暫時離開內田倒下的現場。除了第一名發現者以外，另一名男性員工也察覺到內田昏倒的意外，因而留在現場關切事態的後續發展。根據他的證詞，領班打電話給主管之後，大約過了十分鐘，主管才到達現場，而且二人證實，在主管抵達之前，他們注意到內田聽起來類似打呼的鼻息聲越來越微弱。

主管連同警衛一起推著輪椅出現，但內田的狀況已經嚴重到無法坐輪椅，於是這次換主管用手機連繫亞馬遜職員。接著，大約十人左右的亞馬遜職員偕同中心內部的緊急救護隊員，帶著AED（自動體外心臟電擊去顫器）現身。然而，當救護隊員對內田施行AED急救措施時，內田卻口吐鮮血。

終於，他們呼叫了救護車。當救護車抵達物流中心一樓門前時，分針已經超過十點三十分。從內田倒地被人發現，時間已經過去了快一個鐘頭。爾後，內田在急診醫院中過世。

內田享年五十九歲。死亡證書上的死因爲「蜘蛛膜下腔出血」。

內田死亡的當天早上，庄司惠子（化名）曾與內田聊天，她回憶道：「九點開工前，我在二樓的靜脈辨識認證電腦前遇到內田，和往常一樣跟她互道早安。她問我：『今天在哪一區工作？』我回說：『在二樓的上架。』然後她自己接著說：『我還是老樣子在四樓B臨放。』於是我說：『那中午見。』就跟她道別了。當我們排班在同一天時，中午總是會跟一群比較熟的朋友一起吃午飯。」

但是，到了午休時間，在餐廳卻始終不見內田的身影。庄司跟那群朋友還覺得奇怪，議論紛紛「不知道她怎麼了」「她以前不太會錯過休息時間」等等。

庄司聽到內田倒下的消息，已經是下午五點左右。庄司因為作業地點有所變動，正在查看地圖、確認位置時，巧遇一名計時人員問她：「妳知道早上內田暈倒的事嗎？」她才得知內田被送到醫院去的事。聽聞內田過世的消息，則是隔天早上上班以後，從另一名同樣是計時人員的朋友口中得知。

庄司如此說道：「當然我很驚訝，但我內心更多的想法是不敢相信。當天早上才說中午要一起吃飯的人，過沒多久就突然過世，這還是我有生以來第一次遇到，真的很難想像原來人生還有這種離別的形式。」

就如同本章開頭西川的感嘆，內田死亡一事並未在物流中心的朝會上公布。內田死亡隔天照常上班的計時人員回憶道：「朝會上領班提到了有員工被緊急送醫，而且昏倒的員工從被發現到送往醫院這中間花了不少時間，但是沒有提到任何員工死亡的事。但是就算他們不說，每天早上碰面的工作同仁若有人過世這種消息一定是立刻傳開，幾乎所有認識內田太太的人都知道她走了。」

在我得知亞馬遜曾在朝會上傳達「送往醫院這中間花了不少時間」這個消息以前，當我聽著受訪者描述內田過世經過的那段過程，腦海中就一直不停在思考著同一個問題：爲什麼不趕快呼叫救護車？

計時人員不得攜帶手機進入工作區，但儘管是計時人員，位階在領班以上的人員是可以攜帶手機的。要是第一位被通報內田昏倒的領班，馬上打電話叫救護車，說不定內田還有機會獲救，我一這麼想，心中就憤慨不已。爲什麼？爲什麼撥打電話的對象必須是主管或亞馬遜公司的正職員工？

我上網檢索造成內田死因的「蜘蛛膜下腔出血」是什麼，根據資料顯示，如果因蜘蛛膜下腔出血而昏倒，立即呼叫救護車的處置至關重要，並提及「越早治療，治癒效果越高，後遺症也比較少」。

這跟死因什麼的，一點關係都沒有。這種道理很簡單。看到眼前有人失去意識昏迷，必須做的第一件事就是撥打一一九。爲什麼連這麼簡單的事情都辦不到？

我在第一章描述了在物流中心工作時，發現中心內部到處貼滿了各種海報。雖然第一章的重點放在說明「貼了許多類似監視勞工工作情況的海報」，但是有關健康的海報數量也是相去不遠。

例如，在廁所教導大家如何從尿液顏色辨別個人健康的海報，另外還有捲入機械意外或墜落意外等被認定爲日本國內職災的最新統計數字、多喝水補充水分預防中暑，諸如此類的海報。

由這些海報亦可看出，亞馬遜想要傳達他們付出了極大的心力，關懷計時人員健康的想法。

另外，休息室裡也貼著「如發現有人昏倒」的海報。

海報上寫著：「發現人員請連繫鄰近的領班、主管、亞馬遜職員（持有手機者）」，「當昏倒人士沒有呼吸、無法回應（失去意識）時，領班、主管、亞馬遜職員應盡速通報一一九」「停止呼吸十分鐘，復甦率僅剩五〇％。救護車八分鐘抵達（全國平均）。安排救護車與施行心肺復甦術乃救命關鍵」。

一旦有人昏倒，其後迅速的反應是攸關生死的重要轉折，起碼這一點在亞馬遜內部算是大家共享的資訊。然而，現實生活上，他們對內田的反應行動，卻與資訊內容恰恰相反。

亞馬遜為何會如此言行不一？

山本英樹（化名）於二〇一三年至二〇一六年，以亞馬遜正職員工的身分，在東京都內的物流中心工作，他對海報文宣與現實之間的鴻溝提出以下解釋：

「在亞馬遜內部，在物流中心發現計時人員昏迷時，有一套嚴格的聯絡標準程序，發現者必須先通報領班，領班通報主管，主管再通報『亞馬遜人』（指亞馬遜正職員工）這樣層層上傳，最後才會通報中心內部的安全衛生部門或中心最高統帥的現場總指揮，到了這個階段才能撥打一一九，呼叫救護車。

「身為計時人員的領班或主管如果直接越過亞馬遜人的職權對外呼叫救護車，

事後一定會遭受責罰。當領班或主管收到內田太太昏倒的消息，我猜他們心中第一個想到的不是內田太太有生命危險，而是必須向亞馬遜人通報這一點，讓他們覺得內心沉重。一旦物流中心的員工昏倒，他們就必須寫報告，檢討該如何改善。報告內容如果無法取得亞馬遜的認同，不管重寫幾次，都會被打回票。還有，未經亞馬遜的許可呼叫救護車，不僅打電話的當事人會被責問，人力仲介公司也要負連帶責任。」

遵守亞馬遜內部連繫的標準程序比拯救人命重要，實在讓人難以置信。然而，山本接著又說：

「各中心最在意的是傷患人數。舉例來說，每到夏天，不論是哪一間物流中心都一定會有計時人員中暑，同時各個中心的安全衛生部也一定會收到總部下達人數不得超過多少人次的指令。我曾經有兩次陪同中暑員工搭乘救護車的經驗，我記得在那過程當中，不斷接到安全衛生部負責人員的來電，對方一直催問醫生開的診斷報告是中暑，還是其他原因？他們在意的不是計時人員的身體狀況，而是上呈總部報告中出現的數字。雖然我對內田太太不幸過世的事深感遺憾，但是聽到小田原的回應，我一點都不覺得奇怪，只會想這完完全全地表現出亞馬遜這間公司的企業文化。」

亞馬遜毫無連繫

十一月中，彷彿春日般溫暖的天氣，上午我去內田母親居住的公寓拜訪。內田的母親住在小田原市內某區住宅區的四樓，我按下門鈴過沒多久，八十多歲的三橋佳代（化名）前來應門。三橋與內田兩人在這二房一廳的空間一同生活，我一踏進門口，便聞到一股熟悉的煤油暖爐味道。

內田的佛壇擺設在客廳，待我上香略表追念之意後，我詢問三橋，內田過世當天早上的模樣。

「她跟往常一樣，完全沒有任何不對勁的地方。她在出門前說了一句『如果今天加班，我會晚一點回來』之後，就匆匆出門去了。她最近是否生病？沒有。一直以來她都很健康，在亞馬遜工作四年了，從來沒有請過病假，頂多就是牙口不好。」

內田從老家的高中畢業之後，第一份工作是在人壽保險公司上班，之後換工作，在藤澤市某家電製造工廠工作了二十年以上，並在這段期間與男同事結婚，但是丈夫後來爲了繼承家業，十多年以前便獨自離開藤澤回到北陸的家鄉。那之後，內田便與母親兩人相依爲命，仰賴內田在亞馬遜工作的月薪十四至十五萬日圓，加上三橋領取的年金約十萬日圓生活。

內田所屬的人力仲介公司是日本英特科公司的承包商「日本郵政人資」

（JP-Staff）。內田每週工作五、六天，如果按照一般的下班時間下午六點結束，回到家大概晚上七點半左右，如果加班一個小時留到七點，差不多八點半可以回到家。她從住家附近搭公車到鴨宮車站，再從鴨宮車站搭乘亞馬遜的通勤專車前往物流中心。直線距離雖然只有短短不到五公里，交通時間單程卻得花一個多小時。

根據內田九月的出勤打卡紀錄，做滿八小時的天數共二十三天，加上五天加班一小時，所以在內田過世前的上一個月，工作時數爲一百八十九個小時。內田的母親三橋如此描述：

「這孩子最喜歡喝咖啡了。那天早上，早餐她一樣是咖啡配吐司，喝完咖啡才出門的，沒想到會發生這種事，眞是太讓人吃驚了。」

——內田過世當天，你是否收到什麼通知？

「上午十點半左右，我接到日本郵政人資打來的電話，說我女兒昏倒了。我問小女情況如何，電話那端回說目前不太清楚，總之我先出門，搭公車再轉計程車趕往女兒被送往的小田原市立醫院。我抵達的時間大概是十二點左右，衝進治療室時，醫生說她已經走了。結果我還是沒能趕上。日本郵政的人後來才跟我說明，小女在工作時昏倒，他們做了急救措施之後，緊急呼叫救護車送往醫院。」

三橋出示的死亡證明書上寫著「死亡時間平成二九年（二〇一七年）十月十日

上午十一時五十分」，並註記「發病（出現病症）或受傷至死亡概略時間約三小時」。如果內田死亡前三個小時便出現蜘蛛膜下腔出血，這表示內田昏倒的時間在九點前後。

我看著死亡證明書，一面向三橋簡述我在採訪過程中聽到的內容，像是內田昏倒之後，物流中心內部的一群人是如何到處轉接電話而錯失搶救良機，等到他們眞正呼叫救護車已經過了快一個小時……

「這些事我還是第一次聽到。」

三橋說亞馬遜完全沒有連繫她，只有日本郵政人資的負責人通知會到府拜訪，轉交九、十月分的薪資，其餘的就只有區區三萬日圓的奠儀。「小女過世以後，我每個星期都會帶著鮮花去寺院探望她，就快到她的七七四十九日了。」說到這，三橋的嘴角揚起一抹淡淡的微笑。她看上去既不痛恨亞馬遜，對女兒過世的事情似乎也不特別感傷，始終平淡的語調讓我留下了深刻印象。

一個月後又一人死亡

後來，我持續追蹤內田的死亡事件，無意中聽到小田原物流中心的最新消息。

十一月中，又有一名男性計時人員在物流中心上班期間昏迷倒地死亡。時間與內田死亡事件相隔一個月。

負責揀貨作業的中原純子（化名）受訪時說道：

「十一月十八日下午我在四樓揀貨，四點半左右終端機螢幕上顯示『No More』的指令，反正也沒事做，我就跑去找認識的員工站在一旁聊天，結果他說附近有人昏倒，我就跟著一起過去看看怎麼回事。我看了一眼昏倒的人，他大冬天的身上只穿一件薄T，才發現是熟面孔。那個人體格不錯，而且跟太太一起在這裡上班，所以我記得很清楚。平日如果遇到，也會彼此點頭打聲招呼。

「我到達現場差不多是四點四十分左右吧，領班已經在那裡用手機連繫。然後英特科公司上頭的人出現，之後亞馬遜大人也來了兩個人。我聽到他們不斷喊著他的名字『北島先生、北島先生』，試圖喚醒他。

「我看他整個人仰躺在地上，昏迷不醒，感覺很危險，覺得應該要趕快呼叫一一九，結果警衛拿AED設備過來急救，附近的作業員撿起北島先生的終端機，說螢幕上最後的揀貨指令停留在四點二十分，也就是說北島先生昏倒過了快要二十分鐘才被人發現。我們人在現場的員工，大家都在彼此討論說，快要昏倒時，記得要走到通道上再昏倒，千萬別昏倒在儲貨架之間，很難被人發現。我們講認眞的，沒有在開玩笑。之後我五點下班，就直接離開工作區了。我是在二樓指紋認證電腦區打卡下班後，才發現一樓停著一輛救護車，那時大概是五點十五，還是二十分左右。」

死者名叫北島正人（化名）。

日後我詢問本章開頭的受訪者西川，他回道：「我聽同事說，那天警察到了現場勘驗。但是不論是朝會，還是中午集會，亞馬遜都沒有向作業員傳達北島先生過世的消息。北島先生死後數日，我正好跟上級長官開會。會中我提起北島先生過世的事，那名長官說他耳聞呼叫救護車送醫的消息，但是不知道對方已經過世。他竟然不知道在中心裡發生了死亡事件，你說扯不扯？」

中原也證實，朝會上沒提起北島的事。

「我們認識的同事都在講，有人在工作時死掉，結果官方一句話都沒有出來交代，很不尋常。原來真的發生事情時，他們會這樣隱瞞，我每次這樣一想，都覺得自己在這裡工作好可怕。」

我是在隔年的聖誕節前夕，才約到北島的遺孀京子（化名）見面訪談，距離死亡意外發生，已經過了一年多。訪談地點位在小田原站前的居酒屋，當時店內聚集了許多忘年會的醉客，人聲嘈雜。

京子回憶道：「我先生過世的那天早上，我看他臉色不太好，問他要不要緊？要不要請假休息？結果他堅持要去上班，早上七點多就出門了。」

正人在橫濱出生長大，國中畢業以後，在神奈川縣的玻璃工廠工作了將近二十年，後來因工廠經營不順，才趕在工廠快要倒閉之前，遞辭呈離去。大約在那時候與京子結婚，彼此都正值三十八歲。「他為人老實、不善言辭，也不擅長與人交往，但是凡是跟他說過話的人，都會稱讚他很風趣。」

結婚後沒多久，因雷曼兄弟事件的影響，夫妻雖然能找到簽約制或單日領薪的工作，卻都無法長久做下去。兩人的生活陷入困頓，有好幾年過著接受政府補助的生活。

二〇一四年起，兩人一起在亞馬遜工作之後，才脫離了先前低收入戶的困境。僱用正人的人力仲介公司是日本英特科。兩人正規的上班時間是上午九點至下午六點，一週工作五、六天。扣除公司的預扣，兩人收入合計可以實拿三十萬日圓。

後來，京子與上司關係變差，於二〇一六年離開亞馬遜，改在百貨公司食品販賣部門的收銀檯工作，正人則繼續留在亞馬遜。

正人身亡當天，京子也排了班，人在百貨公司的收銀檯前。下午五點過後，京子在休息時間打開手機，發現正人透過ＬＩＮＥ，撥了三、四通電話的來電訊息。

京子說：「我撥電話過去，心想正人是不是身體不舒服早退了，結果接電話的是英科特的安全負責人，讓我嚇了一大跳。」

電話裡，安全負責人告訴京子，正人在工作中昏倒，已經送往小田原市立醫院，希望她立即動身前往。

但是，京子身上的現金不到二千日圓，她擔心帶的錢不夠支付搭到醫院的計程車費，權宜之下，只好先利用公車與電車轉乘到小田原車站，再從車站改搭計程車，大概六點半左右抵達醫院。她趕到急診室時，醫護人員正在幫正人施行心肺復甦術，但是正人已毫無意識，心電圖儀器上的心跳脈搏也幾乎靜止。京子摸了摸正人的身體，已經感受不到體溫。

京子說：「急救人員問我要不要繼續施行心肺復甦術，我回答說『夠了』。那時是下午六點四十四分，同時也是正人的死亡時間。」

司法解剖的結果，死因是顱內動脈瘤破裂。

享年五十歲。

京子說：「我哭不出來。那時候我只覺得人生好茫然、好無助。為了處理正人的喪事，還得去政府機關辦手續，我不得不連續請假兩個禮拜，可是家裡只剩下四萬日圓現金，我不知道該怎麼辦才能好好送他一程，還得要兼顧到自己的生活，我完全走頭無路。」

只收到奠儀三萬日圓

以前同為計時人員的同事告訴京子，物流中心依舊沒有公開這起死亡事件。

「英特科長久以來不斷掩蓋實情，就連我先生的事，他們也沒有對外公開。我覺得你越是隱瞞，謠言越是會到處流竄，反而會帶來不良影響。計時人員之間都在謠傳，在我先生過世的那一年，另外還有兩名女子身亡。其中一人在更衣室昏倒後過世，另一名則是在吸菸室被發現。雖然我不知道這些消息到底是真是假，但是謠言不斷擴大，我認爲這是英特科慣性隱藏事實所造成的。」

京子從英特科公司收到的回應，同樣只有三萬日圓的奠儀。

京子至今尚未付清正人的醫藥費及喪葬費用。兩人皆外出工作，領取雙薪才好不容易支撐起來的生活，因爲丈夫身亡而瀕臨崩潰邊緣。如今每月四萬日圓的房租，她也已經積欠了十個月未繳，身邊完全沒有任何親屬可以提供金錢上的援助。

京子的故事讓我聯想起社會運動家湯淺誠的著作《反貧困：逃出溜滑梯的社會》。書中闡述，在安全網不夠穩固的現代日本社會中，一個不小心失足，最後有可能一路跌到社會底層的危險。在我眼裡，京子看起來就像是已經滑到溜滑梯最底層的那一端，無法脫身。

京子原本收銀檯的工作，也因百貨公司熄燈而離職，之後又換了幾個工作。自從二〇一八年十月換到另一家人力仲介公司以後，京子再次回到亞馬遜的小田原物流中心打工。正人過世以後，京子體重掉了二十多公斤，回到小田原遇見以前的同事，大家都十分訝異她「整個相貌都變了」。不過，京子並非刻意減重，而是日夜被生計追趕，無意間瘦了下來。

我忍不住詢問京子：「再次回到妳先生結束生命的場所工作，妳心中沒有任何糾葛嗎？」

「小田原附近的工作不多，所以就像大家說的，『有困難時，亞馬遜是你的依靠』，而且可以當日領薪，正好符合我的需要。如果說我完全不介意我先生過世的事，那是騙人的，但是為了生活，後來我想通了。年底到元月三日這段期間我也打算要去上班。」

隔壁桌突然傳來一名大約二十來歲小夥子發瘋似地大吵大鬧的吼叫聲：「等一下去吃拉麵啦！吃拉麵！」幾乎快要蓋過京子的聲音。

我去小田原物流中心工作之後，《赤旗報》自二〇一八年七月起，以〈資本主義的病灶，稱霸群雄的亞馬遜〉（資本主義の病巣・君臨するアマゾン）的專欄標題，連載報導亞馬遜。文中除了提及上述我已描述的兩名死者案例之外，還寫到另外三人死於小田原物流中心的事件。

第一件死者事故發生在二〇一三年十二月二十九日，是二十歲出頭的男性作業員，在值夜班時死亡；第二件則發生在二〇一四年三月，也是值夜班的男性昏倒在更衣室內，不久後死亡；第三件是在二〇一六年六月，同樣是值夜班男性在工作中緊急送醫後死亡。這三起死亡事件，與本章一開始西川所說的夜班勞工死亡事件不謀而合。

連載報導指出，亞馬遜受訪時，坦承三人死亡的事實。換言之，除了我所報導的內田與北島以外，還有其他人員在上班時間死亡。

小田原物流中心成立四年，根據目前已知的消息，便有五人在工作期間死亡。

對於勞工在中心昏迷而死的因應措施，亞馬遜能夠坦蕩地堅稱自己毫無過失嗎？

《貝佐斯傳：從電商之王到物聯網中樞，亞馬遜成功的關鍵》的作者布萊德．史東在書中說明，亞馬遜與物流中心需要的是廉價勞工。

「亞馬遜特別重視軟體和作業系統，但現實上支撐起龐大的物流系統，還有另一個更重要的幕後功臣，那便是一群領低薪工作的勞工……這些不熟練的勞工，大多在薪資收入不好的地區工作，時薪十到十二美元不等。對他們而言，亞馬遜說得上是冷酷無情的雇主。」

直聘計畫中止

西川對於亞馬遜中心經營的第二項不滿，是亞馬遜大張旗鼓地公開召募，計畫直接聘僱那些與人力仲介公司簽約的計時人員，最後卻因募集情況不如預期而中止計畫。計畫的推動起於二〇一七年一月，物流中心的首席負責人「現場總指揮」因人事變動而更換人選。現在，亞馬遜物流中心的出場及入場皆由日本英特科公司總攬，然而二〇一七年以前，出場的總承包商爲日本通運，英特科只負責入場的總承包。新官上任，想要推陳出新，決意從出場部門下手，中止以往經由總承包商、承包商的僱傭管道，全數改由亞馬遜直接聘僱。

亞馬遜預計直聘可以帶來三大好處。第一，雖然時薪大幅提升到一千二百日圓，但與原本支付給總承包商或承包商的手續費相較之下，前者依舊可以降低人事費用，減少支出；其二，在直聘條件下，亞馬遜可以直接對計時人員下達工作指令。法律規定，人力仲介公司所聘僱的員工，只有該公司職員可以提出工作要求，亞馬遜員工一旦介入，便違反《勞動派遣法》。第三個優點則是可以讓計時人員操作電腦，處理亞馬遜內部事宜，提高工作效率。

西川解釋：「新任的現場總指揮認為，在日通底下工作的二百名員工全都會接受直聘的提議，在會議上他也說過類似的話。但是最後結果揭曉，前來應徵的人數不過四十人上下。確實時薪從九百五十日圓大幅加薪到一千兩百日圓，增加許多，但是勞動條件太過嚴苛，作業員根本無心理會。

直接聘僱的條件之一，是一星期的工作天數連續做四休三，一天實際工作時數十個小時，工作、休息時間全由亞馬遜規定，作業員無從選擇，繁忙時期還要加班，而且還得被迫加班。光看時薪確實是不錯的待遇，但是作業員當中也有不少女性因為家庭因素，一天最多只能工作六小時。這位新任總指揮以為，只要提高薪水就有辦法改變這些情況，根本是強人所難。」

當時，物流中心內部到處貼滿了「亞馬遜地區限定，召募正職員工」的海報。由於計時人員未來識別證的顏色可能從綠色改為正職員工的藍色，所以亞馬遜內部將這項計畫命名為「藍色識別證計畫」，並且在二樓休息處和一樓出入口附近派駐亞馬遜內部人資，設立直接聘僱的專用詢問處。

亞馬遜位於四樓的辦公室幾乎連日召開說明會，甚至一到入口，就有亞馬遜的員工負責招攬。平日，計時人員斷然不得踏入的亞馬遜專屬辦公室，為了舉辦說明會而敞開大門。會場擺設了各種麵包、點心、咖啡、果汁等享用不盡的餐點，桌面上也早已準備好標上亞馬遜商標的筆記本與原子筆。平時正職員工對待計時人員的冷淡態度更是一百八十度轉變，畢恭畢敬地殷勤招待。一開始原本預計讓計時人員提交履歷，由亞馬遜面試挑選，但因應徵人數不如預期，最後改變方針，刪除面試，決議先湊齊人數再說。

負責揀貨的田原映子（化名）猶豫不決，最後才決定應徵亞馬遜直接聘僱。

「我的排班是一天八小時，上午八點到下午五點，一星期五天。當時時薪是九百五十日圓。一天揀貨八個小時我就做到筋疲力盡了，一天十小時還得連續做四天，光想我就覺得體力不堪負荷，無法下定決心。而且工作日一旦固定下來，有事也不能請假休息。可以自己決定編班時間，是這個工作少數吸引人的地方，但是他們現在卻連員工的這點自由都要剝奪。

「可是我想了又想，一星期如果工作四十個小時，時薪九百五十日圓，一個月可以賺十五萬，如果是一千二，一個月可以賺十九萬日圓以上，一年換算下來將近增加五十萬圓的收入。最後我被這筆金額的數目給誘惑，趕在截止日前投出履歷。」

這件事發生在二〇一七年三月中旬。

然而，過不了多久，中心內部開始謠傳藍色識別證計畫受挫，加上田原聽到同事履歷被退回的消息，於是她聯絡原本簽約的人力仲介公司，才發現自己的履歷也已經被郵寄退回。

信封中的隨附信件上，以小田原現場總指揮田中康弘爲名義，標題爲「歸還履歷，並發放餐券以爲補償」，內容如下：

「日前承蒙臺端投遞履歷，回應敝公司小田原FC募集正職員工乙案，萬分感謝。各所屬公司可能已有通知，本次原預定之正職員工聘僱計畫將告暫停。在您百忙之中抽空前來說明會場，卻依舊發生此等憾事，敝人深感遺憾。在此，隨同本信，歸還您所提出之個人履歷。」

另外，信封裡連同履歷，還付上三張一個月內可在餐廳使用的三百五十日圓餐券。

「我打從內心感到徹底的失望，」田原說道：「他們果然並不在意我們這些作業員，一切以亞馬遜大人的方便爲優先，以爲寄三張餐券給你就算打發，把人當白癡耍。」

我聽著田原的抱怨，卻對她以計時人員的身分在亞馬遜工作，就連受到這種不公待遇，談話中依舊以「亞馬遜大人」尊稱亞馬遜的反應感到悲哀。

接著我問她，之後是否會繼續在亞馬遜工作，田原如此回覆：

「我現在已經想開了，把自己當成工蟻就好。我對這個職場沒有任何情感或留念，如果出現其他工作條件更好的地方，我隨時都會跳槽。」

亞馬遜這回所推出的直聘計畫，最大的受害者是在那之前負責出場業務總攬的日本通運。日本通運是日本物流企業龍頭，銷售額更是日本第一。自從二〇〇〇年亞馬遜進入日本市場，於市川鹽濱建造第一座物流中心以來，日通便與亞馬遜密切往來。

亞馬遜原預定與日本通運中止合作，但因直聘計畫失敗，希望再次與日本通運恢復合作關係。然而，不知日通是否對亞馬遜反覆無常的經營態度感到厭煩，於是拒絕了亞馬遜再次續約的提議，撤出亞馬遜的物流網。這件事發生在二〇一七年四月。亞馬遜無計可施，遂將出場的總攬業務也全數委託給在此之前專門負責入場事務的日本英特科公司，這就是為什麼之後我從事屬於出場一環的揀貨工作時，總承包的人力仲介公司會是日本英特科的緣故。

被迫自願辭職

有關小田原物流中心的內部問題，最後我想探討計時人員被迫「自願辭職」的情況。

二十多歲的田所美帆（化名）於二〇一五年年底開始在小田原工作，隸屬於英特科公司。剛開始，田所很順利地適應了工作環境，但逐漸地，她與中心內部同事或上司之間的人際關係越來越差，同事態度強硬，執意要依照自己的意思工作；上司則推給她一堆不可能達成的工作量，讓她備受折磨，喘不過氣來。

田所身體每況愈下，去醫院看診，醫生診斷為憂鬱症。自那之後，田所曠職天數越來越多。

二〇一七年十月下旬，田所被英特科公司男性負責人叫去，質問她多日曠職的原因。

田所回憶道：「我舉發同事的名字，描述他們恣意的工作態度，並解釋為此我有多痛苦，但負責人完全無法理解。不知道從什麼時候開始，談話內容變成我和家人之間的問題，並要我將這些事寫成發誓文。」

田所依照人力仲介公司負責人口述而被迫親筆寫下的發誓文如下：

「與家人之間的衝突，對我精神上帶來巨大的壓力，導致身體狀況不佳。我雖就醫治療，卻拖拖拉拉，無意解決根本問題，縱容自己。」還有「當本人承諾到職上班時，必當遵守，如有曠職情形，需提前一日告知。」在「需提前一日告知」之處，負責人另外手寫註明：「前一日若為例假日，需提前在十五時之前聯絡；若為上班時間，需在下班時間十八時以前報備。」此外，「一、到職上班後，十月二十七日~十一月十日這段期間，不可遲到、早退、曠職。二、如未能遵守上述承諾，本人將主動提出辭呈。」

閱讀這篇田所親筆寫下的發誓文，這般陰險程度，讓我聯想起在中國共產黨一手策畫的文化大革命中，出現的反省文，或是推理小說裡，警官逼迫無辜的嫌疑犯，做出不實口供而寫成的筆錄。

在發誓文中所寫的那段期間，田所依照班表排程，全勤工作。然而，十二月後，田所的身體又出狀況，當天打電話請假休息。數日後，日前要求田所寫發誓文的負責人打電話給她：「妳自即日起離職，請妳到辦公室填寫辭呈。」

田所表達她還想繼續工作的意願，對此，負責人如此回覆。

「我們之前是爲了什麼事情而一再討論啊？妳要是再爲了健康問題而請假，就沒有退路了，對吧?!沒錯吧?!而且我不只要妳口頭答應，還跟妳寫下發誓文簽名了，對吧。這些妳覺得都無所謂嗎？」

田所提出質疑，她在契約上所寫的期間完全沒有請假，全勤到職，但公司卻以她十二月請假爲由，要求她立刻辭職走人，這是否符合法律規定？

負責人答道：「符合啊！妳到底知不知道，自己在發誓文裡寫了些什麼內容？自己無法遵守承諾，一旦有曠職或早退的情況，就自願主動辭職，這是妳親筆寫下的吧?!雖然到目前爲止，身爲妳的接洽窗口，我也幫妳掩護了不少，但這次我認爲再這樣下去很難向公司交代，所以做出這樣的決定。反過來說，我倒想問問田所小姐妳，『我還想繼續工作』這句話妳怎麼說得出口？簡直是莫名奇妙。」

田所詢問她的離職屬於哪一類型？「我是遭到懲戒解僱嗎？」

負責人：「（嘆氣）……妳連這都不明白嗎？為什麼會不知道呢？妳連自己寫的字都看不懂嗎？因為妳的出勤率不佳，所以主動辭職啊！」

聽著雙方對話的錄音檔，我心想這實在是太過分了，完全是人力仲介公司為所欲為。就連我這不懂《勞基法》的外行人聽了都知道，如此隨便的應對，極有可能是不當解僱。

我上網調查發現東京勞工局發行的宣導單，上面寫著：「一定要知道的解僱規範。（雇主）必須明確指出解僱事由，濫用解僱權所行使的解僱無效。」

宣導單上還註明：「勞工有不得已的理由，諸如『因身體不適，未能達到聯絡之責而曠職』等情形，雇主不得以此為由解僱勞工。」這正好符合田所的情況。

此外，宣導單還指出，非懲戒性解僱的情況下，企業有預告之義務，必須於三十日前向勞工表達解僱之意，抑或支付三十天的預告解僱金。這裡所提及的預告解僱金，我有實際的經驗，所以相當清楚。在我寫《潛入優衣庫一年》一書時，優衣庫得知了我臥底的消息，請我即刻走人，所以當時我也曾收到這筆預告解僱金。

田所大約一個月後，將〈拒絕離職建議的相關通知書〉的文件，發函給英特科公司，不久便得到回覆。回覆中簽署英特科小田原事務所所長岩田和也的大名，日期為平成三〇年（二〇一八年）二月一日：

「臺端於平成三〇年一月二十七日寄至本公司的通知既已收悉。本公司根據通知內容展開調查，釐清實情的結果，茲決議支付預告解僱金等值金額，特此通知。關於支付事宜，您平均工資的三十日金額十五萬二千四百六十日圓，預計最晚平成三〇年二月十五日前會匯入您的薪資帳戶，謹請確認。」

支付預告解僱金就相當於英特科自己承認，田所的負責人強行要求她自願辭職的做法不對，濫用資方解僱權。

「那又怎樣！」

我無法相信在亞馬遜物流中心裡，像田所這類不當解僱的情況只有她這一起案例，於是由此衍生出一個疑問：人力仲介公司以前是否曾利用勞工不熟悉《勞基法》等法規，將計就計，利用類似的手法解僱過其他勞工？依常理推論，田所的例子不過是冰山一角，但至今亞馬遜物流中心到底發生了多少起不當解僱的案例，卻是無從知曉。

後來我針對二〇一七年發生的兩起死亡事件與田所的不當解僱案例，向英特科公司詢問他們的看法。

二〇一九年六月二日，我打電話到英特科公司處理亞馬遜事務的小田原事務所，一名聲音聽起來像三十多歲的男性，很不耐煩地聽著我說明來意，不到十分鐘的對話裡，他頻頻嘆氣。對於我的提問，他不斷以「這個問題，我們無法回答」來搪塞，甚至在我詢問「曾在貴公司工作的計時人員發生了死亡事件，對吧」的問題時，粗暴地答覆我：「那又怎樣！」

我另外寫了一封信，以掛號方式寄給英特科老闆伊井田榮吉登記在法人登記簿上的地址，信中我提及在電話訪問中的談話內容，請伊井田榮吉對此兩起死亡事件與不當解僱表達意見。

數日後，該公司小田原事務所的負責人，以電子郵件回信答覆：

「有關您日前於六月三日（一）寄出的信件內容，本公司以此信作爲答覆。關於『亞馬遜小田原履行中心的突發事件』中所提及的三個問題，本公司基於個人資料保護原則，無法詳盡回答。今後有關突發事件的採訪，謹請連繫日本亞馬遜公司公關部。」

竟然以保護個資爲由拒絕回答，眞是愚蠢至極。

我早就從他們想要保護的當事人，或是不幸名列生死簿上當事人的家屬口中取得了第一手資料，這表示他們口口聲聲說「爲了保護個人資料」的藉口，根本不適用。他們以保護個人資料爲盾牌，眞正想保護的無非是企業的門面與名聲。

於是，我又向日本亞馬遜的公關單位提出二十多項問題，包含向英特科公司詢問的三個問題，更早發生的三起夜班死亡事件，以及自日本亞馬遜開創以來，在物流中心的工作時間或上下班前，死於中心內的死亡人數。

日後，我得到日本亞馬遜ＰＲ經理今井久美子以下的回信：

「關於您所提出的內容，經公司內部討論，本公司對於橫田先生爲了此次報導企畫所提出的相關問題，無法提供任何具體回覆。」

如同往常一樣，照舊是日本亞馬遜一貫的冷處理。就連他們對小田原物流中心至少已有五名計時人員死亡的事件有何感想，也都無從得知。

對白領同樣不友善的工作環境

現在我們知道物流中心的勞工，也就是藍領階級受到無比惡劣的對待。

那麼，是否成爲亞馬遜的正職員工，或是在總部任職的白領員工，就能迎來色彩繽紛的工作環境？似乎也不盡然。有時亞馬遜的白領階級所面臨的工作環境，甚至比物流中心裡的勞工更加嚴苛。

如今，日本亞馬遜有六千多名正職員工，高田豐（化名）是其中一員。高田自二〇一三年起在亞馬遜工作多年，曾被主管權力霸凌而陷入瀕臨自殺邊緣的痛苦經驗。

高田在東京都內的物流中心工作，進入公司一年以後，他的職務突然從出場換成入場，據說是美國總部的指令，在那之前由人力仲介公司負責的入場事務，從今以後改由亞馬遜掌管。既無任何訓練，也沒有交接資料，工作內容突如其來的轉變，讓高田無所適從。

高田向主管請求協助，卻得到蠻不講理的回應。

「你少在那邊裝可憐，自己做。」

「要我教你可以啊！付我家教費。」

接著高田心想，說不定可以從現場得到啓發，於是決定親自進入工作現場體驗，學習入場作業的整套流程，結果又遭同一名主管斥責：「那些工作是計時人員該做的事！」

自此以後，高田每天搭首發車出門、末班車回家，這樣的通勤狀況維持了長達兩個月。儘管如此，該名主管依舊不斷要求高田提出改善績效的計畫書。高田被逼得窮途末路，只好再次向主管低頭，尋求教導。

「我什麼都願意做，拜託你教教我。」

主管口無遮攔地說：「你什麼都願意做的話，那就從這棟頂樓跳下去啊！」接著又說：「亞馬遜每年都會將績效考核表現最差的倒數一〇％至二〇％員工開除，你也在名單上。」

《貝佐斯傳》一書中也介紹了類似的案例。史東在書中如此描述：

「管理五十人以上部屬的經理必須將下屬依照一定成績曲線排列，並且開除績效最差的員工。亞馬遜公司的員工時時被人打分數，環繞在受處分的恐懼之中。要是得到主管的高度評價，他們反而會大吃一驚。很少人能獲得主管讚賞，大多數的人無時無刻不擔心今天會不會被開除？還是明天？每天戰戰兢兢地工作。」

不管是哪裡的職場，要是每年都以辦事能力不好爲由踢掉一定比例的員工，我眞不敢想像那裡的工作氛圍會有多麼冷漠疏遠。

在那以後，高田漸漸變得沒有食欲，陷入失眠。

每天早上出門上班搭電車時，他不知道自問自答過多少次：「如果我就這樣跳下去被電車撞死，是不是就能解脫了？但是，死後被留下來的家人會很困擾吧？他們能靠我死後留下來的保險金勉強度日嗎？」

高田去了醫院，被醫生診斷爲憂鬱症，向公司請假兩個月。

但是，高田停職復工後，主管權力霸凌的情況絲毫沒有改善。即使高田表示他會提出改善績效的計畫書，也遭主管冷嘲熱諷「你做不到的啦」。不論高田提交多少次的計畫書，也全數被打回票。

高田依舊必須獨自面對與主管一對一的面談，陷入無路可退的僵局，最後找總部的人事部門和廠醫商量，得到的回應卻是「依照目前的狀況來看，我們無法以身心健康的正常人標準來僱用高田先生，可能會改由身障人士的身分續聘」。在此情況下，高田會被減薪只剩一半或三分之一的薪水，位階還會被調降二到三級。

高田再次停職復工後，終於得以調動到其他部門。然而，前任主管在績效考核所留下的低分紀錄依舊陰魂不散，高田調職後，依然被部門上級要求提交績效改善計畫的噩夢給苦苦糾纏，並被威脅如不改善，將遭降級或革職。高田發覺這就是公司內部惡名昭彰的績效改善計畫（Performance Improvement Plan, PIP），隨即加入東京管理人聯合工會（Tokyo Managers' Union）。

二〇一五年十一月，東京管理人聯合工會底下成立「日本亞馬遜工會」，多名日本亞馬遜的正職員工入會。日本亞馬遜工會持續了兩年的運作，如今處於停滯狀態。我是在二〇一六年訪問工會會員的。

關於大村達志（化名）在日本亞馬遜工作的情況，在他進入公司大約半年左右，開始遭遇主管的「逼問會議」。大村進公司以後，在沒有接受任何培訓的情況下開始工作，不時遭主管指責工作成果不佳，生產效率低落，被主管抓去會議室一對一進行密室談話。說是談話，其實是主管單方面的怒罵，威嚇大村。

每當大村績效提升，主管便調侃「不過是運氣好」；無法順利寫出企畫時，主管又挑他毛病「原來是毫無計畫，走一步算一步」。大村如果嘗試解釋情況，主管便出聲斥責「一點都不謙虛，不懂得虛心受教」。

亞馬遜有十四條「領導準則」，當請求主管裁奪時，會遭人用「主人翁精神」（Ownership，絕口不提「那不是我的工作」）的項目批評「缺乏領導力」；當下屬陳述自己的意見，又會以「自我批評」（Vocally Self Critical，坦然承認自己的缺點及失誤）的準則，而被駁斥「無法自我檢討」。（作者註：這十四項準則每年會進行微調，現已刪除「自我批評」，另外還加入「崇尚行動」〔Bias for Action〕）

大村如此說道：「亞馬遜所揭示的領導準則，不過是一篇概念模糊，任人解釋的單字或短句語錄。上級主管可以恣意利用這些準則，逼迫他不喜歡的下屬，排擠他，直到他受不了就辭職走人。我的主管就是很典型的一個例子。」

不得不辭職的窘境

陷入困境的大村，終於得到調職的機會。

大村緊抓住這根救命的稻草，抱著「說不定得救了」的期待，前往新的工作現場見習，結果發現他的工作內容裡，在類似計時人員工作項目欄位被標記了「∞」無限大的記號，因而沮喪不已。他在這裡同樣感受到淪爲權力霸凌標的的危險。

大村向主管表達他內心的不安，結果對方提議他「那你辭職」。大村拒絕後，主管表示要將他列入ＰＩＰ名單中。大村深知，如果無法達成計畫書預定的期望值，會被處以降級、降格、革職等的矯正處置。大村心中充滿畏懼，丟下眼前待簽署的文件，直驅東京管理人聯合工會。

東京管理人聯合工會對日本亞馬遜提出長達一百五十條項目的質疑，抗爭到底。這一百五十條的提問當中包括：「ＰＩＰ是否徵得本人的同意？」「ＰＩＰ中所列舉的項目是否合情合理，有所依據？」「考績評價是否符合事實？」等鉅細靡遺的內容，經由多次的集體談判，最終簽定和解協議書，將大村調動到其他部門。

東京管理人聯合工會執行委員長鈴木剛，至今收到多位亞馬遜在職員工尋求工作諮詢的請託。

鈴木說：「通常，主管指導下屬工作是天經地義的事，然而在亞馬遜管理的觀點中，這些進入亞馬遜工作的勞工，必須一開始就是現成能施展完全戰鬥力的狀態，主管不指導就不會做事，等同對公司造成損害，所以被視爲處罰的對象，他們的處罰方法就是ＰＩＰ。

「ＰＩＰ的做法是設立一個很難達成的任務，並且在員工無法完成任務時，強迫其自願離職，這根本就是一場鬧劇。對亞馬遜而言，他們沒有做出強制員工離開的非法行爲，他們的特徵是藉由搭配職務的轉換和工作指令，營造一個員工不得不離職的工作環境。許多勞工在收到長官勸說離職之前，通常會先因內心受挫而離去。然而，站在《日本勞動基準法》的立場，亞馬遜的就業規則本身已然涉及違法。」

關於亞馬遜員工在美國本土的工作環境，長期以來受亞馬遜與員工之間所簽訂的保密條款約束，而隔著一層厚厚的神祕面紗。直到二〇一五年八月《紐約時報》刊登一篇長篇調查報導〈亞馬遜內幕：在血汗職場上與偉大事業的鬥爭〉（Inside Amazon: Wrestling Big Ideas in a Bruising Workplace），才揭開謎底。在這篇報導當中，多達一百人以上的亞馬遜現職員工和離職人員接受採訪，將亞馬遜白領階級所處的惡劣工作環境，赤裸裸地攤在太陽光底下。

報導中，已在出版部門工作兩年的男員工坦承，他曾經親眼目睹許多同事趴在辦公桌上哭泣；在Kindle部門工作的女員工則說：「一週如果無法做滿八十小時，在亞馬遜會被視爲缺點。」另外，工作資歷五年的男員工表示：「在亞馬遜工作，關於工作、生活、平衡這三個項目的優先順序一定是工作排第一，再來才是私人生活，取其平衡是最後一名。」

另外，文中也提到一名女員工剛歷經流產，失去雙生兒，手術隔天就收到出差的指令。主管直接了當地對她說：「雖然發生了這種事，讓人相當遺憾，但有一項工作非得要妳去處理不可，如果妳堅持要以家庭爲重，我想這個職場不適合妳。」關於先前提到的ＰＩＰ，在報導中則被介紹爲是亞馬遜在內部傳遞員工「快要被開除了」的暗號。

貝佐斯針對《紐約時報》該篇報導，透過亞馬遜內部電子郵件表達看法。他聲稱：

「報導中所描寫的情況完全不符合我所認知的亞馬遜，也不是我熟悉的那群和我一起工作、捨身忘我的『亞馬遜人』。如果你知道任何疑似報導中所提到的情形，我希望你主動向人事部通報，抑或可以直接寫信到我的個人信箱jeff@amazon.com。」並反駁：「這篇報導過度著重在介紹特殊案例，宣稱我們至今設定讓員工全心投入目標的做法，造就出一個沒有任何歡樂、笑聲、冷酷又陰暗的職場環境，但是這些描述不是我眼中所認識的亞馬遜，我強烈希望你們也跟我有同樣的看法……有辦法待在《紐約時報》所描述公司裡工作的人，我相信他一定精神不正常，要是我早就辭職了。」

然而，隔年便發生了一起涉及PIP的悲劇。

二〇一六年十一月下旬，一名在亞馬遜西雅圖總部工作的男員工從總部大樓十二樓跳下，意圖自殺，所幸最後保住性命。該名男子在跳樓前，曾向數百名同事同時發送一封電子郵件。

男子在郵件當中敘述，他向公司提出調職申請，但遭公司駁回，取而代之的是要將他放入PIP名單，導致他承受過大的壓力，極力抨擊亞馬遜。電子郵件的收件人當中，也包含貝佐斯的電子郵件地址。（《彭博社》二〇一六年十一月二十九日）（筆者註：本篇報導中雖然採用「employee improvement plan」（員工改善計畫）的遣辭用句，但筆者根據其後所接續的「未能改善績效時會被革職」的描述，判斷爲PIP。）

工作、生活、平衡是胡說八道

《紐約時報》的報導並非第一篇陳述在亞馬遜總部工作環境惡劣的文章。

像是史東所寫的《貝佐斯傳》一書，身爲主角的貝佐斯聲稱他「看了」，並給予某程度的正面評價。史東在書中描述，一名離開亞馬遜後跳槽到Google的工程師，曾在網路上公開發文，批評他的前雇主，「我不確定自己是否可以不帶任何作嘔的情緒，來談論當年在亞馬遜的往事」。另外，史東還提及一名與貝佐斯意見相左的員工，被貝佐斯責問：「你知道你浪費了我多少時間嗎？你以爲你是誰？」

另外，在徵才面試上，「凡是曾經說出重視工作、生活、平衡論點的應徵者，都會因此被刷掉」。那麼，哪一種說法才會被亞馬遜錄取？答案是「工作、生活、和諧」。該書中描述，亞馬遜主管幹部曾經說過：「在傑夫眼裡，他認爲『工作、生活、平衡』是胡說八道，他堅信的是『工作、生活、和諧』。我想他的言下之意是只要他想做，就能包辦所有事情。」

在描述多個情節之後，史東寫道：「在亞馬遜公司內部，現在有人認爲貝佐斯就跟史蒂芬·賈伯斯、比爾·蓋茲、賴瑞·艾利森等人一樣，缺乏同理心，所以可以將員工當成消耗品，不去考慮他們對公司付出的貢獻。」接著，史東還提到：

「貝佐斯不僅經常恣意使喚下屬，直到他們殘破不堪變得像塊破布，同時也相當吝嗇，不願給予這些沒有功勞也有苦勞的員工應得的獎賞。」

再往前追溯，現任老闆是貝佐斯的《華盛頓郵報》，早於亞馬遜創業數年後的一九九九年，便以〈亞馬遜職場並非充滿歡笑〉（Not All Smiles Inside Amazon）爲標題，報導亞馬遜輕蔑勞工人性，只注重生產力的情形，當時亞馬遜還僅是一間單純的網路書店。

一名曾在顧客服務部門工作的男性接線生接到顧客電話，解釋他想閱讀南北戰爭相關內容的創作小說，有沒有推薦書單，於是該名接線生推薦某知名作家所寫的《林肯》一書，但是之後他卻遭主管斥責，指控他在電話上與顧客閒聊。

這名接線生不久後便離開亞馬遜，他說道：「客人想要買書，打電話來尋求客服親切的協助，主管卻說要我們像賣速食一樣，盡速打發客人。」

另一名以電子郵件回覆顧客諮詢的二十多歲男客服人員則說：「這裡的工作評價，完全是靠你回了幾封電子郵件來決定。」

一流的客服人員必須在一小時以內，回覆十二封郵件，一小時只能回覆七．五封以下的客服，會被認定爲工作效率過低，同時還會被列入革職名單上，該男子就是因爲電子郵件回覆件數不及亞馬遜的標準，遭亞馬遜開除。

《華盛頓郵報》的報導中，甚至有在職員工用「宛如毛澤東所率領的中國共產黨」，來比喻亞馬遜這種軍事風格的行事作風。原爲顧客服務部部長的女主管說道：「對於無法快狠準完成工作的人來說，待在這裡會很痛苦。想要在舒適場所工作的人，不適合來亞馬遜。」

換句話說，這表示在亞馬遜工作，不論是物流中心基層的計時人員、顧客服務部門，還是在貝佐斯身邊工作的高級職員，都沒有放鬆的一刻。

第三章

宅配司機會按兩次門鈴

二〇一七年以降，大和運輸被揭發積欠巨額加班費未付，迫使亞馬遜不得不改變配送戰術。我搭上大和運輸與中小企業「配送供應商」貨運的副駕駛座，傾聽現場司機的真心話。

大和運輸無薪加班問題

二〇一七年十二月中旬，上午九點。

我與大和運輸業務司機約在東京都某處便利商店前會合。這一日，天氣晴朗，氣象預報指出最高溫度會上攀到攝氏十度。就十二月來說，感覺會是個溫暖舒適的一天。

小谷厚司（化名）駕駛的貨車，在鄰近的宅配中心裝載上午配送的包裹後，在九點以前抵達便利商店。

我主動打招呼：「早安，今天打擾你了。」

我請小谷讓我看看貨車上的包裹，發現今天有超過十五個亞馬遜紙箱，還有**ZOZOTOWN**、購物平臺**Japanet Takata**、北之味覺、**Shop Japan**等商家標誌的紙箱，其他還有氣泡水、烏龍茶等重物。當天上午，小谷載出來的一個個包裹當中，亞馬遜就占了一成以上。另外，設置在貨車兩旁的冷藏庫與冷凍庫裡也裝有低溫宅配的包裹。小谷笑道：

「就十二月來說，這些包裹還不算多。像十二月月初，歲末送禮季節開打的一、二日，常常是早上就堆了兩百多個包裹出倉庫。

「現在公司很嚴格管理我們的工作時間，必須等到早上八點半之後，工作用的終端機才會開機。我們沒辦法提前操作終端機，就只好盡量先將包裹裝上貨車，等到時間一到，再一一將包裹條碼輸入終端機裡。說實在的，我們希望早上七點半就能使用終端機，這樣就能在八點出發，早上配送的時間會更充裕，也能提早收工。身爲司機，心中想要的是早早出門，提早下班回家，但是自從公司推動『六改革』以來，對於時間的管理變得相當嚴格，反而讓我們很難做事。」

簡單說明宅配司機一天的作業流程，首先上午先第一次配送，下午過後開始第二次配送，同時繞去便利商店或藥局等集貨點收取包裹，傍晚再出發第三次配送，以上分別稱爲第一班、第二班、第三班。換言之，整日下來，同一路線司機必須開車繞三次，配送和收取包裹。

宅配司機將商品送達給客戶這道程序，在業界通稱爲「最後一哩路」。對亞馬遜這類的零售銷售企業來說，是他們與顧客之間唯一的實際連繫，十分重要。在「最後一哩路」的過程中，如果發生了遲到、包裹破損、貨物遺失等情況，在那之前的所有準備工作便全數化爲泡影。

二〇一七年春天，大和運輸被指控未支付約二百三十億日圓的加班費，黑心企業本質因此廣傳世間。在事件爆發之前，二〇一六年大和運輸神奈川縣分店便因未付員工加班費，違反《勞基法》遭勞基署糾正。同時，原於該分店任職的兩名司機對大和運輸提出勞動訴訟，要求公司支付積欠的工資。

爆出無薪加班的問題時，大和運輸承認主因爲亞馬遜等企業的網購包裹暴增，造成現場負荷過重，因此提出改善方案，主要方針包括制定總接收量，藉以降低包裹數量，並與合作企業商談提高運費措施，以求改善近二十年持續下滑趨勢的運費，此外還有增加司機人數。

小谷實質領回的積欠加班費，大約四十萬日圓上下。

小谷說：「如果我誠實申報全額加班費，應該可以多領一倍，拿回八十萬。但是申請這麼巨額的加班費，一定會立刻被分店長盯上，最壞的情況還可能被調到其他分店。如果不是已經打算要辭職，我想沒有人敢申請全額。所以，如果大家請領全額的話，總金額不可能會是兩百億這個數字。」

從此以後，許多貨主被迫接受大和運輸強行提高運費的措施，這便是有名的「宅配危機」。

某間蛋糕店老闆接受雜誌訪問時，提及他收到大和運輸單方面的通知，今後預計調漲兩倍的運費，老闆痛斥：「快要做不下去了。」（《鑽石週刊》二〇一八年五月二十六日）

爆發「宅配危機」的背後主因是亞馬遜發送的個體戶包裹驟增。據說，宅配龍頭大和運輸所經手的總數十八億件包裹當中，有三．五億件出自亞馬遜，然而比件數問題更爲嚴重的是超低水準的廉價運費。每件包裹平均運費二百八十日圓，不論配送多少件，都沒有利潤，也因此無從增加司機人力，也無法與外包司機簽約，人力不足加上經營虧損，最終以司機無薪加班的形式浮出檯面。

「自從問題爆發以來，總部在媒體面前盡說些好聽的場面話，但我們現場人力吃緊的狀況依舊沒有改變。」小谷斬釘截鐵地說道。「上頭的人不准我們加班，要我們好好休息，不採用外包司機，然後要我們提高工作效率，來彌補縮短的工作時間。所以說，除非公司增加像我一樣的全職司機，營業所也加派人手，不然根本無法改善前線忙碌的情況。結果呢？公司沒打算增加司機人力，就只會做做表面功夫、粉飾太平，反而把事情弄得更複雜。」

小谷已經負責十年以上的配送區多半是住家和住宅區，幾乎沒有企業等法人客戶。換言之，他必須挨家挨戶，一個個去送貨。

「我拿到的獎金，一個月最多六萬日圓吧。」小谷苦笑說道。

大和運輸業務司機的薪水大致可分成底薪、獎金與加班費，獎金是根據配送的包裹件數給付，屬於業績獎勵，還有一些零星項目的津貼，但底薪、獎金和加班費可說是大和運輸司機薪資的三大支柱，占整體七至八成。

在大和運輸司機的薪水當中，獎金是最大的變動因素。假如司機負責東京都的丸之內辦公商圈，那裡有許多法人企業，所以時常會在同一地點配送十件以上的包裹，如此計算下來，中午以前便有可能完成二百件，甚至是三百件的包裹配送，也因此司機的獎金最高可以上衝到二十萬日圓左右。

所有大和運輸司機，包括小谷在內，紛紛異口同聲表示他們心中的配送搖滾區位在品川區沿岸的大井埠頭倉庫街。由於配送地點是倉庫，所以單一地址的配送量常常是數十件貨物，沒有比這裡更有效率的送貨區域了吧？然而，司機沒有選擇配送區域的權力，而且在以個體戶對個體戶收發宅配包裹為基礎起家的大和運輸的宅配網絡中，司機多為和小谷一樣負責住宅區，這種公司內部的差別待遇，引起大和運輸司機極大的不滿。

老實說很煩人

這一天，小谷第一件配送的包裹是保存在冷凍庫裡裝有食物的四個紙箱，他利用推車搬運送貨，幸虧收件人都在家，四件包裹平安「送達」。終端機由上而下顯示「提領」「送達」「折回」「轉交」，最後一列為「剩餘」。

提領一百一十一件，送達四件，剩餘一百零七件。

小谷的貨車在路上跑一陣子之後，一部紅色福斯金龜車迎面而來。正當金龜車快要與小谷的送貨車會車時，小谷拉下車窗，對著車主大喊：「〇〇先生，今天您有低溫宅配的包裹，該怎麼處理？」

一名五十多歲的男子回答道：「那我就在這裡取貨吧！」將金龜車停在路邊，當場簽收了三件包裹。

「哇，原來是螃蟹。這麼多東西，我還是先回家一趟好了，幸好遇到了小谷先生。」

看到眼前這番場景，讓我忍不住讚嘆。

在同一個地區送貨十年以上，免不了會與收件人相熟，像我就認得送貨到我家的大和運輸或佐川急便的司機，但小谷清楚記得今天所有要配送的包裹和收件人的能力讓人甘拜下風。

聽了我的感想，小谷回答道：「沒有啦，這個包裹是昨天他人不在家，沒人簽收，再加上是低溫包裹，所以我印象深刻，湊巧而已。這一戶我今天無論如何都想要『卸貨』，所以能在他出門時遇到，算我幸運。」

將包裹送達到收件人手上，司機大哥們稱之爲「卸貨」，而且他們最討厭的是將當天配送的包裹留到隔天。「折回」或「剩餘」的包裹越多，隔天的工作量就越沉重，剩餘的包裹一旦多到超過貨車容量，就會「爆件」，無法增加新貨單，導致司機們無時無刻處於緊繃狀態。

早上十點半，車內的ＡＭ廣播傳來北野武的嘶啞嗓音，唱著〈淺草小子〉。在音樂的歌聲中，小谷緩緩道來。

「這個時間我盡量不去看終端機畫面上的『剩餘』數字，因爲看了總會不自覺地焦慮。」

之後，小谷來到某住宅社區配送，結果無人在家。這時，社區居民正好全體總動員在外頭割草，小谷便拿著包裹衝進正在割草的人群之中，大聲呼喚：「三三六號房的△△先生或小姐在現場嗎？」找到當事人，順利交貨。

小谷負責的路線有許多坡道，且路面狹窄。然而，小谷已經清楚掌握每一條道路，不用查看地圖，便能一個接一個前往配送目的地。送貨時，他多半是小跑步前進，遇到住宅大樓的樓梯，也是快步往上爬去。

當我的手錶十一點發出「嗶、嗶、嗶」的報時聲響時，小谷敏感地表示：「啊，十一點了。」十二點以前，他必須將所有指定中午前到貨的包裹配送完畢。

小谷開車時，我問他對亞馬遜的包裹有何想法。

「亞馬遜的包裹喔？老實說很煩人，幾乎所有的包裹都指定中午前到貨。雖然自從公司改革工作模式以後，傍晚以後進來的指定時間包裹會轉由一家名叫配送供應商的中小配送公司去處理，但是我待的分店還沒開始實施。在亞馬遜下單的客人，幾乎可以說是大部分，都不會在自己指定的時間內在家，他們覺得無所謂，甚至有些人很離譜，說自己三十分鐘後要出門，希望我們在那之前趕到。我想對這些人來說，可能覺得不管我們免費配送幾次都是理所當然的。」

儘管還沒實施，但在小谷負責的區域似乎確實在緊鑼密鼓地籌備配送供應商的企畫。小谷負責配送這一帶正在興建配送供應商的運送中心，行經工地時，小谷還特地指出它的位置。

中午十二點整的紀錄是：「送達」五十五件、「折回」八件、「剩餘」四十八件，指定中午前到貨的包裹全數配送完畢，小谷表情看來似乎平靜許多。大和運輸有所謂的「前三大客訴」：第一，將包裹置放在門外；第二，不顧指定時間；第三，不當的客訴回應。

每次訪問大和運輸司機，我常常會感受到他們全身一股被時間追趕的壓力。這是因爲幾乎所有包裹都有指定到貨的時間，如果沒有指定時間的規定，他們就可以像手錶的分針般，採取順時針環繞的方式，進行有效的配送。他們爲了優先完成時間指定的任務，被迫採用非常沒有效率的配送順序。

收件人不在家的比例之高，更令司機頭痛。根據日本國土交通省的調查顯示，宅配貨運不在家的比例爲二〇％，然而這不過是帳面上的數字。當司機整天下來跑了兩、三趟，甚至跑了多趟，這些無人簽收的地址依舊無法「卸貨」，最後剩下的才是上述你我所見的二〇％。

與作業模式改革背道而馳

中午過後，我們與日本郵便司機擦身而過。

對此小谷說道：「我們跟日本郵便、佐川的司機感情其實還不錯。在商業地帶雖然常常會聽到各家宅配司機感情不好的傳聞，但是在住宅區，我們會彼此交換需要注意的客人資訊。剛剛那個日本郵便司機在練武術，週六、日常有比賽，所以固定會休息。」

小谷一邊說，一邊拿出一份上面寫有「客人資訊」的Ａ４用紙遞給我。大約四十筆名單上，標記著人名、地址、個別的注意事項，像是「一定要先按一樓的大樓電鈴，不然會被客訴!!」「庭院放養杜賓狗，嚴禁開門!!」「這戶人家的先生，酒後是危險人物!!」「寄給太太的ＺＯＺＯ包裹，不能讓先生知道，務必提前打電話!!」另外還有一對親子工作地點位於同一區，雖然沒有同住，但可以幫忙簽收包裹的資訊等，記錄地非常詳盡。

這份紀錄讓我真實地感受到，每一位司機摸透了他所負責的區域，正是這份長年工作累積下來的經驗，造就大和運輸得以成為宅配巨擘。

小谷一直配送到下午二點三十分，最後他為了提領下午的包裹，暫時折返宅配中心。到目前為止的配送紀錄是「送達」八十三件、「折回」十四件、「剩餘」十四件。

我們約定一小時後會合。這裡是個沒有餐廳，也沒有咖啡館的鄉下地方，我在便利商店買了便當與十六茶，打發時間。

三點三十分，我與小谷再次集合後，「提領」總數增加至一百三十九件，「送達」也提高至九十六件。小谷從宅配中心出發來便利商店的路上，配送了大約十件，剩餘二十四件。接下來，就看能減少多少「剩餘」的數量，要一決勝負了。

小谷解釋道：「以往下午班次增加的包裹數量最多大約十五個左右，但是我今天就提領了將近三十件。其實上個月我們剛中止與外包業者的合作關係，外包司機配送一件包裹，可以拿到二百日圓。我猜公司大概是想，這部分改叫我們內部司機送，可以省下委託費用吧？雖然我個人覺得，這種做法跟他對外宣稱的改革作業模式相違背就是了。」

說話的同時，小谷一邊手腳俐落地完成每一項配送作業。

我坐在副駕駛座上，有時也會聽到小谷與客戶之間的談話內容。

「最近都沒看到小谷先生，我才在想有點無聊呢。」

「聽說今晚會變冷，太太您也要注意保暖。」

小谷回到車上，手中多了三瓶溫熱的罐裝咖啡。他順勢遞給我一罐，一邊說：

「那家太太在IT企業做行政，養了四隻貓，平時大多是先生出來領包裹。」

晚間七點，小谷返回宅配中心，提領最後一班包裹。我們再度會合之後，「提領」變成一百四十五件、「送達」一百二十四件、「折回」六件、「剩餘」五件。

小谷將貨車停在一條狹窄的道路上，手拿著包裹脫口說道。

「這裡住著一對母女，五十多歲做裁縫的女兒和八十多歲的媽媽兩人相依為命，但是這幾天她們都不在家，是去旅行了嗎？今天不知道在不在……」

結果，今天兩人還是不在家，包裹再次「折回」，這時快要七點半。

五分鐘之後，小谷的手機鈴聲響起，是一通要求再配送的電話。大和運輸自從改變作業模式以後，爲了減少加班時間，規定司機可以拒絕晚間七點以後的再配送要求，但小谷還是接了電話，完成配送，這完全是爲了明天配送的自己，就算只有一件包裹，也想再多「卸貨」出去。

完成最後的配送時，已經快要八點。「折回」十四件、「剩餘」一件。

「我能維持一定的速度完成配送，全是因爲我熟悉所有送貨路線的道路，就連每一戶人家的家族成員，甚至是行爲模式，都一清二楚。如果是同一個營業所裡面的送貨路線，我們司機都曾輪流跑過，所以沒有問題；但是如果被調到隔壁的分店去，我們所累積下來的經驗就完全歸零。對司機來說，調動就等於是在一間全新不同的公司從頭開始，剛起步的送貨速度可能連一半都不到。所以我們在面對那些掌管人事權力的分店主管時，其實是處於一種『有話想說，但沒辦法說』的狀態，因爲不想被調職，所以就算遇到一些不講理的事，大家也都是睜隻眼閉隻眼。我覺得加班費問題的背後，公司在某種程度上也利用了司機的這種心態。」

在開回宅配中心的路上，小谷主動提議要載我到距離最近的車站去。

小谷最後跟我分享了一段小故事。

「大概十年前吧，我姊夫出國玩，回來送了我一個禮物，是一隻小小的金色青蛙擺飾，差不多手掌大小。他說賣的人告訴他，這在風水上可以提升財運。我平時其實不太接觸風水，也沒什麼信仰，但是自從得到那隻金色青蛙以後，我每天早上出門上班前，都會對著那隻青蛙，雙手合十祈禱『希望今天也能事事順利，沒有客訴，安全回家』。祈禱完畢，我會將青蛙轉過身，讓它面向外頭，回到家以後，再跟青蛙行禮道謝，將它轉回來面向家裡，這已經變成我每天早上的固定儀式。從事這種危險工作，每天就像走鋼絲一樣，不找些心靈上的依靠，總覺得內心不安。」

八點過後，小谷送我到車站。下車後，我誠懇地向他表達謝意，互道別離。

我們不是慈善企業

二〇一七年春天，宅配危機浮出檯面，究其主要理由，是出於亞馬遜宅配包裹的問題。

亞馬遜一年出貨數量高達五億，在宅配市場總包裹數四十億當中占一成多，現階段亞馬遜無疑是宅配界的最大貨主。

二〇〇〇年亞馬遜在日本正式提供服務後，當時負責的配送業者爲日本通運，利用大嘴鳥貨運（現由日本「郵局包裹」所併購）提供服務。大嘴鳥貨運當時從一座位於千葉縣市川鹽濱的物流中心開始配送業務，包裹一件運費三百日圓。亞馬遜那時幾乎沒什麼出貨量，能談攏如此低廉的運費價格，是因爲它將物流中心業務和宅配業務一起全權委託給日本通運處理。

當年與亞馬遜協商的日通負責人員回述：「我極力說服公司內部，打進對方企業的內部，也就是成爲企業供應鏈一環的合作模式，是未來經營的主流。」

然而，二〇〇九年改由佐川急便處理亞馬遜的配送業務時，運費從三百日圓降到二百七十日圓。那時，佐川急便意圖透過承攬企業寄給個體戶的包裹，來擴大業界的市占率。當時的佐川負責人回憶：「那個運費實在太低了，我是咬緊牙根抱著必死的決心，才接下亞馬遜的業務。」

但是，由於無法從亞馬遜的業務中提高獲利，佐川急便的業績陷入低迷。銷售額與包裹數量雖然有所增長，卻陷進「豐收價跌」無法獲利的窘境，於是二〇一二年以降，佐川急便改變經營策略，從以往注重數量，轉爲重視獲利能力，並且對最大貨主亞馬遜提出運費漲價的協商。

當時負責與亞馬遜協商的佐川業務回顧：「我們原本的運費是二百七十日圓，那時協商時，我們打算提高二十日圓，然而亞馬遜卻反過來要求我們進一步調降宅配運費，甚至希望我們連文件包裹也要收件人簽收（日本的文件包裹可以直接投遞信箱，無須簽收）。他們的要求實在是太過分了，不管貨物量再多，佐川也不是慈善企業，所以最後決定不再與亞馬遜繼續合作。」

以上的協商過程在二〇一二年發生，隔年二〇一三年，佐川急便正式退出亞馬遜的宅配業務。

讓生意往來的合作業者過度競爭，以創造對自己有利的局面，是亞馬遜的慣用手法。他們第一件的成功案例，是美國 UPS 的降價風波。亞馬遜自創業以來便是美國最大宅配公司 UPS 的常客，二〇〇二年突然將大量包裹轉由美國郵局或聯邦快遞處理，藉以威脅 UPS，如不調降運費將終止合作，因而成功取得低廉的運費。

當時亞馬遜內部人稱「另一個傑夫」的全球消費者業務部執行長傑夫・威爾克（Jeff Wilke）負責當時的商談，他對此回憶道：「的確，就算亞馬遜沒有UPS，還是撐得過去，只是會很辛苦，這一點他們也清楚。而且就我的立場而言，我沒有打算要完全切割UPS，只是希望他們能夠提供更合理一點的價格。」（《貝佐斯傳》）

亞馬遜的觀點是，宅配運費直接牽涉經營核心「尊榮服務」的成本支出，所以運費越低越好。

佐川急便撤離亞馬遜包裹業務後，從旁殺出接手的是日本宅配業界龍頭大和運輸。據說，大和運輸承包的運費是二百八十日圓。

二〇一七年春天，大和運輸董事長長尾裕（現任大和控股董事長）接受經濟雜誌訪問時，針對承接亞馬遜包裹運送業務的理由回答如下。

「（有關與日本亞馬遜合作案一事）常聽到外界傳聞，說大和運輸撿了佐川急便捨棄不要的業務，在此我先聲明，完全不是這麼一回事。要我來說的話，我反而一直覺得這當中最不負責任的是佐川急便。原本亞馬遜的包裹是由日本通運負責，結果佐川急便以低價搶市，搶走了日本通運的生意。然後，（佐川急便）現在全部棄而不顧，（大和運輸不做）那誰來送貨？既然收到（亞馬遜）求救的訊號，我們決定助其一臂之力。」（《日經商業週刊》二〇一七年五月二十九日）

長尾聲稱，大和運輸是基於社會責任而承攬亞馬遜包裹的業務。

那麼，宅配一件包裹二百八十日圓的運費，代表什麼意思？

我手邊有一份大和運輸的「舊運費盈虧成本一覽表」，封面還印著「公司機密」的字樣，這是大和運輸於二〇一七年十月調漲運費之前，舊運費損益平衡的表格。損益平衡指的是配送一件包裹的固定支出，唯有收取大於這個損益平衡點的金額，才有獲利空間。在此，損益平衡點意指利潤為零的運費。

大和運輸調漲前的運費，最便宜的是關東地區同區寄收的六十公分包裹，標準運費為七百日圓，其配送損益平衡點為二百八十日圓。如果是關東寄件、北海道收件的一百四十公分包裹，標準運費為一千九百日圓，損益平衡點是八百日圓。換言之，亞馬遜的包裹在日本全國一律以二百八十日圓配送，這意味著關東地區同區寄收的六十公分包裹收支打平，獲利為零；關東寄件、北海道收件的一百四十公分包裹，則會虧損五百二十日圓。也就是說，大和運輸以二百八十日圓包辦亞馬遜的配送業務，等同於自殺行為。

儘管長尾堅稱大和運輸是基於企業的社會責任，而承攬了亞馬遜的宅配業務，但這不過是營利企業彼此間的商業競爭行為。既然佐川急便收手，日本除了大和運輸以外，再無其他宅配業者有能力吃下亞馬遜的運貨量，這對業界第三名的日本郵局來說，負擔過於沉重。如若真的有「收到（亞馬遜）求救的訊號」，就更不應該是這種局面。談判運費的談判主導權，應該是掌握在大和運輸的手上，大和運輸卻依舊以二百八十日圓的低價接受亞馬遜的請託。

此原因究竟爲何？

這個問題的答案，隱藏在大和運輸二〇一一年發布的經營計畫之中。在這份資料當中，大和運輸所揭示的未來目標，是希望在二〇一九年之前，於宅配市場取得五〇％的市占率。在以市占率爲優先考量的背景之下，大家普遍認爲只要市占率夠高，各區配送的包裹密度便會更加密集，進而提高配送效率。

二〇〇〇年大和運輸在宅配業界的市占率約三三％，自二〇〇〇年以降，市占率不斷在上升軌道趨勢中逐年增長，二〇一七年成長到四六％，逼近目標值五〇％，再差一些便要奪冠。提高市占率最快速、簡便的做法，便是以低廉的運費，取得包裹數量。因此大和運輸維持低廉的運費，接受佐川急便以不合成本爲由而退出的亞馬遜配送業務，其背後存在著市占率導向的布局策略。

然而，這種一味重視市占率的態度，也因前文中二〇一七年春天所爆發的無薪加班問題，出現了一百八十度的轉變。二〇一七年九月，大和運輸與亞馬遜達成協議，同意將每一件包裹運費從二百八十日圓大幅提升到最高的四百六十日圓，最大漲幅超過六成。同時，爲了減輕司機的負擔，大和運輸決定傍晚從亞馬遜物流中心送達大和運輸宅配中心的第三班次包裹，不在當日配送範圍內。

針對大和運輸配送方針的變動，亞馬遜試圖藉由聯合一萬名私人業者，來對抗大和運輸的運費調漲和服務範圍縮小的局面。《日本經濟新聞》在頭條版面以〈亞

馬遜集結一萬名私人業者，建立獨家配送網絡〉（アマゾン、独自の配送網個人事業者1万人囲い込み）的標題大肆報導。

要求貝佐斯買下大和運輸的男人

常常有人誤會，亞馬遜要自己當物流業者，掌握「最後一哩路」。「貝佐斯表明『亞馬遜是物流公司』」或「亞馬遜開起自家貨車，進行配送」等傳言更是時有耳聞，以訛傳訛的錯誤言論已然根深蒂固。

然而，貝佐斯在二〇一六年的訪問中，面對：「你打算自行建立一套『最後一哩路』的物流網絡？」這個問題時，已明確答覆「NO」。他本人解釋，我們可以仰賴各國既有的物流業者或郵局，亞馬遜不過是填補剩餘不足的部分。

此外，證券經理人石井達郎（化名）親口跟我證實，他曾經向貝佐斯本人提出收購大和控股的提議。

石井說：「二〇一六年十月我寫信給貝佐斯，詢問他收購大和控股的意願，是否願意將大和運輸納入旗下？在我規畫的併購案藍圖中，當時大和運輸市值大約一兆日圓，亞馬遜只需要拿出一半，或是最多加碼三成拿出八千億日圓，就能持股過半，取得大和運輸的經營權，之後再賣掉大和運輸以外的部門，縮減以往的設備投資，十年後便能取回投資報酬。」

然而，貝佐斯沒有回應。

石井不放棄，向日本亞馬遜提出同樣的提議，然而後者對於石井的併購案，只回覆了一句「我們沒有收購大和運輸的想法」。

在這一連串的連繫後，石井終於明白：「亞馬遜並沒有親自涉足最後一哩路的打算。」我完全同意他的看法。取而代之的是，亞馬遜聯合了一群名爲配送供應商的中小宅配企業，打造出另一個配送網。亞馬遜的戰略是希望透過中小宅配業者，彼此約定負責的區域，來填補大和運輸撤出的缺口。

配送供應商的核心之一是丸和運輸機構所經營的「桃太郎便」，該公司董事長和佐見勝在二〇一八年五月召開的法說會上，針對我所提出的問題，回答「如果像大和運輸那樣突如其來緊急抬高價格的做法，必定會與貨主產生摩擦」，並展現堅毅自信的態度，表示自己有能力填補大和運輸所留下的缺口。根據亞馬遜網站，在「配送供應商」名單當中，共列出SBS即配支援、遠州貨運等九家公司名稱。

我手邊有一份上述名單中的某間公司交給承包商的價目表。

亞馬遜配送業務相關運費如下：

（1）「包車運費　送達九十件　二萬日圓」

（2）「加成運費　兩百日圓／件　僅適用於送達件數每1R（路線的簡稱）爲九十一個／一日以上之情況」

只負責配送業務，未承攬低溫宅配，亦無代收費用的服務，另外也不用處理集貨。這樣一天二萬日圓，還算不錯。以上是配送供應商支付承包商的運費。

至於司機可領取的費用則是：

（1）「包車運費　送達九十件　一萬二千日圓」

（2）「加成運費　一百七十日圓／件」

同時，送貨車輛和油資由公司負擔。

以往，宅配產業的私人承包業者均以「計件運費」計費。以關東地區承攬大和運輸或佐川急便的承包商行情來看，每送達一件包裹，必須支付一百五十日圓左右的費用。然而，計件收費的前提是必須自行提供營業用貨車，所以如果扣除車輛與油錢等經費，實際賺取的費用相當於打了七、八折。宅配危機以後，「計件運費」已經無法吸引、召募宅配司機，由此可見宅配產業人手不足的情況嚴重。

相較之下，在「包車運費」的機制當中，司機至少知道每日可以領取的底薪，也比較好考量能否接受工作，而且配送若超過九十件包裹，還可領取加成費用。假設配送了一百一十件包裹，一萬二千日圓的底薪加上三千四百日圓的加成費用，一日配送可以賺取一萬五千四百日圓。若依照這種進度，一個月工作二十天，便能有超過三十萬日圓的收入。

除了運費較高以外，配送供應商所處理的包裹幾乎都無指定時間，也算得上是一大優勢。

到配送供應商當助手

前一天我才坐在大和運輸小谷的副駕駛座上，隔天我就假裝是司機見習生，以助手身分搭上配送供應商的貨車。

當時正值二〇一七年十二月底的年關前後。

我聽說配送供應商所配送的包裹沒有指定時間，所以通常上午十一點以後才開始配送，然而司機大崎邦夫（化名）和我約定在ＪＲ總武線某車站前會合的時間，卻是上午八點半。從車站搭乘大崎駕駛的輕型貨車一小時後，我們抵達位於東京都某住宅區的亞馬遜專用運送中心。

坐四望五的大崎，留著修整整齊的俐落短髮，左手戴著婚戒，我什麼都還沒問，他便主動講述自己的經歷。

配送供應商運送中心裡堆積如山的亞馬遜包裹（筆者拍攝）

「我以前在配管工程公司上班，後來那間公司歇業了，所以三個月前我才跳槽到這裡來。剛開始我必須一個一個對照地圖一邊找路，所以一個小時頂多配送五、六個包裹，現在一個小時已經可以送將近二十個出去了。」

我們抵達運送中心後，眼前的光景讓我睜大雙眼，竟然全都是亞馬遜的包裹，運送中心裡的紙箱上全都印著亞馬遜的商標，看上去十分壯觀。

大崎所負責的籠車裡已裝滿上午必須配送的五十件包裹，到這裡大崎花了三十分鐘，他一一清點包裹，裝上貨車。

大崎說道：「今日有點少。聖誕節前夕，光是一個早上就載了快一百個包裹出去。早上平均會有幾個包裹？大概六、七十個左右吧。今天接近年關，所以貨才會這麼少吧。」

接著他又繼續說：「我會依照配送區，將貨車車廂分成四個區塊，每個區塊都先將配送時間比較晚的包裹堆放上去，這樣交貨時，就可以很順地從擺在前面的包裹拿貨。我花了不少時間才想到這個方法。」

將大崎拿來和大和運輸那位在自己負責路線上已有十年以上經驗的小谷相比或許有些殘忍，但大崎清點貨物時給我的感覺還不夠熟練，他必須一一確認每一個動作，很謹慎地處理自己的工作。

我們在上午十一點離開運送中心。

大崎配送的區域範圍不大，獨棟房屋和住宅大樓相當密集，而且住宅大樓多半設有宅配專用置物櫃，曾經當過多次貨運司機助手的我，心中暗想這是一條輕鬆的路線。

五十件包裹當中，有五件指定中午以前送達，這五件是前一日「折回」的包裹，收件人看到招領單，指定中午以前再配送。一小時內配送五件指定時間的包裏，根本輕而易舉。

首站配送獨棟房屋。拿著前一日晚上八點配送時無人簽收的包裹來到門前，一位中年女性出來到玄關應門：「昨天那時婆婆剛好在洗澡，沒辦法簽收，不好意思讓你們再跑一趟。」

接著到下一棟的住宅大樓，宅配專用置物櫃已無空間，大崎只好拿著包裹折返回來。他說這棟住宅大樓後面剛好是大和運輸的宅配中心，所以早上大樓的宅配專用置物櫃時常占不到位置。

於是，大崎便以指定中午前送達的包裹爲主軸，一路配送下去。

在開始送貨的這一小時當中，大崎曾在路邊停了兩、三次，打開地圖，確認送貨地址，他說：「雖然用導航感覺比較快，但是輸入地址也要花不少時間，所以到最後還是得從地圖下手，把地圖上每一個角落都記下來。」

時間來到正午十二點，收音機傳來FM報時的廣播：「NTT東日本報時，現在時刻中午十二點整。」在這之前，包含指定時間的包裹，大崎已經配送了十九個。

十二點過後，我們開始午休。午餐在便利商店解決，廁所則是借用公園的公共廁所。我買了飯糰、焙茶，大崎買了什錦飯糰、和風美乃滋海底雞飯糰、紅豆鮮奶油銅鑼燒，再回到車上進食，這時收音機裡傳來安室奈美惠的嘹亮歌聲，演唱著〈Hero〉。

這段期間，我向大崎提出心中一直有的疑問。

——你是如何達成一天九十個工作量的基本要求？我個人不認爲第一天上班就能配送九十件包裹。

「原來你是要問這個。在這裡剛開始上班，會有四星期的培訓期間。第一個禮拜，一天配送三十個，然後第二個禮拜，送四十五個……這樣每週增加，到了第五週，應該就能完成配送九十個包裹。我第一個禮拜送三十個的時候，也是一個一個找地圖、對地址，花了整整一天。」

——在你剛上班的第一週，配送三十件包裹時，拿到的薪水也是從三分之一開始起算嗎？

「不是，我從第一個禮拜開始就領一萬二千日圓。這些費用我猜應該是由亞馬遜負擔的吧。我們新手司機有四個禮拜的緩衝期，在這段期間，我們必須熟記地圖，學會怎麼將包裹裝上貨車等送貨的工作流程。剛開始我連將包裹裝上貨車，就花了比現在多兩倍以上的時間，而且前四個禮拜，雖然包裹數量不多，但是我完全沒有多餘的空閒，連上廁所、吃飯休息的時間都沒有。那時候有不少司機因爲跟不上進度，後來就不幹了。」

我終於了解亞馬遜爲什麼這樣安排了。

亞馬遜爲了建立一個足以與大和運輸抗衡的配送業者網絡，甘願以一萬二千日圓的日薪（亞馬遜付給配送業者的是兩萬日圓）來支付一天配送三十件的包裹。

下午一點前，貨車再次上路。

我坐在副駕駛座上，發現大崎就算遇到收件人不在家，無人簽收包裹，他也不會投遞招領通知單。大崎說：

「如果留下招領通知單，收件人就會打電話來指定送貨時間，這樣我就必須優先在他指定的時間內送達，反而會打亂我的配送路線，花更多時間。所以我不放招領通知單，寧願之後再多跑幾趟，這樣送貨比較有效率。」

聽完大崎的回覆，終於解開我心中的疑惑「原來這就是問題的癥結點」。

大和運輸司機小谷在配送時，經常被時間追著跑，原因就是出在大多數的包裹都有指定配送時間，如果大和運輸的包裹能夠刪去指定時間的規定，司機就可以自行安排路線，能夠更有效率地配送，相信會相對地減輕許多負擔。然而，不用額外付費就能指定宅配包裹的送達時間，正是大和運輸在九〇年代自行推出的服務，事到如今，大和運輸不可能自己喊卡，也無法改成付費服務，陷入作繭自縛的困境，在後面收尾擦屁股的，卻是在前線送貨的司機。

一點半過後，大崎扛著裝滿寶特瓶茶罐的紙箱，爬上沒有電梯的老舊住宅大樓四樓。

可惜收件人不在家。

「扛著沉重的飲料或米袋爬上四樓，結果收件人不在家，這時候眞的會有想揍人的念頭。我開始當送貨司機以後，原本六十五公斤的體重，現在已經掉到六十公斤，而且每天送貨，對腳底跟膝蓋周圍的負擔很大。」

兩點過後，早上提領的五十件包裹幾乎全數送達，無人簽收三件。大崎將無人簽收的包裹以底部向上的方式擺放，根據他的說法是，這樣的小訣竅可以幫助他一眼分辨出哪些是無人簽收的包裹。於是，這時我們先折回運送中心，裝載包裹。下午的配送班次，大崎提領了四十一件包裹後，重返配送工作，配送路線依舊是在住宅大樓或獨棟房屋之間來回穿梭。

時間還不到三點三十分，大崎前往某棟透天厝送貨時，正巧遇到一位男子從屋裡走出來。

「請問是○○先生嗎？」

「我是，但我現在沒空。」一開口就是一副傲慢無禮的口吻。

大崎問：「那您的包裹怎麼辦？」男子簽名收取包裹後，返身折回屋內。

「講話這麼衝的客人其實不多，但是遇到這種人，多少會讓人覺得沮喪。」

下午五點，大崎再度返回運送中心，提取今天最後一班的包裹。三趟班次合計下來，大崎總共提領了一百一十四件包裹。

五點半過後，大崎接到再配送的電話。電話的另一端，是大崎配送了多次都無人在家，無法「卸貨」，不得已只好投遞招領通知單的那戶人家。

大崎在電話上答覆：「我現在過去！」之後，一臉如釋重負的表情，對著我說：「他終於打電話來了。」這時，夕陽已逐漸西下。

還剩下四十多件包裹。

從現在開始，大崎以先前那些他沒有投遞招領通知單，無人簽收的包裹爲主，做最後衝刺。

結果，這一天大崎配送了一百零五件包裹。回到運送中心，時間已經超過晚上九點。由於超過九十個基本量，多送了十五件，所以大崎這一天的收入爲一萬四千五百五十日圓。儘管如此，大崎整天的時間幾乎都被綁死，換算成時薪大約一千三百日圓上下。之後完成最後的打掃整理，大崎送我回到當天早上的集合車站時，已經晚上十點多。隔天早上，大崎一樣是八點多就要開貨車，前往運送中心。

大崎笑道：「接下來回家吃飯、洗澡，算一算也才睡不到幾個鐘頭。」

我不禁懷疑，在人手不足的情況下，這樣的薪資水準，有辦法留住那些想成爲宅配司機的人才嗎？不論是大和運輸這類既有的宅配企業，還是像配送供應商這種新興配送業者，重點在於配送的額度是靠這群司機所有人的力量累積而創造出來的，所以應該想辦法改善這些底層司機的工作環境——包括提高薪資在內——才對。繼大和運輸的宅配危機之後，說不定早晚輪到配送供應商司機起身反抗。究竟要到什麼時候，才有辦法建立出一套得以延續下去的宅配架構？

第四章

在歐洲遊蕩的怪物亞馬遜

我走訪英、法、德三國，在歐洲找尋與亞馬遜對抗的勢力，從而遇見與我同樣潛入亞馬遜物流中心的記者，以及持續罷工的勞工。

一群深入臥底採訪的記者

結束小田原物流中心的臥底任務，我於二〇一八年三月前往歐洲，在英國、法國與德國三國之間，展開為期一個月的採訪。

以正面攻防的角度來看，要訪問日本以外的亞馬遜，應該選擇總部的所在地點美國。然而，在我撰寫上一本亞馬遜的相關著作時，曾隱瞞自己潛入市川鹽濱物流中心的事實，向亞馬遜提出「我準備出發前往（總部所在地）西雅圖」採訪的意願，遭到果斷拒絕。後來為了補充文庫版的內容，我又再次向亞馬遜提出訪問的要求，當時行銷部門的負責人卻口吐惡言「你書中寫的盡是虛假不實的內容，我們絕對不會接受你的採訪」，他這樣控訴我，已經算是毀謗我的個人名譽了。

至於這一次，日本亞馬遜也是很乾脆地拒絕了我正面提出的採訪要求。當然，我也透過電子郵件寫信給貝佐斯本人，邀請他接受採訪。貝佐斯的電郵信箱 jeff@amazon.com 是直接公開在網路上，想當然耳，我最後還是被美國亞馬遜行銷部門給回絕了。

如果能夠直接訪問亞馬遜總部，我一定會毫不猶豫地選擇去美國，但當這個願望無法實現時，我該怎麼辦？於是，我上網蒐集各種資料。

綜合這些資料顯示，我認為當時亞馬遜成立第二總部所引發的一連串荒腔走板的情況，充分展現了亞馬遜在美國的處境。亞馬遜成立第二總部的計畫，自二〇一七年九月開始，展開為期一年以上的討論，嚴選設立的地點。第二總部地點的候補名單上，不只有美國，還包括加拿大、墨西哥等國家在內的二百多個城市，其中甚至有城市提出願意捨棄原有名稱，改爲「亞馬遜市」，提高自己被徵選上的機會。日本的地方自治團體不太可能爲了吸引私人企業來本地創立第二總部，而提供各種優惠待遇、相互競爭，不過這種現象在各州擁有高度獨立自治權的美國倒是經常發生。

最後，二〇一八年十一月亞馬遜決定第二總部坐落在紐約市和華盛頓ＤＣ近郊的阿靈頓這兩處。

當時日本報紙報導〈預計設立新總部的兩座城市，將創造五萬人以上的就業人口，平均年薪十五萬美元，總投資額高達五十億美元。〉（新本社が来る２カ所には、平均年収15万ドルを超える計５万人以上の働き口と、合わせて50億ドルの投資が新たにもたらされる）（《朝日新聞》二〇一八年十一月十六日）

據稱，提供許多高薪工作的亞馬遜，此次獲得的優惠待遇總額超過二十億美元，在衆人的熱烈歡呼聲中，感受不到一絲對亞馬遜的批判。

爾後，紐約州議會和市議會議員向州長與市長先前允諾亞馬遜的巨額優惠待遇提出強烈反對意見，阻止政府帶頭釋放誘因來招攬企業進駐，亞馬遜因此於二〇一九年二月宣布放棄在紐約設立新總部。儘管如此，至少在我尋找國外採訪地點時，正值亞馬遜設立第二總部騷動的高潮，在我看來這就足以證明，美國各地無不舉國歡騰，熱烈歡迎亞馬遜的到來。

相較之下，蒐集各方資料後我察覺，歐洲不只看到亞馬遜光鮮亮麗的糖衣，亦有不少勢力密切追查亞馬遜陰暗晦澀的一面，包括租稅規避問題、拒買運動、工會運動的必要性等議題，以更宏觀的視角審視亞馬遜這間跨國企業。

這些團體當中，最吸引人注目的是一群和我一樣潛入亞馬遜物流中心的記者。

自從亞馬遜進軍日本，截至目前為止，就我所知日本只有在下曾經潛入亞馬遜物流中心，撰寫相關報導及書籍。我想可能因為自己是個怪咖，才會幹這種奇怪的事，然而若將焦點移向歐洲，卻可以輕易地找出一群志同道合的記者。

在英國這個「潛入報導的先驅國度」，晚間新聞節目上常播出記者喬裝成客人，暗訪街上謠傳非法販賣毒品的私人商店，並以針孔攝影機偷拍的手法，揭露偷賣毒品的事實，這類的臥底報導在英國社會已經相當普及。

我上網搜尋英國有關亞馬遜物流中心的臥底報導，單就網路上的公開資料，以二〇一三年十一月英國BBC報導為開端，《觀察家報》《衛報》《金融時報》等各大英國報紙先後刊登了十多篇相關的臥底報導。如果強行將這些英國媒體切換成日本媒體，就相當於NHK、《朝日新聞》《日本經濟新聞》等日本主流媒體記者潛入亞馬遜物流中心，以新聞或專題進行報導。

機器人剝奪工作中的人性

在英國，我訪問了兩名潛入亞馬遜的記者。

其中一人是英國小報《週日鏡報》記者亞倫．塞爾比（Alan Selby），現年二十八歲，我們幾乎在同一時期潛入亞馬遜物流中心。塞爾比臥底的地點位在倫敦郊區，他以連載模式於《週日鏡報》上，連續刊登了兩個月的專題報導。另一位是三十五歲的英國獨立記者詹姆士．布拉德渥斯。布拉德渥斯在其著作《沒人雇用的一代：零工經濟的陷阱，讓我們如何一步步成為免洗勞工》一書中，描寫英國社會底層的生活面貌，該書第一章就描述了他在伯明罕北部小鎮魯吉利（Rugeley）的亞馬遜物流中心工作的情況。

我與塞爾比約在泰晤士河河畔的飯店一樓咖啡廳會面，此處與英國國會大廈相望。塞爾比比我矮，身高不到一七〇公分，但他充分鍛鍊的體魄讓人印象深刻。首先，我問塞爾比是透過何種管道潛入亞馬遜的。

「我是二〇一七年十月中旬，開始在亞馬遜的物流中心工作，地點位在倫敦東方一小時車程的蒂柏立港區（Tilbury）。剛開始沒有設定要工作多久，我和總編商量，至少得蒐集到足夠的資料才有辦法撰寫報導，所以當時的預計是最短兩週，最長三個月。

「我是在藝珂（Adecco）這間人力仲介公司的網站上填寫簡單的申請表格，線上傳送之後，以旺季的短期限時員工身分錄取。他們沒有要求我提出正式的個人履歷，那張申請表格也只需回答一些簡單的問題，那時候我就想，是不是只要填寫申請表格就一定會錄取？這種召募人員的方式，讓人覺得他們根本不挑人，誰來應徵就錄取誰，管他是什麼身分，完全不在乎。後來我跟人力仲介簽約三個月，我還記得當初簽約時他們跟我說明，三個月好好努力，之後還有機會更新合約。」

——可以談談你的排班嗎？

「我的班表是一週五天，早上七點半到傍晚六點，中間有兩次各三十分鐘的休息時間，午餐就是在休息時間中解決，但是走路往返餐廳就花了快十分鐘，所以三十分鐘的休息時間，實際上只剩下二十分鐘，午餐只能狼吞虎嚥，盡快在十分鐘以內解決。我原本有六十公斤重，在亞馬遜工作的那五個星期，瘦了六公斤，等於是一個禮拜瘦超過一公斤。我對自己的身體還算有自信，在執行臥底任務之前，才剛跑完九月的柏林馬拉松，而且是在三小時以內跑完全程，但是就連我這種體力還不錯的人，到亞馬遜工作還是大喊吃不消。」

我心想，在三小時以內跑完全馬不簡單，後來上網搜尋，在「runbritain」網站上，查到塞爾比在二〇一七年九月二十四日的全程馬拉松，留下二小時五十九分五十三秒的紀錄。

藝珂人力仲介公司所支付的時薪是八．二一英鎊（約新臺幣三百元），高於塞爾比潛入臥底時的最低工資七．五英鎊（約新臺幣兩百八十元），但低於NGO等組織向企業財團所要求的八．七五英鎊（約新臺幣三百二十元），後者才是足以維持最低生活水準所需的合理薪資。

——那麼你在物流中心主要負責哪些工作？你剛才說那些工作對身體的負擔相當大，另外你是否感受到精神上的壓力？

「我主要在包裝部門工作，時常被指派去揀貨。除了體力透支，精神上的壓力更嚴重。揀貨員必須長時間重複同樣的動作，完全沒必要動腦，也不需要訣竅，就只是默默地完成眼前的工作。在這之前，我從大學畢業以後，便以新聞記者的身分自由自在地工作，見我想見的人，採訪他們，寫我想寫的報導。

「當然每一個組織都一定有自己的規定，但是這跟亞馬遜那種只能專注眼前的待辦事項，不允許任何思考的工作模式又完全不同。剛上班的第一個禮拜我非常鬱悶，但是過了第二、三個禮拜之後，已經放棄動腦思考，之後反而覺得輕鬆許多，應該說覺得自己像機器人一樣。」

塞爾比說，他們揀貨時不用到處走，最新型的機器人會將需要揀貨的儲貨架搬到揀貨員面前。在日本，川崎與大阪府茨木市的物流中心已率先引進這類機器人的設備了。

二〇一二年美國亞馬遜以約八億美元收購「奇娃系統」（Kiva Systems）這間未上市公司。奇娃製作的機器人內建攝影機和影像處理系統，可以自律性地在物流中心內部移動，鑽到堆滿貨物的儲貨架底下，搬運整座儲貨架。在亞馬遜的併購史上，奇娃系統的收購金額排名第四，僅次於二〇一七年生鮮超市全食超市（Whole Foods）約一百四十億美元，二〇〇九年鞋類電商 Zappos 的十二億美元，以及二〇一四年線上遊戲公司 Twitch 約十億美元。如今，在亞馬遜內部，奇娃系統已改名爲「亞馬遜機器人公司」（Amazon Robotics）。

雖然我對奇娃併購案早有所耳聞，但這是我第一次接觸到實際與機器人「共事」過的人分享經驗。

塞爾比如此描述工作時的情景。

「揀貨時，我們被迫待在一個長寬高兩公尺大小的四方形空間裡，等待儲貨架來找我們。機器人會鑽到儲貨架的底下，抬起儲貨架，送到揀貨員的面前。然後我必須跳上跳下，或蹲或站，從儲貨架上揀取指定的商品。確實這樣一來，工作人員可以減少走路的距離，但在工作密度方面，這種做法更密集，換句話說，對工作人員而言，這樣反而更累。被人關在狹窄的空間裡，還必須永無止境地做出反覆蹲跳的動作。隨著機器人進入作業空間，實際工作的人反而變得更拘束，機械變成工作的主角，我深刻地感受到自己的人性，在工作中被不斷地剝奪。」

塞爾比所寫的連載報導中，也提及工作人員被救護車緊急送醫的案例。

「我曾經親眼看過兩名員工被救護車載走。其中一名是女性，據說她在工作期間，因爲精神壓力陷入恐慌狀態。另外一名則是較年長的男性，聽說他一早身體狀況就不是太好，但是他實在是太需要那天的工資，所以勉強自己上班，結果不支倒地。在那個工作職場上，你隨時有可能因爲身體狀況不佳而倒下，這一點都不奇怪。」

英國議會的公開信函

——英國至今已有不少潛入亞馬遜物流中心的深入報導，那麼讀者對這次的潛入報導有何反應？

「我們獲得非常大的迴響，遠遠超乎編輯部的預期。報紙發行了六十萬份，但是網路新聞的閱讀次數已經達到上千萬的單頁點閱率（Page View），成為《週日鏡報》史上點閱次數最多的報導。此外我們還接到數以百計的電子郵件和電話，內容大多是希望跟我們分享他在亞馬遜的經驗，大多跟我的體驗十分相似。

「為什麼會得到如此廣大的回響，我想就時機來看，可以歸納出兩大因素。第一是報導刊出的前兩天，德國與義大利的亞馬遜物流中心正好爆發大規模的罷工事件；另一個理由是報導刊出的前一天是『黑色星期五』，隔天這則新聞就出來了。除了時機巧合以外，我想我偷帶進去的手錶微型攝影機所拍攝到的內部影像，在網路上大量擴散，也造就了相當大的影響力。」

——你是如何將微型攝影機偷渡進去的？

「原先我想帶鈕扣式的針孔攝影機進去，但又想到上下班通過安檢門時可能會露餡，所以後來改用手錶型攝影機。這支手錶型攝影機，我還是上亞馬遜網站選購的，一支三十多英鎊。在通過安檢門時，規定人員必須拿下手錶，另外放在塑膠籃裡讓安檢人員從安檢門一旁的通道推送出去，所以我才能成功躲過安檢門的檢查。我用這支手錶微型攝影機拍攝了影片，也成功留下照片。」

塞爾比一邊說，一邊向我展示他戴在左腕上的手錶。我向他請教產品名稱，上網檢索發現是日本沒有販售的商品。回到飯店後，我立刻上英國亞馬遜網站下單，寄到飯店，將這支附針孔攝影機的手錶帶回日本。個人長年累積下來的經驗告訴我，這類產品對我日後的報導，必定有相當大的助益。

——你曾提到在一開始的說明會上，人力仲介公司表示合約會在三個月後更新，他們後來確實履約了嗎？

「不，沒有更新。別說更新，我還聽過合約還沒到期就被開除的例子。在連載當中，我也以日後分享的形式寫下了這個故事。查理和克莉絲汀娜兩人分別在十二月底，合約期限分明還有一個月的時候，就無端被開除了。聖誕季節的旺季一過，資方便突然毀約。當天朝會上才對大家說『再努力一下就能更新合約』，結果工作一結束就把一百多人叫進會議室，表示『今日中止合約』。勞工想要辭職，必須提前兩個禮拜告知人力仲介公司，如果怠慢而沒有確實傳達，還可能被罰錢，結果過了旺季，公司反而可以說開除就開除。」

延續物流中心的潛入報導，《週日鏡報》日後還追蹤了亞馬遜外包司機的惡劣工作環境，揭發外包司機若沒遵守時間約定，或未達配送目標，扣除罰款後換算下來的時薪遠遠低於最低薪資的現況。這則新聞最終促使英國議會展開行動，向亞馬遜英國法人董事釋出公開信函，即刻徹查英國亞馬遜旗下外包司機的就業環境。

「這是我寫完連載報導後，讀者所提供的消息，許多內容一致指出配送業者的工作環境比物流中心內部還要糟糕。我們根據這些消息進一步追蹤，與司機共乘貼身採訪才完成的報導。『UK Express』這間貨運公司統合了眾多的私人司機，承攬亞馬遜的配送業務。這些司機一週工作六、七天，一天做十四小時，每日配送超過二百件包裹，還有不少司機證實他們被要求配送三百件以上，日薪只有一百英鎊（約新臺幣三千七百三十三元）。有的司機忙到沒時間上廁所，還必須尿在寶特瓶裡，另外也聽說有的司機爲了趕上指定的送達時間，不惜超速駕駛。甚至如果司機因病請假，一天必須支付一百一十英鎊（約新臺幣四千一百零七元）的罰金。這類惡劣的工作環境終於被國會議員關注，隔年一月貨運公司接獲政府通知，必須賠償金錢給一萬多名司機。」

英國國會議員眞是雷厲風行。不只亞馬遜的勞工問題，就連本書後面章節描述的亞馬遜租稅規避問題，他們也正在積極追查。可惜的是，日本缺乏和英國議員一樣徹底追究亞馬遜的政治家。

點數歸零就自動解僱

訪問完塞爾比，我的下一位受訪者是詹姆士．布拉德渥斯。

傍晚，我和布拉德渥斯約在倫敦市區維多利亞車站附近的酒館會面。

在我造訪英國前，《沒人雇用的一代》日文版剛於日本上市出版，在這本紀實文學中，作者利用半年的時間，在英國的四個地區體驗最低薪資的工作，據以描繪社會底層生活的嚴酷現狀。在閱讀這本書時，我聯想到描寫美國下層社會現實的作品《我在底層的生活：當專欄作家化身爲女服務生》。我與布拉德渥斯見面後，轉述我的感想，對此他回應道：

「我也讀過這本書，但是在我下筆時，內心所想到的是喬治・歐威爾所寫的《巴黎倫敦落拓記》和《一九八四》這兩本書，此外英國《衛報》記者的作品《苦力：英國的低薪生活》（*Hard Work: Life in Low-pay Britain*）對我的影響也很大，所以我才會興起在那六個月當中，去四、五個地方體驗低薪工作的想法，促使自己寫下這本在現今經濟體制最底層工作勞工的紀實文學作品。」

我問他，書中第一章提及的主題是你在亞馬遜物流中心工作的情況，一開始你便計畫將亞馬遜的工作列入本書框架嗎？

布拉德渥斯回答：「我最初寫這本書的目的是爲了滿足自己的好奇心，想了解英國各地拿最低薪資工作的人到底過什麼樣的生活，一心想探索那些無法從統計數據或報章新聞得知的人們日常。他們吃哪些食物？生活上是否有辦法顧及健康？他們抽多少菸？飲酒量又有多少？

「所以我在英國中部的曼徹斯特附近尋找最低薪資的工作，偶然間在距離曼徹斯特一小時車程的小鎭魯吉利，發現亞馬遜的求職工作，才投履歷想嘗試看看。在英國已經有多篇關於亞馬遜的臥底報導，但是在我親身潛入亞馬遜之前，我並沒有很了解亞馬遜的工作環境。可是當我在亞馬遜工作以後，立刻發現那裡的工作條件實在太過惡劣，所以決定用文字將這件事實公諸於世，這是我身爲記者的使命。」

——可以說明一下你在亞馬遜工作的時薪與排班時間嗎？

「剛開始，時薪只有最低薪資七英鎊（約新臺幣二百五十八元），在我工作期間法律曾調漲最低薪資到七．二五英鎊（約新臺幣二百六十七元）。跟我簽訂約聘契約的是轉線（Transline）這間人力仲介公司。我的班表是早上十一點半到晚上十點半，總計十一個小時，其中包含兩次三十分鐘的休息時間。我負責揀貨，步行距離大概十六公里至二十四公里。毫無疑問，身體肯定是疲憊的，但更可怕的是精神層面，那份工作枯燥乏味到讓人想死，既沒有音樂，人與人之間也沒有對話，就那樣持續工作十一個小時。只能在冷僻的寂靜中，索然無味地埋頭苦幹。」

——在書裡你所描述的計時人員多半是來自東歐的移民？

「物流中心總計大約有一千兩百名員工，其中有一大半是羅馬尼亞人。在我到職的第二天，有一名身材微胖的年輕女孩來向我搭話。她說：『不好意思，希望我這麼問沒有冒犯到你，但……你是英國人對吧，爲什麼你會在這裡揀貨？』的確，就像那名女孩說的一樣，雖然那個物流中心位在英國境內，但工作人員裡像我這種三十多歲，英國國籍的白人男性寥寥無幾，頂多小貓兩三隻，所以她一定覺得很不可思議，我分明還有許多更好的工作可以選，爲什麼會去那裡？當地的英國人非常了解亞馬遜的工作環境，所以大部分的人不會主動靠近，但對東歐移民來說，即使在英國是最低薪資，但兌換成該國貨幣後，時薪相當高，所以他們只好忍氣吞聲在那裡工作。不過一個禮拜之後，那名女孩突然在揀貨中驚慌失控，抓著我的手腕，跟我訴苦她想立刻收拾行李回羅馬尼亞去，還說她最討厭這份工作。」

——你在書中提到英國亞馬遜物流中心惡名昭彰的六點數制度。《貝佐斯傳》一書中亦描述了美國物流中心的六點數制度，意指每個計時人員剛進去時，都會拿到六個點數，之後隨著遲到、請病假、曠職而被扣點數，等到六個點數全被扣光，就會自動被解僱。

對此布拉德渥斯說道：

「我只有一天因爲感冒而請假休息。那天我在上班前提早三個小時便打電話去告假，結果就被扣了一個點數。我很肯定自己因爲請病假而被扣了一點，但說不定另外還多被扣了一點。曾經有人口頭警告過我揀貨太慢，要我加快速度。我猜那時候可能被扣了一點。在六點數制度中，舉例來說，只要因爲生病而連續請假六天，就會被開除。我很驚訝天底下竟然還有這等不合理的事。如果曠職一天就會被扣三個點數，曠職兩天就慘遭革職。這個點數制度給計時人員帶來非常大的壓力，大家擔心遲到會很慘，總是比上班時間早到。」

布拉德渥斯在亞馬遜物流中心工作後，相繼擔任看護人員、客服中心的接線生，最後當Uber司機，我問他這四個工作當中，覺得哪一個情況最爲苛刻？

他毫不猶豫地回答：

「亞馬遜肯定是最糟的那一個。對我來說，那裡的物流中心會讓我聯想到監獄。下班時，必須先通過戒備森嚴的安檢門，檢查隨身物品；就算事先打電話請假，還是會被扣點數。另外掌上型終端機上不是會顯示倒數的秒數嗎？想要在倒數時間內完成作業幾乎不可能，或許用跑的還有那麼點機會，但你不可能連續跑十一個鐘頭，更何況基於其他作業員的安全考量，揀貨時禁止奔跑。

「亞馬遜最可惡的地方不在於低薪，而是他們對待計時人員的方式有問題。在那個職場上，計時人員可以說是完全不受人尊重，永遠備受鄙視，像個孩子一般被他人管控時間，被當成機器來操。像我們現在所在的這間酒館，時薪也沒有很高，但是只要你好好對待員工，人們就會主動聚集過來。亞馬遜最大的問題，是他們不把人當人看。」

這些和我一樣潛入亞馬遜物流中心當臥底，並以文字記錄親身經歷的記者，儘管國別不同，感想卻十分相近，這同時也證明，不論哪國的亞馬遜物流中心都維持相同的模式。

一個個身心患病

結束英國的訪問，我搭機飛往法國。

傍晚，我在巴黎蒙帕納斯車站附近的可麗餅店，聽著現年三十歲、著有《臥底亞馬遜》（*En Amazonie: infiltré dans le "meilleur des mondes"*）一書的作者尚—巴普提斯特．馬雷描述他的經驗。

在我拜訪法國之前，馬雷的第三本著作《餐桌上的紅色經濟風暴：黑心、暴利、壟斷，從一顆番茄看市場全球化的跨國商機與運作陰謀》正好在日本出版，他為了行銷前往日本，停留了約一個星期，我們約定的那一天他剛從日本返回法國。

我邀請馬雷一同品嘗日本料理，但他回：「我在日本吃了不少日本料理，所以現在滿腦子只想吃可麗餅。」馬雷一邊說，一邊舉步邁向蒙帕納斯車站附近最出名的可麗餅店。馬雷說自己出身南法，每當從外派採訪之類的長途旅行歸國，總是忍不住想吃南法名產可麗餅。

馬雷大學畢業後，在南法里昂當地報社當記者。那時他提出企畫，想撰寫有關亞馬遜的臥底報導，主編卻以經費和時間為由拒絕他的提案。既然如此，他毅然決定利用法國長達一個多月的耶誕假期，獨自執行臥底採訪。那一年，他二十四歲。

——首先，我問他為什麼想做臥底報導？

「我從小最喜歡去書店，但是我家鄉的兩間書店已經關門大吉。我問店員書店關門的原因，他們說因為有許多來店裡的客人，如果他們想買的書正好缺貨，多半會上亞馬遜網站購買。隨著亞馬遜的崛起，街上的書店越來越少，這讓我覺得相當可惜，因而想了解亞馬遜物流中心的內部情況。」

於是，馬雷潛入位在法國南部蒙特利馬爾的物流中心，那裡距離里昂開車約四小時，是亞馬遜在法國打造的第二間物流中心，三百六十五天、二十四小時從不停歇。當時，物流中心的員工約一千名左右。馬雷的所屬雇主與英國報社記者塞爾比同樣都是藝珂人力仲介公司。當時馬雷排夜班，工作時間從晚上九點半到清晨五點半，一個禮拜做六休一。夜班結束後，他還得開著那部快要報廢的汽車返回公寓，日薪只比最低薪資多那麼一點，工作內容和我一樣是揀貨，臥底一個月。

馬雷回憶道：「我還是學生時，曾經在麥當勞、超市打工、賣玩具，所以在我潛入亞馬遜之前，心中已經有底，那會是一份很辛苦的工作。但是，我事先上網搜尋亞馬遜物流中心的消息，發現網路上盡是亞馬遜職場的行銷文宣。到了萬聖節，員工會打扮成超人，穿上披風，快快樂樂地工作；又或者會發送巧克力或糖果給夜班員工，網路上到處可以發現這類的言論，而且寫得相當細膩，乍看之下好像確有其事。不過，我開始工作之後，立刻查覺到亞馬遜物流中心一點都不尊重或重視員工。」

馬雷提及不尊重勞工這一點，與布拉德渥斯的話不謀而合。

——可以分享你的工作概況嗎？

「剛開始工作時，我為了蒐集資料，很積極地向上司詢問一些產能績效的數字和中心架構等問題，所以他們似乎覺得我非常有熱忱。我覺得亞馬遜的負責人一開始似乎對我還滿有好感的，但是之後我故意放慢揀貨速度，想測試自己會不會因此被解僱。過沒多久，馬上有人來找我面談。亞馬遜有一個所謂『藍色識別證』的制度，只要能取得藍色識別證，就能從有工作期限的定期契約員工，晉升成沒有工作期限的不定期契約員工。亞馬遜的負責人命令我『如果你想拿到藍色識別證，最好提高你的工作效率』，同時他也不忘放話，要是我不加快揀貨速度，他們將不再更新我的合約。就像喬治．歐威爾在《一九八四》中所寫，唯有展現恭順（obedience），才有機會取得永久聘僱的權利。」

這裡提到的藍色識別證，是亞馬遜在全世界通用的組織架構。在亞馬遜，只有正職人員可以配戴藍色的識別證（正職員工證）。順帶一提，我在小田原物流中心的識別證是綠色的。

——你在亞馬遜工作，看到物流中心哪些問題和缺點？

「我認爲在亞馬遜工作最爲人詬病的地方，是勞工相繼搞壞身體，或是精神狀態變差。在那裡工作個四、五年，不僅手腳四肢可能受傷，甚至可能對心臟等五臟六腑有害。

「亞馬遜的工作職場環境，不僅對健康有高度危害的風險，還存在著隱瞞職災的毛病。在亞馬遜工作期間，我認識了一名男性計時人員，他因工作需求被迫必須長時間維持蹲伏的姿勢，導致膝蓋受損。後來他去醫院，請醫生開職災事故診斷書，結果亞馬遜的正職人員認爲他膝蓋受傷是發生在工作時間以外，拒絕受理。但是該名員工無法接受亞馬遜的說法，拿著診斷書向法國衛生暨團結部投訴，最後法國衛生暨團結部認定亞馬遜編寫不實文件，並且明確指出亞馬遜一直有極力低報職災件數的傾向，因爲職災事故案件一多，保險費就會增加。我個人認爲這種做法十分惡劣。」

——你認爲應該實施哪些方法，才能改善法國勞工所面臨的問題？

「我認爲工會運動是重要的關鍵。勞工要團結，工會運動勢在必行。但是傳統的工會無心保衛臨時工的權益，他們似乎認爲保障正職人員的僱用權才重要，這種想法非常老舊，從六〇、七〇年代起就從沒變過。我對這種過時的保守觀念感到相當意外，這表示工會無法對那些以臨時工身分受聘的勞工痛苦產生同理心。臨時工是今朝有酒今朝醉，沒有任何組織可以依靠，社會主義者不是更應該向這些人伸出援手嗎？我對法國國內工會的現況感到十分憤怒，再加上亞馬遜物流中心內部存有『CAT』這個御用工會，CAT跟亞馬遜同仇敵愾，他們的目的是找出積極參與工會活動的員工，先發制人將其解僱。

「在先進國家，隨著放鬆經濟管制，各國政府變得無法掌控經濟，反而是經濟逐漸支配政府和人們的生活。經濟本該是爲了人而存在，但我覺得現在反而是人們被經濟所壓榨。」

儘管我與馬雷初次見面，但從他身上我感受到和自己相仿的熱情，以及我們都敏銳地看待社會問題，眼前這位同樣採取臥底手法進行採訪的年輕記者，他的一字一句無不深深吸引著我，隨著他的暢談，夜幕逐漸低垂。

極其出色，備感驕傲

各國臥底採訪記者對於亞馬遜物流中心的工作經驗，口徑一致給予負評。這類辛辣的批判，更是早已被國際機關同樣認可，且視爲事實。工會的國際組織——國際工會聯合會（ITCU）在二〇一四年將貝佐斯選爲「全球最差勁的老闆」，理由是亞馬遜逼迫物流中心員工一天行走二十四公里，把勞工「當成機器人」。

面對這些由臥底報導帶頭，將矛頭指向物流中心勞務的種種批判，貝佐斯本人作何感想？

在二〇一八年四月德國最大數位媒體創辦人阿克塞爾．斯普林格（Axel Springer）舉辦的公開辯論會上，針對造成德國物流中心持續五年以上罷工不斷的勞工問題，以及工會運動的必要性等詢問，貝佐斯自信滿滿地這樣答覆：

「對於物流中心的工作環境，我個人認爲極其出色，備感驕傲。亞馬遜在德國聘僱了一萬六千多名勞工，而且就我所知，亞馬遜所支付的薪水超出業界水準……亞馬遜與勞工之間的交流非常通暢，不需要請工會擔當我們與勞工之間的溝通橋梁。當然，最終的決定權掌握在勞工手上。」

究竟貝佐斯這番言論當中包含了多少的眞實性？

關於貝佐斯被問到的德國物流中心的工會活動，自從二〇一三年罷工開始以來，我便時時關注相關資訊。

《華爾街日報》於二〇一三年六月十九日刊登的一篇編譯報導〈亞馬遜德國設施罷工持續擴大，美國作風亦飽受批判〉，是我第一次注意到德國工會的活動。德國於二〇一三年發生第一次罷工運動，湊巧的是，小田原物流中心也在同一年開始運作。

報導中指出，當時亞馬遜在德國共有八座物流中心，屬於產業別工會組織「德國服務行業工會」，五月在萊比錫和巴特赫斯費爾德（Bad Hersfeld）兩地發動第一次罷工，六月更實施連續兩天的罷工行動，罷工原因是工會控訴物流中心的時薪九．三歐元（約新臺幣三百元）太低，希望提高至十二歐元（約新臺幣三百九十元）。

此外，他們的訴求還包含支付有薪假和加班費。當時，物流中心總計有九千個勞工，其中有一千三百人參與罷工。若將場景切換到日本來看，相當於要求將我打工時所領取的「假日津貼」的特惠金額改爲最低時薪，足見這是一個非常高的要求。

從那時候開始，我不時透過網路密切關注德國的工會運動和罷工消息，翻閱了許多相關報導。第二章所提到的小田原物流中心實際發生的非法解僱、層出不窮的死亡案件，以及單方面變更合約內容等，諸如此類蔑視勞工的經營方式之所以會發生，主因是人力仲介公司與臨時工之間巨大的權力差距。

消除這類差距的方法，就是像德國一樣在物流中心組織工會。如果遭到非法解僱的田所是工會成員，人力仲介公司就無法隨心所欲，用那麼隨便的做法逼迫田所離職。

對亞馬遜而言，德國是僅次於美國的全球第二大市場，其後緊追著第三大的英國和第四大的日本。亞馬遜在年報中，依照國家別公告銷售額的只限該四國，其餘國家的銷售額則是全部加總，以海外部門的名義一併公告。銷售額僅次於美國本土的德國，竟然想在物流中心組織工會，這對亞馬遜總部而言是何等的苦澀難嚥。

其後，德國工會組織每年鎖定聖誕節前夕或十一月的「黑色星期五」這些旺季，展開罷工行動。德國的罷工亦延燒到義大利和西班牙。二〇一八年七月，配合亞馬遜在「尊榮會員日」推出連續兩天的特賣會，不僅亞馬遜的罷工始祖德國，連西班牙、義大利、波蘭、英國，以及法國也紛紛加入罷工行列。能夠推動罷工行動，表示勞工團結，具有足以與亞馬遜對抗的力量。

不與工會對話

除了訪問臥底報導記者，我前往歐洲的另一個主要目的，是參訪指揮德國亞馬遜物流中心勞工的德國服務行業工會。二〇一八年三月，我抵達德國服務行業工會總部的所在地：德國首都柏林。

蕾娜．威德曼（Lena Widmann）留著一頭棕色齊肩短髮，在工會總部負責處理亞馬遜事務，她的辦公室牆上貼著一張德國地圖，並且在地圖上用藍色圖釘標示出德國境內所有亞馬遜物流中心的位置。我和威德曼站在地圖前面，聽著她緩緩述說德國亞馬遜的概況。

「德國現在有十座亞馬遜物流中心，目前還正在德國北部一處名叫溫森（Winsen）的鄉鎮興建第十一座。溫森有許多來自敘利亞等地的中東移民，那種鄉下地方幾乎沒什麼工作機會，所以當亞馬遜物流中心進駐這些鄉鎮，釋放未來可以提供一千份工作名額的消息時，各地政府無不張開雙手表示歡迎。早期在萊比錫設立物流中心時，該地甚至將中心前面那條馬路取名為『亞馬遜大道』，由此也可以感受到鎮上居民對亞馬遜的熱烈歡迎。亞馬遜興建物流中心的新地點，時常是連我們德國人自己都沒聽過的小鎮。」

日本工會組織的主要型態是企業別工會，相較於此，德國是根據產業別設立工會組織。德國服務行業工會是德國大型產業工會之一，其悠久的歷史可以追溯至一八八〇年代，如今掌管德國零售業、物流業、金融業和媒體等十三種產業。基於工會組織強大的力量，德國禁止雇主要求勞工在星期日與午夜整點之後工作。

針對亞馬遜的議題，德國服務行業工會強調的重點在於，物流中心的勞工應該歸屬於零售業而非物流業。相較於物流業勞工的最低薪資九歐元（約新臺幣二百九十五元），零售業的最低薪資則是十二歐元（約新臺幣三百九十元）。在德國，判斷勞工歸

位於德國萊比錫的亞馬遜物流中心（筆者拍攝）

屬於何種產業十分重要，然而針對德國服務行業工會的主張，亞馬遜長久以來卻不斷強調旗下勞工屬於物流業。

威德曼還提到，德國服務行業工會大概在亞馬遜發動第一次罷工前兩年，就開始派遣工會人員住在物流中心附近，遊說物流中心的勞工加入工會。剛開始謠傳亞馬遜要求勞工不得與工會成員談話，不過經由工會成員不屈不撓四處打探的結果，他們終於彙整出亞馬遜物流中心內部的三大問題。

「第一是工資低廉，其次是健康與安全問題。在物流中心，勞工每天必須走將近快二十公里的距離，夏天如果空調狀況不佳，常有人身體不堪負荷而倒下。第三個問題是亞馬遜勞工持續承受正職人員所帶來精神上的壓力，凡是未達成亞馬遜所設立的目標值，勞工會被迫進行一對一的面談，這些對勞工而言都是過度加重他們內心壓力的主要原因。」

這些劣質的工作條件，不論在哪一個國家都大同小異，然而與威德曼的談話內容當中最讓人驚訝的是，亞馬遜至今從未回應工會組織的要求，坐下來面對面對談過。

「我們希望亞馬遜承認德國服務行業工會有權代表亞馬遜的勞工和他們進行對話。但是推動罷工至今快要五年，亞馬遜從未坐上談判桌。我們希望能在談判桌上與亞馬遜達成勞資協議，讓對方承認自己是零售業者，這樣物流中心的全體勞工就會自動符合零售業的規定，適用較高的最低薪資。」

先前貝佐斯在公開辯論會上聲明，是否有必要組織工會的決定權掌握在勞工手上，由此看來終究是場面話，與現實情況相去甚遠。

與威德曼會面的隔天，我從柏林出發搭乘一個多小時的火車南下，前往罷工震央之一的萊比錫，拜訪德國服務行業工會位在當地的辦公室。萊比錫的物流中心現在有一千八百名勞工，其中有七百人爲工會成員。

雷夫·克利斯提安森（**Ralf Kristiansen**）現年五十七歲，爲工會成員之一，自二〇一一年開始在亞馬遜物流中心工作，在發生第一次罷工的二〇一三年春天加入工會。自從加入工會以後，克利斯提安森便積極參與活動，現在更是工會罷工委員會的主要幹部之一。

在德國，臨時工這類有限定工作期限的定期契約，至多只能更新三次，更新次數屆滿後，必須決定就此解僱該名勞工，或是改簽沒有限定工作期限的不定期契約。克利斯提安森是在成爲不定期契約員工之後，才加入工會。

他說：「我在簽定不定期契約之後才加入工會，因爲亞馬遜無法輕易開除不定期契約的員工，至於我加入工會的原因主要有三點。第一是我在定期僱用期間所感受到的精神壓力。那時候我不知道能不能更新契約，每天都很焦躁不安，一邊工作一邊害怕可能隨時會被開除。所以我想要保護新進的定期勞工，希望他們能免於這種壓力的迫害。多虧工會的努力，現在物流中心的不定期僱用比例，已經從二〇一三年不到七成，提升到約九成左右。我第二個加入工會的理由是物流中心的低薪問題。我剛進亞馬遜工作的時候，時薪大約是八歐元（約新臺幣兩百六十元）左右，現在透過工會的爭取，已經調升到十二歐元（約新臺幣三百九十元）。第三個原因是因爲我認爲像亞馬遜這樣的大公司，有義務跟勞工制定勞資協議，所以工會有其存在的必要。」

克利斯提安森的工作時間從上午十一點至傍晚七點三十分，當中包含二十與二十五分鐘的休息時間。他的工作內容是揀貨，月薪含稅大約兩千歐元（約新臺幣六萬五千一百元），一星期的工作時間平均三八．七五小時，幾乎沒有加班。

亞馬遜希望勞工能在黑色星期五或聖誕節前夕等旺季加班，如今這類的要求會由物流中心內部的勞方與資方代表，舉辦勞資會議進行協商，決議加班的要求是否合理。

——你們實際上如何發動罷工？

克利斯提安森：「去年（二〇一七年）一整年工會總共發動了四十次罷工，其中有三十次是由罷工委員會的成員吹響紅色哨子作爲暗號，開始罷工行動。我們會事先透過社群網絡或電子郵件，聯絡工會成員罷工行動的大致行程，但是沒有定下眞正開始的時間，因爲打算給亞馬遜出乎意料之外的打擊。每一次大概會有二百五十人到四百人不等的勞工參與罷工。去年我們總計發動了四十天的罷工。」

我拜託克利斯提安森現場示範吹哨，於是他從胸前口袋拿出紅色哨子，表情不變地吹出震耳欲聾的哨聲。

克利斯提安森說，罷工開始後，參加的工會成員會一起離開物流中心的作業區。

「這時候亞馬遜就會開始將入場的勞工調到出場去，設法紓解人手問題，所以進貨作業會暫停，調動人員去幫忙揀貨、包裝等出貨流程，另外部分訂單會轉給德國國內鄰近的物流中心，或是隔壁鄰邦的波蘭物流中心去，但是有一些是萊比錫特有的商品，所以一定會耽誤到配送作業。同時，我們也會和波蘭的勞工合作，在收到轉接訂單的波蘭物流中心另外推動較小規模的罷工，透過這些戰術打擊亞馬遜的經營。」

——你成爲工會成員之後，在職場上有沒有受到什麼不公平的對待？

「亞馬遜的時薪分爲四個層級。第一層級的工資最低；級別越高，時薪就越高，同時位階也會跟著升級，開始有權力指導其他勞工。但是一旦加入工會，時薪永遠都是在第一層級。」

若與小田原物流中心的情況相比，只要是工會成員，時薪就會被固定在最便宜的「作業員」等級，無法晉升爲指導員、領班或主管。

克利斯提安森接著說道：「除了最低時薪的限制之外，亞馬遜還會加強監控工會成員。先前就有一個案例是某男性工會成員，有兩、三次在休息時間結束後，遲了一分鐘回到工作崗位上，就被亞馬遜開除。後來這名成員尋求工會協助，控訴亞馬遜非法解僱，告到法院去。正巧上星期一審判決出爐，法院宣判工會勝訴。法院最後審判的理由是，這名男性員工屬於不定期契約，資方不得以這麼些微的理由將之革職。」

——你打算繼續待在亞馬遜多久？

克利斯提安森：「我預計六十三歲退休，所以再待個五年左右吧。之後我打算靠年金生活。幸好我以前在大企業上班，繳了很多的年金保費，才有機會在六十三歲的時候退休。但是，一直在類似亞馬遜物流中心這些低薪職場工作的勞工，有的甚至必須工作到七十歲左右。」

日本有辦法成立工會嗎？

在萊比錫，我還訪問了另外一名德國服務行業的工會成員托馬斯．施耐德（Thomas Schneider）。施耐德負責統籌所有萊比錫當地的亞馬遜工會活動。

長期以來，亞馬遜不斷拒絕德國服務行業工會的活動，也不願正式進入協商會議，然而施耐德強調，工會活動也確實帶給亞馬遜沉重的壓力。

「從萊比錫物流中心最低時薪的調漲，以及工會成員人數的增加來看，可以清楚看出兩者之間的相關性。二〇一〇年，時薪九．五九歐元（約新臺幣三百一十元）（會員人數四百二十人）；二〇一三年，一〇．五七歐元（約新臺幣三百四十二元）（會員人數五百人）；二〇一七年一一．二二歐元（約新臺幣三百九十五元）（會員人數七百人），薪資確實逐年攀升。雖然亞馬遜宣稱他們是主動改善薪資待遇，與工會活動毫無關係，但是如果沒有工會活動在背後施壓，我不認為亞馬遜會用這種步調加薪。

「我個人認為，假設未來萊比錫總計一千八百名的勞工當中，有超過一半以上的人加入工會，亞馬遜最終還是會答應我們的要求，坐上談判桌。身為資方，他們不可能完全忽視旗下一半以上勞工所屬的工會組織，所以在達成這個目標之前，我們還得繼續努力。」

這樣的工會活動之所以能成立，我想主因是勞工與亞馬遜之間屬於直接僱用的關係，像日本、英國、法國等地，勞方與資方中間還夾著一道人力仲介公司，應該很難推動對抗亞馬遜的工會活動。

施耐德答道：「沒錯，平時工作的勞工全部皆由亞馬遜直接僱用。只有在聖誕節這些旺季工作的勞工，是以定期僱用的派遣身分來亞馬遜工作，所以這中間會有人力仲介公司介入。要讓這些經由人力仲介公司進來的勞工參加工會活動，難度相當高。」

——你和亞馬遜協商的過程當中，最困難的地方是什麼？

「亞馬遜是一間年度銷售總額高達二千億美元的跨國公司，經營者貝佐斯更是全球首富，亞馬遜絕對有足夠的資金提高勞工薪資，但是他們對工會活動恨之入骨，所以工會成員在職場上經常受到權力霸凌，承受極大的壓力，這也是我們擴大工會活動時所面臨的最大障礙。」

施耐德的言語之間，精確地掌握亞馬遜企業的本質。

亞馬遜視如蛇蠍、極其痛恨的有三件事。第一是施耐德所指出的工會活動，其次是繳稅，最後是公開資訊。關於亞馬遜厭惡繳稅和公開資訊的部分，將在第九章〈貝佐斯的完整租稅規避指南〉中詳述。亞馬遜甚至在某種程度上將工會活動、政府課稅視爲妨礙營業的「不當行爲」，從他們連續五年拒絕與德國服務行業工會協商的態度來看，可算是直接證實了上述的想法。

日本亞馬遜如何回應小田原物流中心內發生的死亡事件，如何任意變更契約，怎麼非法解僱等種種做法，在我看來都反映出亞馬遜的錯誤認知非常強烈，以爲自己擁有經營權就可以爲所欲爲。

想要阻止亞馬遜物流中心這種經營方式，德國服務行業工會這樣百折不撓，持續推動工會活動的模式非常值得參考。換言之，日本的物流中心除非組織工會，否則亞馬遜在物流中心任性妄爲的經營方式將會永遠持續下去。日本亞馬遜的物流中心能否迎來組織工會的那一天？

第五章

貝佐斯超乎常人、永無止境的野心

貝佐斯白手起家創立了亞馬遜，如今成為全球首富，他究竟是什麼樣的人物？創建亞馬遜有何動機？又是根據哪些原理原則採取行動？本章將透過貝佐斯語錄來剖析這號人物。

貝佐斯行程爆滿

貝佐斯曾在華爾街工作，於一九九四年興起了創設亞馬遜公司的想法。一九九三年至一九九四年，網路傳輸的資訊量成長超過二千倍。貝佐斯看著這個統計數字，推算過去一年網路使用成長率高達二三〇〇%。

「看到如此驚人的數字，我覺得自己應該要立刻採取行動，這種數字只可能在研究室培養細菌的培養皿出現。如果網路發展如此之快，我敢肯定就算它現在還很渺小，也會在不久的將來成為人們生活的一部分。」這段談話是貝佐斯二〇〇一年接受《商業周刊》總編訪問時的回應，相關影片可以上YouTube觀看。「剩下的問題就是：什麼樣的企畫，才能搭上這一波網路的成長浪潮。」

經過一年的準備，一九九五年貝佐斯開始在網路上販售圖書。

在同一個訪問當中，貝佐斯曾如此說明他這番安排的理由。

「亞馬遜在創業初期準備了一百萬種書目，比最大書店的藏書量多出五、六倍，正因為是網路書店，才有辦法蒐藏如此龐大的數量。如果將這些書目全部實際列印成冊，分量相當於十三本紐約市電話簿。這就是亞馬遜剛成立時的情況。」

本章將以貝佐斯語錄為中心，描繪出貝佐斯的人生歷程和亞馬遜的成長史。

蒐集貝佐斯語錄的最佳途徑，就是訪問他本人。然而，儘管我寄了電子郵件給貝佐斯提出採訪邀請，卻收到西雅圖總部的行銷部負責人以「貝佐斯行程爆滿」為由回絕。

不得已，我只好從 YouTube 影片或雜誌等專訪，找尋貝佐斯曾親口說過的內容。貝佐斯出現的 YouTube 影片，我前後大約看了二十部左右，包括他在大學的演講、網路媒體主編的訪問等，其中還有他接受弟弟馬克的專訪。我在網路上找到有關貝佐斯最早的一部影片，是一九九七年五月亞馬遜首次公開募股之後不久，貝佐斯接受電視臺採訪，短短五分多鐘的影片。影片的拍攝地點貌似在西雅圖總部外圍，從記者向貝佐斯提問「你是誰」這個問題開始採訪。

「Who are you?」（你是誰？）

「I'm Jeff Bezos.」（我是傑夫．貝佐斯。）

在美國西海岸特有的強烈陽光底下，貝佐斯瞇著眼睛，彷彿光線刺眼得讓他睜不開雙眼，用他能說會道的口才解釋爲什麼經營網路書店。我一個個蒐集貝佐斯說過的內容，以此爲主軸藉以描繪他的人物形象，同時從中梳理亞馬遜是如何成長爲人稱美國科技四大巨擘 GAFA 之一的歷程。

後悔極小化的框架

貝佐斯在普林斯頓大學主修計算機科學，一九八六年以優秀成績畢業後，立即收到英特爾、貝爾實驗室、安盛諮詢公司（Andersen Consulting，現改名爲埃森哲

〔Accenture〕）等多家知名企業主動招攬。然而，貝佐斯畢業後的第一份工作，是位在紐約市，名爲「Fitel」（飛託）的金融電信新創公司，之後跳槽到美商信孚銀行（Bankers Trust Co.，爾後被德國銀行收購），一九九〇年開始在華爾街德紹資產管理公司（D. E. Shaw & Co.）工作，甫工作兩年便躋身高階副總裁。

貝佐斯後來在德紹與當祕書的麥肯琪．塔朵爾（Mackenzie Tuttle）相遇。麥肯琪同樣畢業於普林斯頓大學，主修英語文學，以「從小就夢想成爲一名小說家」爲志，師承諾貝爾文學獎已故得主托妮．莫里森。畢業後，因偶然的機遇，開始在德紹工作。麥肯琪在美國《Vogue》雜誌中如此描述她與貝佐斯的邂逅。

「我們的辦公室剛好在隔壁，一天到晚都會聽到他那獨特的笑聲，要人不愛上才怪！」（《Vogue》二〇一三年二月二十日）

麥肯琪接受貝佐斯的午餐邀約，兩人交往三個月後訂婚，三個月後結婚，當時麥肯琪二十三歲，貝佐斯二十九歲。之後，兩人育有三兒，並領養一女，建構六人大家庭。

麥肯琪相當重視私生活，極少在媒體上露臉。

麥肯琪只曾經兩次以貝佐斯妻子的身分對外發言，一次是先前提及的《Vogue》雜誌訪問，另一次則是針對記者布萊德．史東出版《貝佐斯傳》一書發表談論。麥肯琪在亞馬遜網站該書的評論欄給予一星的負評，並且註明該書內容誇大不實，存在許多錯誤的個人觀點。除此以外，在兩人二十五年的婚姻生活當中，麥肯琪幾乎沒有對外就亞馬遜表示過任何意見。

婚後一年，貝佐斯決定利用網路創業。麥肯琪被問到她當時聽到這個消息的感想時，如此回憶道：「我不懂如何做生意，但是當時我很清楚地感受到傑夫他十分興奮。」

貝佐斯則如此回顧：「麥肯琪是跟一個在華爾街工作，收入穩定的男人結婚，結果這個男人，也就是我，告訴她說：『我要辭掉現在的工作，搬到美西去，創立一家網路書店。』那個時候還是一個你提起『網路』，但沒幾個人搞得清楚的年代，所以當時我原本假設她可能會問我什麼是網路。結果她什麼都沒問，只說了一句：『那真是個好主意，讓我們一起加油吧！』無條件支持我。」

貝佐斯對於自己捨棄從常春藤名校畢業後所得到的華爾街工作，白手起家創業這件事，沒有任何迷惘嗎？

對此，貝佐斯說道：「我的第一步是跟公司主管說，我打算利用網路賣書的計畫，主管聽到後說：『我們去中央公園，邊走邊聊。』於是我們去公園走了大概兩個小時。那時主管問了我一個問題：『利用網路創業這個想法很吸引人，但是你不覺得這應該交給那些不像你這樣領高薪的人來做，比較適合嗎？』不過他也說了，在我最後下定決心之前，好好地再想一想，四十八小時之後再給他答案。」

貝佐斯一再強調，最後下定決心一點都不困難。

「這個概念非常簡單，我個人稱之爲『後悔極小化的框架』（regret minimization frame）。首先，先試著想像八十歲的自己，然後從那個角度去回顧人生，思考該怎麼做才不會讓自己後悔。這樣一想我就變得更加堅定，賭上這個爆炸性成長的網路，就算失敗了我也不會後悔。相反地，我一想到自己眼睜睜地看著眼前這波浪潮卻什麼都沒有做，日後一定會後悔一輩子。這麼一想，我該走什麼路自然就決定了。」

假設亞馬遜失敗的話，貝佐斯的人生又會走向何方？

貝佐斯：「世事難料，所以我也不太確定，我猜應該是當一名軟體工程師，快樂地生活吧。」

沒打算開一間應有盡有的商店

貝佐斯離開德紹後，不到一個月，便請搬家公司搬空所有家具，帶著麥肯琪一起搭機飛到德州投靠雙親。不久，貝佐斯借走父親的雪佛蘭 Blazer 四輪驅動休旅車，朝西北方向奔去。

貝佐斯會選擇華盛頓州西雅圖作爲總部的第一站，是因爲微軟和波音等公司的總部便設在此處。這個地方聚集了許多優秀人才，不僅是工程師的大本營，同時又鄰近奧勒岡州，那裡正是圖書批發商英格拉姆（INGRAM）倉庫的所在地。

前往西雅圖的途中，麥肯琪負責開車，貝佐斯坐在車上，利用抵達西雅圖前的那五天時間，用他隨身攜帶的筆電，規畫出一篇長達三十頁的創業計畫書。當時，貝佐斯在計畫書上便明確指出，顧客最重視的三大要點：商品齊全、便利性、價格。亞馬遜這攬客三大要素至今依舊不變。

貝佐斯爲了決定販售的商品，蒐集了多本郵購型錄，同時上網調查最適合販賣的物品，最後列出電腦、軟體、辦公室用品、服飾、音樂等二十多種商品名單。隨著名單的刪減，原本敬陪末座的圖書逐漸嶄露頭角，成爲他心中最適合的首位。首先，同一本書不論在哪裡買都一樣，不需另外說明詳細規格。其次，全球總計有三百萬種的書目在市面流通，其中英文書便占去一半，大約一百五十萬種，然而就算是世界最大的實體書店，頂多也只能儲藏十五萬種左右的書目。紙本型錄不可能網羅所有書目，想要將數量龐大的圖書做成型錄，還要能夠檢索，只有網際網路有能力做到也最爲合適，這便是貝佐斯最後所得到的結論。

此外，美國書店大多屬於俗稱「夫妻店」這種家庭經營模式的舊式小型商店，雖然也有大型連鎖店，但是規模遠不及獨占市場。因此，貝佐斯判斷就算在九〇年代才進入書店事業，還是有可能搶下極大的市占率，加上出版社、批發商、書店之間的想法互有衝突，所以流通效率差。再者，出版社必須在圖書上市的數月前，便決定發行數量，而且要等到書本實際在書店上架販賣後，才會取得銷售數字。出版社爲了盡可能讓更多的書本在實體店面展示，允許書店將賣剩的書退還，並在相同的金額內選購其他書籍，所以新書的退貨率高達將近四成。

關於美國圖書流通，貝佐斯如此評論：「那門不合理的生意，退貨風險完全由出版社承擔，但是需求量的預測其實是零售業者的工作。」（羅伯．史派特的《亞馬遜AMAZON.COM：傑夫．貝佐斯和他的天下第一店》）

此外，在前往西雅圖途中，貝佐斯打電話給律師，請他協助公司的註冊。

貝佐斯回憶：「這位擅長打離婚官司的律師是朋友介紹我認識的，我拜託他在我們抵達西雅圖之前，幫忙處理公司註冊和銀行開戶事宜。我記得那時候他問我公司要取什麼名字，我回答想要用咒語『阿布拉卡達布拉』（Abracadabra）當中『卡達布拉』（Cadabra）的部分作爲公司名稱，結果在電話上，他回我一句：『什麼？屍體（Cadaver）？』的時候，我就想這個名稱可能不太適合。」

這是貝佐斯在回憶創業初期時很喜歡說的一個笑話。

每當貝佐斯說完這個笑話，隨後一定會發出他那特有的魔性笑聲「哈、哈、哈、哈、哈」。貝佐斯不受控制的狂笑，在美國過往相當有名。

他時常在訪問中對自己剛說完的話瘋狂大笑「哈、哈、哈、哈、哈」，但既不傲慢，也不豪邁，更非愚蠢。他那獨特的笑法難以形容，只好暫且稱之爲「傑夫之笑」。

當然，我並不是說貝佐斯在受訪期間頻繁大笑，就表示他是個開朗，容易一起工作的人。相反地，在貝佐斯所率領的亞馬遜工作，誠如第二章所述，不論是在物流中心的臨時工，還是在總部工作的正職人員，都承受了超乎想像的壓力。

如今的亞馬遜已然成爲一間什麼都賣「應有盡有的商店」。從亞馬遜現在的經營規模回溯既往，有的書指出貝佐斯一開始便企圖建立一間「應有盡有的商店」，有的書甚至鐵口直斷「貝佐斯從創業開始，就想要打造成一間『什麼都賣的網站』」。（剛開始）會賣書，最主要的原因是因爲書不會爛」。然而，這些言論都與事實大相逕庭。貝佐斯曾再三強調，創業初期他心中從來沒有想過要銷售書籍以外的商品。

貝佐斯說：「新創公司在草創時期越是專注在事業的核心重點，成功的機率才會越高。自從我投身創業，一路下來看過許多新創公司，也曾和許多的創業家交流，但是看著他們，我心中想的是，他們的事業所涉及的面向太廣、太雜。我個人認爲創業是否成功，關鍵在於如何有效、集中利用初期有限的人力資源，才能發揮最大效能。」

此外，貝佐斯在二〇一四年的採訪中亦提到：「我的第一份創業計畫書上，除了賣書以外，什麼都沒有，其他的商品完全沒有勾起我任何的想法。當時我一心只想做網路書店。」

對於「是否曾經有想過會變成現在『應有盡有的商店』」的問題，貝佐斯明確否認。

「當時我從來沒想過這種事！（God, no!）亞馬遜是從一間小小的公司起家，剛成立時除了我之外，只有屈指可數的工作人員。」

換言之，貝佐斯創立網路書店，是後來在圖書業界的競爭中脫穎而出以後，慢慢增加CD、DVD等商品的販售，歷經一番曲折，才走到今日「應有盡有商店」的規模。

大概有七成機率會失敗

一九九四年七月，貝佐斯暫時先在華盛頓州，註冊了「卡達布拉」公司名稱後，開始過濾、挑選公司名，名單上曾經出現awake.com、browse.com、bookmall.com等。其中，貝佐斯還因爲喜歡「連綿不斷」的語意而上網註冊了relentless.com的網站名。

上述最後一項relentless.com這個公司名也帶有「毫不留情」之意，就各個層面來說，充分展現亞馬遜苛刻的企業文化，我個人倒是覺得很有意思，然而貝佐斯也因爲relentless所帶有的負面寓意，後來決定放棄這個名詞。不過，以上所列舉的網址，包含relentless.com在內，有一些現在還是可以連結到美國的亞馬遜網站。

之後，由於當時網站名單會在網路上按英文字母順序排列出現，所以貝佐斯開始仔細搜尋以「A」字母爲開頭的單字，約莫數個月以後，終於看中世界最大河流「亞馬遜」這個名詞，而取名爲「Amazon.com」。

創業不只需要想法、創意，希望讓想法得以付諸實踐，資金更是不可或缺。公司剛成立時，貝佐斯自己只能拿出一萬美元的資金，而他在之後十六個月內所籌得的資金大約八萬多美元。一九九五年，貝佐斯的雙親出資十萬美元，後來媽媽吉斯家這邊，更從信託財產中出資超過十四萬美元。

貝佐斯說：「當初我創業的資金有一大半是來自雙親爲了老後生活所存下來的老本，我覺得他們這麼做相當大膽。我向父親提出投資要求時，他的第一個問題是：『網路到底是什麼東西？』我的父母並不是因爲我的事業計畫或我的想法而投資我，而是因爲我是他們的兒子，他們信任我，所以願意出資援助。那時候我跟他們說，大概有七成機率會失敗。我不想搞砸我們的關係，弄得無法在感恩節或假日時回去探望他們，所以盡可能誠實地傳達實情，但是實際上我說的數字還是灌水了，多報了三倍的成功機率。根據統計，一般新創公司的成功比例是一〇％。所以亞馬遜能有今日的成功，最訝異的是我自己。」

要讓亞馬遜事業步上軌道，貝佐斯還是得從親人以外的地方籌措資金。

一九九五年，貝佐斯取得雙親的金援之後，爲了募得更多的創業資金，他先後找了六十多位天使投資人協商。

「要不要投資我的公司五萬美元？」

在網路的萌芽時期，連線品質相當不穩定，時常發生每十五分鐘斷線一次的窘境，所以當時的全球資訊網（World Wide Web）常被戲稱為全球等待網（World Wide Wait）。

貝佐斯說：「如果是在ＩＴ泡沫鼎盛時期的一九九八年或九九年，我想就算沒有創業計畫書，只要是跟網路事業相關，一通電話就能募得六千萬美元的投資資金，但是在我需要資金的時候，卻是遠遠不及當時的盛況。」

最後，六十多人當中有二十二人參與投資，貝佐斯終於募得一百萬美元。這些投資人如果續抱當時投資的股票，現在就能擁有龐大的財富。

貝佐斯進一步說道：「就觀察人性的觀點來看，現在回過頭來看那些沒有投資的四十多人日後的反應，其實滿有意思的。這些人當中，有的絲毫不在乎自己錯過了投資機會，依舊過著幸福快樂的日子，有的則是不願意去回想或談論這件事。」

一九九四年十一月，貝佐斯在西雅圖的近郊城市貝爾維尤（Bellevue）市，將某間車庫改裝成辦公室，帶著兩名精通電腦程式的員工投入亞馬遜販售圖書的前置作業。二十年後世人聯合稱為ＧＡＦＡ的谷歌、蘋果和亞馬遜都是以「車庫創業」啓程，如果將臉書從哈佛學生宿舍崛起的傳奇也納入，美國創業家的精神不僅帶動了美國經濟，其引領全球經濟的一面也隨之浮現。

身爲貝佐斯的妻子，同時希望成爲一名作家的麥肯琪也承擔了會計與雜務，她的工作還包含採購設備、祕書及算帳等工作。

貝佐斯回憶：「麥肯琪完全沒有會計背景，但是她天天包辦各種業務，沒有一絲的怨言。」儘管後來亞馬遜公開發行股票，成爲一間上市公司，卻依舊帶有濃厚的貝佐斯家族企業色彩，這和創業當時貝佐斯家族聯合出資，以及麥肯琪的協助有極大的關連。

後來麥肯琪在育兒的閒暇之餘，寫出她的處女作《路德・奧爾布賴特的試煉》（*The Testing of Luther Albright*），正式以小說家身分踏進文壇，接著第二部作品《陷阱》（*Traps*）於二〇一三年問世。

在前文《Vogue》雜誌的訪問當中，麥肯琪表示「傑夫是最了解我作品的人」，據說她寫完草稿之後，貝佐斯會在百忙當中抽空一口氣讀完，甚至就每個細節給予建議。

從糟糠之妻成為世界上最富有的女人

二〇一九年一月，歷經二十五年的婚姻生活後，貝佐斯與麥肯琪宣布離婚。

這一年，貝佐斯五十五歲，麥肯琪四十八歲。

一月九日，貝佐斯與麥肯琪兩人於推特上聯名推文，文中寫道「在經過一段充滿愛的追求，以及試驗性的分居之後，我們決定離婚。今後我們將以朋友的身分，共享彼此的人生」。至於兩人之間的四名兒女，「身爲（孩子的）父母，我們是彼此的朋友，事業上的合作夥伴，且大膽追尋冒險的個體，未來必定有美好的事物等著我們」，兩人共同署名，試圖製造和平離婚的形象。

然而，隔日美國小報《國家詢問報》便獨家報導貝佐斯與原電視主播的婚外情。該報社老闆與貝佐斯的宿敵川普總統十分親近，貝佐斯一怒之下，憤而請人調查洩密的罪魁禍首，小報予以回擊，刊登貝佐斯與愛人的床照，隨後貝佐斯又進行各種調查還擊……場外你來我往的鬥爭十分精采。

四月，麥肯琪與貝佐斯達成離婚協議，分得四％的亞馬遜股票。於是，離婚後麥肯琪的總資產高達三百八十三億美元，成爲世上最富有的女性之一。貝佐斯從幾乎身無分文開始創業，隨著亞馬遜的巨大成功，原爲糟糠之妻的麥肯琪，離婚後的人生也產生了極大的變化。

麥肯琪與貝佐斯於七月正式離婚。早前在兩人達成離婚協議時，麥肯琪就開設了一個推特帳號，推文寫道：「我很期待自己未來的計畫。感謝過去給予我的一切，衷心期盼充滿未知數的未來。」

五月下旬，麥肯琪加入微軟創辦人比爾．蓋茲與知名投資大師華倫．巴菲特發起的慈善團體「贈與誓言」（The Giving Pledge），聲明她將把離婚後所取得五〇％以上的總資產投注在慈善事業上。

麥肯琪在贈與誓言官網上寫著：「因緣際會之下，我得到了一大筆超出我人生應得的龐大財富。未來我會持續在慈善活動中保有思慮周全的立場。慈善活動需要時間與努力，同時還必須顧及許多想法與考量。然而，我不想要坐著乾等，什麼都不做。我會持續進行慈善活動，直到我散盡銀行裡的每一分錢。」她的前夫貝佐斯在推特上推文讚嘆：「我深深為麥肯琪感到驕傲，她的公開信是如此地高潔。加油，麥肯琪！」

貝佐斯則與其他許多熱中慈善活動的ＩＴ富豪有顯著的不同。貝佐斯支付麥肯琪離婚贍養費之後，依舊持有大約一千三百一十億美元的資產，守住全球首富的地位，然而他從未進入前五十大慈善家的行列。

貝佐斯最大的慈善活動，是於二〇一八年九月成立的慈善基金捐出二十億美元，該基金主要用以幫助無家可歸的遊民和興建學校，然而報導這則新聞的標題卻寫著「賺太多的批判意識」，這個捐贈額度還不及貝佐斯總資產的二％。

相較於比爾・蓋茲，或是創立財經資訊公司《彭博社》並曾經擔任紐約市長的麥克・彭博，貝佐斯常被酸是小氣富豪。前妻麥肯琪公開聲明捐贈巨款的善行，無意中彰顯出貝佐斯不熱中慈善活動的態度。

貝佐斯親自動手包裝

亞馬遜創立時的目標，是建立比其他早先設立網路書店的競爭對手更為優異的網站。那時，貝佐斯才參加完行業協會在奧勒岡州波特蘭舉辦的圖書買賣入門講座，上完四天課程。課程內容包羅萬象，包括商業企畫開發、周轉時，應優先保有庫存圖書的選書、下單、收件、退貨、庫存管理等圖書出版相關知識。換言之，在書店經營方面，貝佐斯完全是個門外漢，必須從頭學起。

隨著業務開始起步，工作人員也逐漸增加，於是貝佐斯將辦公室遷移到距離西雅圖市中心不太遠的工業區，新地點就位在星巴克咖啡總部對面，距離多用途體育館國王巨蛋（Kingdom Studio，二〇〇〇年拆除）大約一公里。辦公室在二樓，另外還借了地下室當倉庫。

同時他們也架設了示範網站，自行下單測試，並將網站做得盡量輕巧迷人。一九九五年四月，網站收到第一筆訂單，是工作人員的友人所訂購的電腦相關專業書籍。

同年七月，擁有一百萬種書目的網站書店正式對外開放。

然而，創設初期，亞馬遜的運作模式與現在天差地遠，當時的預設是亞馬遜不持有庫存。那時，亞馬遜並不是將一百萬種書目的圖書儲放在自家的物流中心，而只是單純在網站上刊載一百萬種圖書，待顧客下單後，再向批發商訂購，並於收到實體書後，由亞馬遜出貨寄送。

不持有庫存，意味著不具風險，但相對地，從下單到出貨的等待時間十分漫長。暢銷書必須等待二到三日，其他書種則必須等一星期，若是更冷門的「長尾書」（不太會動的書），等待時間就更長。這段交貨時間是從批發商寄出商品後送達亞馬遜的天數，所以等到顧客真正拿到訂單商品，又是數日以後的事。

在庫存全數仰賴批發商的做法之下，不可能達成今日或後天到貨的要求，這一點十分重要。若能確實達成日本的隔日到貨或美國的後天到貨，就會有越來越多的人在亞馬遜網站下單，但如果是連幾天到貨都不清楚的情況，那麼改去實體書店購物的人變多就也不足為奇了。

亞馬遜創業初期，競爭對手除了早先開設的網路書店以外，另外還有具備實體店面的二大連鎖書店——疆界連鎖書店（Borders）與邦諾書店（Barnes & Noble）。要與這類同業公司抗衡，最好的辦法就是打圖書折扣戰。美國不像日本圖書受「再販制度」統一書價的規定保護，圖書可以打折販賣，所以在亞馬遜網站上，圖書以定價的九折到七折販售是司空見慣，有的甚至打到五折優惠。當時亞馬遜吸引顧客的手法是進一大批暢銷書籍，再大幅降價販售。然而大打折扣戰，也是亞馬遜初期虧損的原因之一。

亞馬遜剛開店不久所賣出的書籍，一天數量屈指可數，但隨著口耳相傳，網路書店的消息迅速擴散，訂單開始加速成長。

貝佐斯在二〇〇一年的訪問中描述當時的情況：

「亞馬遜網站開幕三十天後，我們收到來自全美五十州的訂單，除了美國以外，海外四十五個國家的訂單也是如雪花般飛來。但是我們在實際業務操作上，包含訂貨、收貨、包裝、寄送等各方面的準備嚴重不足，不得不趕快另租一棟二千平方英呎的倉庫，來填補以往只能停下兩輛汽車大約四百餘平方英呎空間的不足。」

當時沒有專員負責出貨，所以包含貝佐斯在內，所有員工都必須出動處理出貨。貝佐斯在同一訪問中接著說道：

「那時候，我幾乎天天必須拿著包裹，趕去協助亞馬遜送貨的ＵＰＳ事務所寄件，我常常趕在截止收貨前抵達，如果遇到熟面孔的店員，他會讓我進去店裡面。看著他們內部的作業環境，我在心中暗自許願，希望有一天亞馬遜也能夠成爲一間有能力買下堆高機的大公司。但是那個時候我們遇到的最大問題是包裝。每天忙到深夜，四肢趴在水泥地板上處理那些包裝作業，是相當耗費體力的勞動。因爲實在是太辛苦了，我還跟在我隔壁包裝的同事說：『這個包裝作業眞的很耗體力，不僅背痛，還得跪在硬梆梆的水泥地板上，我的膝蓋因此一直隱隱作痛。我覺得應該要買個護膝，來減輕身體的負擔。』當時我是很認眞地在講護膝的事，但是那名同事一臉『我從來沒看過這麼蠢的人』的表情，看著我說：『傑夫，我們需要的應該是一部包裝專用機檯。』當下我覺得他眞是天才！隔天立刻跑去買他說的包裝用機檯，從那之後我們的工作效率便一下提升了二倍。」

這是貝佐斯在回顧剛創業時，總是會反覆提起的故事。

在這段回憶當中，包含了幾個重點。第一，在創業初期貝佐斯曾親自下海處理包裝及寄送；第二，當時的貝佐斯有容乃大，願意聽部屬的意見；第三，對亞馬遜而言，提升效率永遠是至高無上的課題。

同時在這段故事當中，濃縮了亞馬遜最重視的理念之一：Day1（創業第一天）的精神。

二〇一七年三月，亞馬遜召開內部大會，當時自創業以來已經超過二十年。會議上亞馬遜正職員工提問：「您對於Day2（創業第二天）有什麼想法？」貝佐斯答道：「Day2指的是停滯不前，充滿毫無意義的混沌，業績開始伴隨著巨大的痛苦逐漸下滑，最終迎向死亡（倒閉）。所以，亞馬遜必須時時謹記創業第一天的精神。」

亞馬遜創業當時即秉持的座右銘「快速茁壯」（Get big fast），就是「在圖書界迅速席捲市場」。誠如這個座右銘所宣示，亞馬遜開張後，第一年度一九九五年的銷售額約五十萬美元，一九九六年約一千六百萬美元，一九九七年約一億四千七百萬美元——以勢如破竹的聲勢迅速擴張。

排行榜與顧客評價

亞馬遜網站與實體書店有二個最大的不同點，其一是商品排行榜，另一個是顧客評價。

商品排行榜於一九九七年七月剛起步時，採隔日更新，然而在貝佐斯一聲號令之下，不久便改爲每小時更新。公司所有人一致認爲如此行事太過魯莽而全力反對，但是貝佐斯不顧周遭的反對聲浪，表示「這種小事有四十八小時就夠了，我就是要做這件事」。當時《華爾街日報》與美國《紐約時報》，特地針對圖書排行榜製作專題頁面，刊載作者對自己的作品在排行榜上被人評論的哀嘆聲。

貝佐斯在二〇一七年的演講中，就顧客評價提出以下論述。

「亞馬遜剛推出顧客評價時，出版業一片哀號，罵我是不是瘋了。讀者可以給出一星到五星的評價，同時也可以直接在圖書頁面下方塡寫書評，如今這已成爲圖書市場的常態。當時某間出版社向我提議，只刊載好評如何？他的論點是，只刊登好評，書也能大賣，何樂而不爲？但是我無法認同這個觀點。書評的眞正目的不在於販售商品，而是希望能協助顧客做出自己也能認可的正確判斷。」

然而，亞馬遜的顧客評價從一開始便充斥著假評價的問題：有神仙下凡就《聖經》留下書評，還有（一八四四年逝世的）英國作家艾蜜莉．勃朗特死而復生，評論自己的作品，或是批判她視爲競爭對手的同期當代英國文學家：「珍．奧斯汀的作品竟然能在一年內連出兩套迷你套書，還有一部要改拍成電影，太讓人不可思議了吧！」在網上發出滿腹牢騷。

眼看著亞馬遜順利啓航，爲了擊潰亞馬遜，圖書界最大龍頭邦諾書店開始策畫，決定成立自己專屬的網路書店，市場更是傳聞業界第二大的老連鎖書店疆界也正在著手準備設立網路書店。一九九六年的書店銷售額，邦諾書店約二十億美元，疆界連鎖書店約七億美元，遙遙領先剛崛起的亞馬遜的一千六百萬美元。二大連鎖書店以圍攻之態，左右襲擊亞馬遜。

想在競爭如此激烈的市場取勝，需要更多資金，聘僱優秀人才，投資全新服務。取得資金最迅速的手段，就是讓股票上市。只要成功上市，不僅能讓社會大衆更廣泛的認識，也能提高品牌影響力。

通常，一間企業的股票要上市，必須公開經營的各項數據，然而貝佐斯非常堅持自己的經營方式，並且堅守高度的保密主義。

當初爲了公開募股而受聘、擔任亞馬遜財務長的喬伊．柯維（Joy Covey）如此說道：

「亞馬遜明確表示，公司不會回應任何短期需求，儘管這個部分是所有上市公司經常必須面對的壓力。亞馬遜將重點擺在專注於長遠的商業價值，以及自己能夠帶給客戶的價値這兩件事上面。」（《亞馬遜 AMAZON.COM》）

投資人想了解亞馬遜的客流量、回購者的購買模式，與具體的行銷策略等，但亞馬遜拒絕公開這些項目，因爲他們認爲這等同將資料提供給其他同業。身爲一間想從股票市場募資的企業，亞馬遜固執的程度讓人難以置信。

一九九七年五月，亞馬遜以每股十八美元的股價，於納斯達克證券市場首次公開募股（IPO），成功募集五千四百萬美元的資金。多虧這筆資金，亞馬遜才得以阻擋邦諾書店和疆界連鎖書店的同步追擊。

爾後，分售的股票價格於一九九九年十二月飆漲到一百零六美元，讓貝佐斯成為體現新美國夢的見證人。

面臨破產危機

上市後，一九九七年亞馬遜除了公告第一份年報以外，貝佐斯同時發布了一份「寫給股東的信」，這份資料在亞馬遜被視為「寶典」，年年都會隨著每年新出的「寫給股東的信」寄給股東。

貝佐斯在一九九七年「寫給股東的信」當中寫道：「我們相信，成功的重要基準讓我們能為股東，帶來長期創造的價值，而這個價值與我們在市場上得以站穩領先者的位置且擴大市場，有著直接且緊密的關連。獨占市場的力量越是強勁，亞馬遜越能成為實力堅強的經營典範。同時透過獨占市場，我們能獲得更大的銷售額、利潤，與更大的資本流動與回收。

亞馬遜一直專注在以上所提到的理念，據以執行管理上的裁決。首先，我們會自省亞馬遜是否已經成為市場的領頭羊，這意味著我們會從客流量和銷售額的增長，新客戶成為回購者再次購物的比例，以及亞馬遜品牌影響力的強弱，來檢視亞馬遜。我們將目標鎖定在永續未來的專營事業，不論是以前、現在，還是未來，我們都將持續大力積極投資，以求改善客流量、品牌影響力和基礎設備的建設。」

簡單說，大家覺得這封信到底想表達什麼？

貝佐斯針對這封「寫給股東的信」的涵義，做了以下的解釋：

「那封信是我們預先對股東聲明，亞馬遜的經營事業充滿了巨大的風險。在這場賭注當中，有時會失敗，有時會帶來龐大的利益。也就是說，那封信是一場宣示，宣告亞馬遜的經營方式是透過長期的事業投資，在市場上等待致勝的機會造訪，再一口氣收割。」

原來這封信就是貝佐斯的宣示，告訴眾人與其將目光放在短期利益，亞馬遜的經營模式更傾向拉長時間，等到取得廣大的市占率後，再提高獲利。這也就表示，亞馬遜所採取的經營戰略，即使在短期內可能虧損，但長遠來看，未來將有利可圖。

那麼，短期與長期具體上該如何定義？

對於這個問題，二〇一七年貝佐斯曾如此定義：「關於投資獲利所需要的時間，我經常對外講的是希望能用五到七年的時間單位來衡量，而不是短短的二、三年。」

因爲秉持這種長期經營的角度，使得亞馬遜在二〇〇〇年代初期曾面臨破產危機，但也正因基於此種經營模式，促使亞馬遜到了二〇一五年之後，以GAFA一員的身分與谷歌、蘋果、臉書並駕齊驅，成長爲一間不只引領美國，更領先全球的IT企業。

大約在股票上市的同個時期，亞馬遜大幅變更了以往仰賴批發商取得圖書的商業模式。

一九九六年，亞馬遜對於庫存的想法產生巨大的改變。剛開始亞馬遜僅保有前十名暢銷書的庫存，過沒多久迅速將排名擴大到前二十五名，最後將名單一路往下延伸到前二百五十的排名，並且察覺到除非自己持有庫存，否則無法更快速地配送商品。於是，一九九六年十一月亞馬遜在西雅圖建造第一座物流中心，面積約二千六百一十坪，儲藏二十萬本暢銷書量，並且緊接著在德拉瓦州興建一棟規模相同的物流中心，讓西岸與東岸都能儲存等量的書籍。

其後，隨著銷售額持續快速增長，物流中心的面積也面臨擴張需求。

亞馬遜在一九九八年至二〇〇〇年間的網路泡沫時期，共發行過三次公司債，籌備超過二十億美元的資金，主要目的是爲了在全美興建五座物流中心，希望有更多的庫存空間，來提高配送速度。原來應該可以趁股價上漲發行新股而籌得龐大的資金。藉由在全美設有物流中心，不僅可以對顧客實現後天到貨的承諾，還可以大幅提升便利性。以上，是亞馬遜所編寫的劇本。

然而，亞馬遜的股價自二〇〇〇年以後開始下跌。一九九九年飆漲至一百美元以上的股價，在二〇〇一年秋天暴跌至最低價格五美元。誠如貝佐斯宣稱，由於亞馬遜秉持市占率至上主義的緣故，銷售額確實有所增長，然而自創業以來，亞馬遜從未取得一毛盈利。

貝佐斯再三強調，心情隨著股價漲跌起伏，是一件很沒有意義的事：「投資人班傑明．葛拉漢曾提到，短期來看，股價是大衆依照受歡迎程度的投票，不過長期而言，股價則是用來公正評估企業實力的道具。所以我經常訓示我們的員工，不要過度在意每日股價的變動。就算一個月內股價上漲了三〇%，也不要誤以爲自己聰明了三〇%。所以，就算一個月內股價下跌三〇%，也不需要覺得自己變笨了三〇%。」

話雖如此，這段時期正如股價暴跌所暗示，亞馬遜的當務之急是需要趕緊處理破產的危機。二〇〇〇年夏天，美國某紅牌證券分析師唱衰：「亞馬遜公司如果維持現狀，推估一年以內資金便會消磨殆盡。（其財務狀況）比三流零售企業的經營狀況還要糟。」貝佐斯接受雜誌的採訪時反駁說「亞馬遜經營危機全是一派胡言」，卻依舊無法阻止股價下跌。二〇〇〇年至二〇〇一年，IT泡沫終於破裂。

企業營收持續入不敷出，亞馬遜的自有資本，就像水從破洞水桶不斷流出一般，以驚人的速度迅速流失。

查看亞馬遜二〇〇〇年的業績，銷售額雖有二十七億美元，營業虧損卻高達八億美元，債務超過資產九億美元。看到這樣的業績數字，想賣股的人遠比想買股的人還多也是人之常情。

二〇〇一年一月，亞馬遜公告二〇〇〇年財報。慘遭股市拋棄的貝佐斯心生畏懼，爲了度過眼前難關，被迫轉換經營方針，暫且擱置以往奉行的市占率至上主義，首次公開承諾未來會致力提升公司的獲利能力。

在二〇〇〇年電視節目的訪談當中，貝佐斯針對「亞馬遜是否賺錢」的問題回答道：「不論是哪一間公司，有朝一日都必須提高獲利。我們一直期許亞馬遜能夠成爲一間最替顧客著想的企業，爲了達到這個目標，我們建造物流中心，聘僱許多的勞工，這些投資都必須花費很多的資金。我個人認爲在這個時間點，爲了提高獲利，選擇放棄投資的做法，未免太過短視近利。」

然而，二〇〇一年一月，亞馬遜裁員一千三百名員工，高達員工總數的一五％，七座物流中心當中有一座結束經營，同時撤除西雅圖顧客中心。爲了達成對外允諾的獲利約定，亞馬遜毫不在乎地冷酷裁員。

世人譽爲ＩＴ革命象徵的亞馬遜，陷入不得不裁員的困境，讓市場大失所望，認爲亞馬遜也不過是一間賠錢公司。那一年夏天，美國線上公司（ＡＯＬ）出資一億美元，讓亞馬遜得以在資金周轉上喘息，但也因而開始傳出ＡＯＬ或美國沃爾瑪併購亞馬遜的傳言。

併購日本企業失敗

二〇〇〇年十一月，美國正因亞馬遜經營危機而大肆騷動之際，日本亞馬遜開始在市川鹽濱興建物流中心。日本法人是亞馬遜海外第三家子公司，在此之前，亞馬遜早在一九九八年便分別於英國與德國推出服務。

貝佐斯當時有意收購圖書服務公司（Book Service，二〇一六年併入樂天書城）這間由大和運輸與批發商栗田出版販賣（現爲大阪屋栗田）於八〇年代共同出資創設的郵購通路，想要立即在日本展開經營。然而，當時圖書服務公司的老闆木村傑，在直接與貝佐斯會面時，便當面拒絕了併購案的提議。

一九九八年六月，木村與貝佐斯在圖書服務總部會面，地點於東京都本鄉。木村身高快一八〇公分，他在《亞馬遜公司的臥底報導》中曾提及：「貝佐斯比我矮，個頭小小的，人看上去有點討喜。但是他一開口，我就知道他是一個精力旺盛、思緒敏捷的人。貝佐斯此行的目的是要收購圖書服務公司。」

至於拒絕收購的理由，木村解釋：「最大的原因在於美式經營風格，與日式的差異。像亞馬遜這種展現弱肉強食本性的公司，爲了擴大公司規模，有時會不擇手段。」（《亞馬遜公司的臥底報導》）

大約在併購談判受挫的同時，亞馬遜在其他地方開始蠢蠢欲動。

西野伸一郎在這後來成爲日本亞馬遜創設成員之一，現在則擔任電子雜誌銷售公司「富士山雜誌」董事長。一九九八年西野與事業夥伴抱持著「亞馬遜對日本絕對感興趣，我們肯定是它的最佳拍檔」的想法，透過電子郵件直接連繫貝佐斯。一週後，他們收到貝佐斯的回信：「我們不妨坐下來聊一聊。」

雙方在西雅圖歷經兩小時的會談之後，貝佐斯興高采烈地說：「我們立刻動工吧！」

「你的意思是？」面對西野兩人困惑的反應，貝佐斯回答：「你在說什麼啊？我們根本像是從昨天就已經開始一起工作的好兄弟，就讓我們一起完成這項計畫！」貝佐斯立刻全盤接受他們提出的前進日本計畫。

一九九九年西野離開當時就任的公司 NTT，著手準備設立日本亞馬遜，不久後卻收到西雅圖總部發來的傳眞：「那件事（亞馬遜前進日本的計畫）請當作沒有發生過。」原來是亞馬遜董事會決議，優先強化美國本土事業，阻止貝佐斯不顧虧損一股腦地往擴張一途上狂奔。前進日本計畫眼看就要受挫。

西野無法接受這個結論，搭機直闖西雅圖總部並強硬表示：「如果你們總有一天要進軍日本，那就現在僱用我們啊！」隨後進入亞馬遜總部，持續推動進駐日本的計畫。一年後，日本亞馬遜向大阪屋訂購圖書，總算正式啓航。（《日經產業新聞》二〇一九年一月七日、八日）

貝佐斯依約實現了他的獲利約定，美國本土的亞馬遜才得以脫離經營危機。在二〇〇一年第四季財報上，亞馬遜終於名副其實地開始賺錢。

長期關心日本亞馬遜的觀察員對此表示：「這個財報數字就像奇蹟的逆轉勝全

壘打一般，一棒擊潰了眾人對公司前景根深蒂固的疑慮，以及股東的不滿。」

透過本業產生利益，償還負債的希望有了著落，終於讓亞馬遜解除破產危機。其後，亞馬遜二〇〇二年年度的營利狀況良好，隔年第一次稅後純益轉虧爲盈，《華爾街日報》還在報導中，讚許亞馬遜爲「網路史上最強的生還者」。

二〇〇一年，亞馬遜以三十一億美元以上的銷售額，狠狠地超越創業當初的勁敵：邦諾書店及疆界連鎖書店。同年，疆界連鎖書店放棄自家經營的網路銷售，將相關業務委託亞馬遜，在網購爭奪戰之中豎起白旗，敗陣離去。亞馬遜在圖書方面掌握了壓倒性的市占率以後，二〇〇二年開始販售CD、DVD、玩具、辦公用品，並增加商品種類，囊括二十餘種的項目。

推動免運服務

二〇〇〇年至二〇〇二年，儘管亞馬遜瀕臨破產邊緣，依舊大膽地在顧客服務上，踏出了極其重要的一步。

亞馬遜爲了提高利益，千辛萬苦地想盡各種辦法，最後在二〇〇〇年與二〇〇一年歲末假期季，推出購物滿一百美元以上即享免運優惠的活動。亞馬遜將免運價格設定在一百美元，主要是期待挖掘顧客一次大量購買的需求。在此同時，貝佐斯撤除了至今專門製作電視廣告的行銷部，將部門資金用來填補推動免運服務所需的資金，因爲他認爲與其打電視廣告，免運方案更能吸引、招攬到顧客。

二〇〇二年以降，亞馬遜以「超省免運」（Free Super Saver Shipping）之名推出全時段的免運服務，不再只限定歲末假期季。全時段免運服務剛推出時，滿額金額設定在九十九美元，隨後下調到四十九美元，最後更降到凡購滿二十五美元即享免運。

顧客免負擔的運費轉由亞馬遜承擔，利潤變得更差。亞馬遜這種整頓內部人員，同時關閉物流中心、縮減人力，卻又為了提高顧客滿意度、增加回購者人數，將當前的利益置之度外、實施免運服務的做法，讓人驚嘆連連。對於這項免運服務，長期以來公司內外部不斷有人提出質疑，這種做法根本無法獲得足以抵銷支出的報酬。

然而，面對這些言論，貝佐斯如此回答：「如果將顧客細分，劃分客群，可以發現有一群顧客經常大量購物。我們今後將多花點心思在這群顧客身上，設計一些可以讓他們享有更多優惠的機制。」

這個想法便促成亞馬遜推出日後成為事業核心之一的「亞馬遜尊榮服務」。面對不是今天就是明天即將破產的市場謠言，亞馬遜強行推出的免運服務成為日後經營的一大支柱。這種在現實體現「塞翁失馬，焉知非福」典故的管理模式，完全符合貝佐斯的處事風格。

亞馬遜確實遠離了破產危機，然而它又將所賺取的利潤幾乎全數投入下一筆投資，所以在這之後，銷售額中的盈餘比例也不過幾個百分比，低空飛過的情況依舊不變。將利潤挹注在優先投資的戰術，最終促成亞馬遜開發出日後最賺錢的

AWS、電子書閱讀器Kindle、使用AI的智能音箱（Amazon Echo）等服務。

然而，這些投資成果花了相當長一段時間，才反映在財報數據上。

從股價來看，亞馬遜直到二〇〇九年十月才收復一九九九年年底所寫下的每股最高紀錄一百美元的失土。爾後，亞馬遜股價穩定攀升，二〇一五年七月突破五百美元之後，亞馬遜在各大報章媒體、新聞電視上的篇幅越來越多，同時也是在這個時候開始出現GAFA的稱呼。其後，二〇一七年七月股價衝破一千美元，二〇一八年十二月市價總額更曾短暫超越蘋果，成爲世界第一。

在業界，大家都知道亞馬遜會於二〇〇七年推出電子書閱讀器Kindle，是受到蘋果於二〇〇三年後成功帶動使用iPod播放iTunes付費線上音樂服務的激發。iTunes的成功，讓亞馬遜全體上下十分振奮：「我們的目標是成爲像蘋果一樣的公司！」如今，亞馬遜終於實現多年的願望，與蘋果並肩同行。

一九六四年生的貝佐斯

一九六四年一月十二日，貝佐斯誕生於新墨西哥州最大城市阿布奎基。

貝佐斯敘述自己的身世時，內容幾乎雷同如下：

「一九六三年，我母親賈姬十七歲便懷了我，當時她還只是個高中生。那時高中女生懷孕是很不光彩的事，校長甚至要求我母親退學。但是我母親的父親——也就是我的外公，跟學校談判，才得以讓她從高中畢業。至於我的父親米格爾·貝佐斯（Miguel Bezos），則是古巴移民，在他十五歲的時候，跟著反對卡斯楚政權的天主教福利局來到美國。」

據說，當時他父親只知道hamburger（漢堡）這個英文單字。

貝佐斯在與弟弟馬克的對談當中，曾經提到：「我父親的母語是西班牙文，西文裡沒有『j』的發音，所以他到現在還是會把母親的名字唸成亞姬（賈姬），叫我耶夫（傑夫）。」

Bezos這個不常聽到的名字是古巴的姓氏。在英語發音之下，Bezos的英文發音比較像四音節的「貝依佐斯」（BAY-zoes），而非「貝佐斯」。

然而，在貝佐斯所描述的故事當中，他省略了一個非常重要的環節：這位從古巴移民到美國的男子，是他的養父，而非生父。

一九九九年貝佐斯在接受美國網路媒體採訪時，如此回答：「我從沒見過生父。在我的認知裡，眞正的父親是養育我的養父。我頂多在醫院裡塡寫病歷時，才會聯想到生父的存在。」

從雙親口中得知生父另有其人，是在貝佐斯十歲的時候。

他回憶道：「聽到後，我大哭了一場。」

關於貝佐斯的身世祕聞，在《貝佐斯傳》一書中，有十分深入的介紹。

貝佐斯的生父名爲泰德·約根森（Theodore Jorgensen），芝加哥人，後來搬到阿布奎基，高中時與賈克琳．及瑟（Jacklyn Gise）交往。及瑟還是一名高中生時，便懷了貝佐斯。爾後兩人結婚，當時約根森十八歲，及瑟十六歲。然而，約根森沒有穩定的收入，所以這段婚姻並不順利，貝佐斯出生隔年，兩人便離婚了。約根森在亞利桑那州開腳踏車店，他說在二〇一二年接受史東採訪之前，他完全不知道自己的兒子竟然是一名跨國企業的大老闆。

離婚後，及瑟與這名從古巴移民到美國，後來成爲貝佐斯養父的米格爾．貝佐斯相遇。米格爾申請到獎學金，進入阿布奎基大學就讀，在銀行打工時，認識了及瑟。米格爾大學畢業後，在埃克森（Exxon）當石油工程師，並與及瑟結婚。因爲兩人的再婚，傑夫．約根森改名爲傑夫．貝佐斯。不久後，貝佐斯相繼多了妹妹克莉絲蒂娜與弟弟馬克。貝佐斯家族隨著一家之長的調職，從阿布奎基先後搬到休士頓、佛羅里達州的彭薩科拉（Pensacola）等地。

貝佐斯小時候的回憶，總是會出現外公的身影。

貝佐斯在四歲到十六歲之間，每年的三個月暑假都在鄰近德州聖安東尼奧（San Antonio）的外公家農場度過。外公名叫羅倫斯．培斯敦．及瑟（Lawrence Preston Gise），家人暱稱爲「Pop」（老爹），他年輕時在美國原子能委員會地區分局工作，曾一度任職高官，管理兩萬多名員工，不過他在貝佐斯快要誕生前便提早退休。貝佐斯不僅自己繼承了外公的中間名「培斯敦」，更在長子出生時，以培斯敦爲其命名。

二〇〇一年，貝佐斯曾如此描述他對外公的回憶：

「我的童年充滿了田園風光。每年在外公外婆家的僻壤農場度過的那三個月，對我日後的人生影響很大。總之，在鄉下農場，不論遇到什麼問題都必須自己解決。我的外公就是個凡事自己動手，解決問題的人，他獨立自主的程度超乎常人想像，自己修理壞掉的風車簡直易如反掌。有一次，外公用很便宜的價錢，買來一部快要報廢的『開拓重工』製造的大型推土機，齒輪、變速器、液壓器等所有配件幾乎全數報銷無法使用，相當破爛。我和外公的第一道維修步驟，是自己組裝吊具把零件吊起來，然後參考型錄購買新的零件來更換，耗費了一整個夏天，終於把推土機修好。我們倆還當起獸醫，幫牧場的牛隻動手術。總之，我在那個人煙稀少的農場上學會了不依靠他人，自己動手跨越所有困境的拓荒者精神。」

貝佐斯的母親及瑟非常熱中於教育，從小就讓貝佐斯就讀重視兒童自主性的蒙特梭利幼兒園。那時，貝佐斯一旦專注在某一項學習課題，就會變得不願意上下一堂課，所以老師經常得將貝佐斯連人帶椅地搬到下一堂的上課地點。

貝佐斯六歲時所嚮往的職業是像電影《印第安納瓊斯》出現的考古學家，再來是太空人。即使到了現在，貝佐斯對外太空依舊懷抱著相當濃厚的興趣，二〇〇〇年更利用發行亞馬遜股票所取得的資金，投資創立「藍色起源」（Blue Origin）這間太空公司並兼任老闆。

貝佐斯特有的笑聲似乎是與生俱來。有一天他帶著弟妹去看電影，結果貝佐斯自己一個人瘋狂大笑，引人側目，搞得他弟弟妹妹從此不想再跟哥哥一起去看電影，另外貝佐斯也曾分享自己因笑聲而慘遭圖書館沒收借書證的糗事。

「我在學校的成績一向都不錯。我喜歡學習，也愛看書。但是我從小笑聲就很大聲，高中的時候還因爲笑得太大聲，被圖書館館員沒收借書證，那時候還滿傷腦筋的。」

在貝佐斯閱讀的書物中，他特別喜歡科幻小說。當他還是個小學生，就很喜歡托爾金所寫的《哈比人》和《魔戒》等小說。外公住的農場小鎭裡，當地居民捐贈圖書設立了一間私人圖書館。不光是兒童讀物，就連寫給成人看的科幻小說，貝佐斯也是毫不挑剔地盡情翻閱，而且必定準時收看電視影集《星際爭霸戰》，他最喜歡的角色是耳朵尖尖、眉毛上揚的史巴克。

同時，貝佐斯從小就對電腦表現出強烈的興趣，他小學四年級便能自由自在地操作當地企業借給小學生使用的大型電腦，展現早熟的天分。

貝佐斯以第一名成績自佛羅里達高中畢業，身爲畢業生代表而上臺演講，在演講席上他高談闊論未來人類居住太空的偉大計畫，最後他的結語是：「期盼你我未來在宇宙這塊人類最後的疆域上再次相會。」高中畢業後，貝佐斯進入普林斯頓大學專攻計算機科學，同樣以首席成績畢業，然後在名校畢業後的第八年，創立了亞馬遜公司。

三大飛輪事業

接下來，讓我們回到亞馬遜克服破產危機前後的時空背景。

亞馬遜當今的經營主軸有三大事業。

對此，貝佐斯說道：「亞馬遜三大事業指的是市集賣場（第三方賣家業務）、尊榮服務、AWS。這三大支柱成爲亞馬遜的飛輪，也就是說一項服務帶動另一項服務的推進，然後又順勢推升另一項服務啓動，形成一個良好的循環。」

在亞馬遜經營管理的討論當中，經常會出現「飛輪」這個聽不慣的名詞，它的意思是指創造一個良好循環的經營模式。

首先，我們來看看市集賣場的情況。

亞馬遜以電商平臺踏出的第一步，可以回溯到二〇〇〇年與玩具反斗城推出十年商業合作計畫，開始在亞馬遜網站販售玩具反斗城的商品。玩具反斗城負責挑選、採購暢銷商品與管理庫存，另一方面亞馬遜則提供自家物流中心的空間來存放玩具反斗城的商品，並根據訂單出貨寄送。亞馬遜除了向玩具反斗城收取整年度的手續費以外，每賣出一件商品，還會再另行徵收一道手續費。換言之，亞馬遜透過將自家大筆投資所興建起來的網站和物流中心，開放給其他公司利用，從中賺取手續費。

與玩具反斗城聯手之前，亞馬遜在銷售玩具上有過一段慘痛的經驗。亞馬遜在毫無任何背景知識之下，於一九九九年的歲末假期季，採購了大批的玩具，最後有將近一半滯銷賣不出去。

面對高階主管不願意大量採購以往從未經手過的玩具商品，貝佐斯像機關槍似地咆哮痛罵：「你閉嘴！我就是要砸一億二千萬美元！你只管進貨，有什麼後果我負責，賣不掉我自己扛去填海！」（《貝佐斯傳》）

不出眾人所料，玩具果然賣不出去，剩下將近五千萬美元的庫存，最終只得以福利品廉價出售。貝佐斯付出巨額的學費以後，才學會玩具進貨數個月以後才會開始熱銷，想要確保這些玩具的庫存，需要長年經驗，以及產業間的緊密連繫，所謂術業有專攻指的就是這麼一回事。

在與玩具反斗城聯合發表的記者會上，貝佐斯說：「這是雙方簽約所締結的長期同盟關係。亞馬遜對於玩具的實體店面經營一無所知，玩具反斗城和亞馬遜採取的策略完全不同，但站在亞馬遜的立場，我們想要網羅更多元的商品……賣書是我們的專長，但是在新領域當中，我們要學習的地方還很多，有時候免不了要付出相當高的代價。」

然而，這項企業合作因亞馬遜另跟玩具反斗城以外的廠商進貨而終告破裂。玩具反斗城於二〇〇四年控告亞馬遜違約，向法院提出告訴，最後亞馬遜敗訴，付出五千萬美元以上的賠償金。

爾後，二〇〇一年亞馬遜另與實體書店疆界連鎖書店和家電量販店電路城（Circuit City）簽約，成立類似的戰略聯盟。

亞馬遜當時心目中的勁敵是拍賣網站 eBay。eBay 的經營模式是賣家自己將商品資訊貼到 eBay 網站上，待出價最高的買家得標後，再由賣家自行處理商品寄送事宜。

占得電商平臺先機的 eBay 銷售額：在一九九七年爲五百七十多萬美元，一九九八年四千七百多萬美元，一九九九年二億二千多萬美元，二〇〇〇年突破四億三千萬美元，成長勢如破竹，而且有別於亞馬遜，eBay 收益穩定，二〇〇〇年的營業毛利率高達近二〇%。從現在的角度來看或許難以想像，但在當時的市場評價，亞馬遜完全是 eBay 的手下敗將。亞馬遜爲了追上 eBay，卯足了全力。

一九九九年三月，亞馬遜模仿 eBay，倉促架設出一個「亞馬遜拍賣網」。當他們發現這項嘗試力道不足以追趕上 eBay 時，立刻切換跑道，改設「zShops」網站，但不論是哪一個網站，都無法吸引顧客光顧，最後皆黯然閉幕，無疾而終。這些網站最大的問題點在於，拍賣網站的頁面與亞馬遜自家販售商品的頁面，分別架設在兩個不同的網站上。

貝佐斯不只想要成爲玩具反斗城、疆界連鎖書店等大型企業的電商平臺，他還想將亞馬遜打造成像 eBay 那樣對其他無數的私人或中小企業來說，人人垂手可得的電商平臺，這個目標他始終無法放棄。

市集賣場的經營架構

二〇〇二年十一月，日本亞馬遜推出市集賣場，成爲日後亞馬遜事業的主力之一。亞馬遜的市集賣場有別於既往的拍賣網站，外部業者可以在亞馬遜的主要商品頁面上陳列全新或二手的商品，一同販售。

例如，夏目漱石的作品《我是貓》在亞馬遜網站上，以定價七百五十六日圓販售。在同一個頁面上，另外陳列出超過五十筆的二手書選項，價格最低一日圓起售。相較於 eBay 在不同頁面展示同一商品的做法，這種在相同頁面上陳列商品的方式，不論是對賣家或買家，使用上都更爲方便，商品銷路也隨之改善。

乍看之下，以定價販售商品的亞馬遜看似推出了一個虧本的服務，實則不然。亞馬遜市集賣場的機制是透過向賣方收取手續費，來賺取比自己實際販售商品能賺得還要更多的利潤。

爲了補充《亞馬遜公司的臥底報導》文庫版的內容，我曾花了一年的時間在市集賣場販售將近三十本的二手書。我個人認爲爲了補充潛入物流中心書籍的內容，再次潛入物流中心的做法實在很沒有意思，所以決定透過賣二手書，來潛入亞馬遜的網購系統。

我賣了將近三十本書的收入（含運費）總計爲二萬五千多日圓，當中我眞正的獲利金額是一萬三千多日圓，被亞馬遜收走的手續費，零零總總加起來快要七千三百日圓，其餘將近五千日圓則是我支付給宅配業者的運費，我這才留意到在市集賣場上賺最大的是亞馬遜，還有它的詭計。

具體上到底該如何計算？

以下爲了簡化算法，假設二手書業者在亞馬遜市集賣場上，以一百日圓販售《我是貓》的二手書。這時，二手書業者必須支付亞馬遜的手續費有三筆：第一筆是訂單成立基本費一百日圓；第二筆是販售手續費，圖書收取一五％，所以是十五日圓；第三筆則是分類交易手續費八十日圓。亞馬遜總計可以收到一百九十五日圓。

這比亞馬遜在自己的網站上，以定價七百五十六日圓，販售文庫本《我是貓》這本書還要好賺。爲什麼？在販售圖書的制度中，銷售額是由出版社、批發商和書店三者按比例抽成，大致上是出版社七〇％、批發商八％、書店二二％。依照這個比例計算，亞馬遜賣出一本七百五十六日圓的文庫本，可以進帳一百六十多日圓，然而這筆錢必須經過圖書的訂貨、寄送，到物流中心收貨、上架、揀貨等重重作業，再以宅配送到消費者的手中之後，才會進到口袋，所以減去上述開銷後，眞正留在亞馬遜手頭上的恐怕所剩無幾。不對，亞馬遜還有可能因爲宅配運費的費率而賠錢。

相較之下，二手書的部分，亞馬遜既不用保有庫存，也無須寄送，只要賣出一本，就能賺得一百九十五日圓的手續費，這麼好康的生意上哪兒找？亞馬遜自行賣出一本文庫本所獲得的一百六十多日圓屬於銷售額，但一本一百日圓的二手書售出，亞馬遜可取得的一百九十五日圓手續費幾乎全數等同利潤，這兩者之間的差距相當明顯。換言之，市集賣場的經營機制完全是爲了提高亞馬遜的利潤。

市集賣場剛開始是以販賣二手書起步，如今已有各式各樣的商品推出，賣方甚至可以販售亞馬遜未經手的商品。透過開設市集賣場，讓外部供應商使用自家平臺，亞馬遜終於逐漸擺脫賠錢的形象，開始穩定獲利。

亞馬遜可以從市集賣場賺取手續費，所以有本錢用比其他同業更便宜的價格，來販售亞馬遜包辦的商品。如果亞馬遜大部分的商品能用最廉價的價格販售，便有助於吸引顧客，推升利用亞馬遜的客戶數量，如此一來願意使用市集賣場賣東西的業者也會隨之增加，創造出貝佐斯口中所說的良好循環。

二〇〇八年七月，亞馬遜的市值總額超越它視爲競爭對手的 eBay。

爲了讓市集賣場使用上更便利，亞馬遜接著推出 FBA。美國在二〇〇六年推出，日本緊接著於二〇〇七年開始。FBA 是賣方將商品委託亞馬遜物流中心，由亞馬遜進行商品的保管、訂單處理、配送、退貨等業務。我在小田原物流中心中揀貨時附有「XASIN」編號的商品便屬 FBA 項目。

賣方利用ＦＢＡ，必須支付代寄手續費和庫存保管手續費。不過，站在賣方立場，如果順利開發暢銷商品，剩下的網購業務全數交由亞馬遜處理即可這點還是好處多多。根據亞馬遜自辦的市調顯示，八成以上的賣方回答「開始利用ＦＢＡ之後，銷售比以往更好」。

根據美國電子商務市調公司「市場追蹤」（Market Track）表示，在二〇一七年時，亞馬遜自行販售的商品數量爲一千三百萬ＳＫＵ（最小存貨單位），從市集賣場的賣方所出售的商品數量則高達三億五千萬ＳＫＵ。當然在亞馬遜規畫的藍圖中，暢銷商品由亞馬遜直接經手，市集賣場的賣方則販售其他各式各樣的雜貨。不過，現階段在亞馬遜網站上販賣的商品已超過一半以上是經由市集賣場出售。亞馬遜今日會擁有「應有盡有商店」的稱號，市集賣場的賣方可說是貢獻良多。

對此，貝佐斯說道：「在亞馬遜的事業當中，外界並沒有充分了解到市集賣場的重要性。亞馬遜的銷售額有一半以上來自市集賣場，利用市集賣場做買賣的業者當中，大約有十萬家公司年銷售額超過十萬美元。我們建議這些業主，盡可能讓亞馬遜物流中心代爲管理他們的商品，這樣他們的商品就能與亞馬遜尊榮服務一樣享有『後天到貨』的權益。有許多人是仰賴市集賣場謀生的。」

（筆者註：亞馬遜的年報中，市集賣場的銷售額數字僅記載了手續費的收入，因此在總銷售額中僅占不到二〇％。然而，誠如貝佐斯所言，實際銷售數字超過亞馬遜銷售額一半以上。）

尊榮會員突破一億人

接下來讓我們談談亞馬遜尊榮服務。

二〇〇五年，美國亞馬遜推出會員制的尊榮服務（日本為二〇〇七年），顧客支付年費七十九美元，不用另付運費便可在下單後，隔兩天收到商品（日本為隔日），而且可無限次數使用。後來，美國的年費逐漸調漲：二〇一四年調漲為九十九美元，二〇一八年則為一百一十九美元；至於日本的年費原本是三千九百日圓，二〇一九年四月宣布調漲為四千九百日圓。

尊榮服務是亞馬遜從二〇〇二年推出的超省免運優惠所衍生出來的靈感。貝佐斯創業時，便點明顧客最重視的是商品齊全、價格和便利性。這裡的便利性意指配送迅速、方便，且正確無誤。

亞馬遜尊榮服務的主要目的是讓消費者入會成為會員，所以除了不用支付運費之外，還提供其他各項優惠以吸引顧客。

貝佐斯在接受英國報社採訪時，針對亞馬遜尊榮服務的意圖曾如此闡述：

「尊榮服務就像開一間吃到飽的餐廳，剛開始招來的客人多半是屬於為了吃回本而拚命狂吃的類型，所以這段時間屬於所謂的『投資期』，對此我們也莫可奈何。」

亞馬遜推行尊榮服務，花費了不少支出。假設一次配送運費是十美元，如果消費者一年訂購二十次以上，至少會產生二百美元的費用，扣除會員年費後，亞馬遜必須負擔一百美元以上的費用，換言之可能會變成賠本生意，不算划算。

根據亞馬遜年報指出，二〇〇五年亞馬遜推出尊榮服務，從顧客收取的運費爲五億一千一百萬美元，支付給外部宅配業者的運費總計七億五千萬美元，虧損超過二億美元。該年度稅後純益雖然超過三億五千萬美元，但如果考慮到運費所造成的虧損可能進一步擴大的情況，擔心、顧慮亞馬遜在經營上被拖累，也就不全然是無稽之談。

然而，貝佐斯堅信亞馬遜尊榮服務會成爲公司事業的主軸，強勢抵抗內部的反對聲浪。二〇一八年貝佐斯接受澳洲網路媒體「Smart Company」採訪，回顧尊榮服務剛推出時的公司內部情況，他說：「當第一次從某個公司成員口中聽到免運這個構想時，我個人相當讚賞，但是財務部門試算的結果發現，我們在運費支出上的負擔相當龐大。可是網購消費者最愛的就是免運，所以在我們實際推出服務之後，第一批加入會員的客戶就是重度使用者，而且我們的支出確實曾短暫增加，但很快地尊榮服務就成爲亞馬遜成功的關鍵。」

爾後，亞馬遜不斷擴充尊榮服務的範圍，推出Kindle用戶圖書館（持有Kindle閱讀器的會員可免費線上閱讀）、尊榮音樂串流（PRIME Music）、尊榮影音（PRIME Video）、亞馬遜相片（Amazon Photo，無限容量保存相片服務），以及配送生鮮食品的亞馬遜生鮮（Amazon Fresh）等。

貝佐斯對此說道：「相較於一般會員，加入尊榮服務的會員會購買更多的商品。用戶支付了年費，自然想要回本，所以成為會員之後，他們會想盡各種辦法使用亞馬遜，而且他們不光只買自己想要買的商品，還會開始購買其他種類的商品。一旦用戶成為會員，就會開始對亞馬遜的事業帶來正面的回報。」

美國的研究機構也證實了貝佐斯所言不假。

根據美國市調公司「消費者情報研究夥伴」（CIRP）於二〇一八年發布的試算報告顯示，尊榮會員在亞馬遜的花費一年為一千四百美元，非會員則為六百美元，這之間差距高達兩倍以上。同時，試算報告中亦指出，相對於新加入會員第一年度的使用金額平均九百美元，三年以上會員整年消費增加至一千五百美元。誠如貝佐斯所言，在尊榮服務規畫的劇本之下，只要亞馬遜能夠長期挽留住會員的心，便能帶動營業額的成長。此外，數據亦顯示會員比非會員的轉換率（購買人數在網頁瀏覽人數中所占比例）要高出五、六倍之多。

亞馬遜對尊榮服務的重視，最顯而易見的例子當屬尊榮影音。

二〇〇六年亞馬遜在美國推出「亞馬遜開箱片」（Amazon Unbox），開始提供影音服務。二〇一一年更名為「亞馬遜立即看」（Amazon Instant Video）之後，開放尊榮會員可以免費觀賞大約五千部的電影或電視節目（在日本，此項服務功能始於二〇一五年），現在還可以觀看亞馬遜的原創作品。

二〇一一年，亞馬遜打造專屬攝影棚，開始製作原創影片。亞馬遜的首部創作喜劇影集《透明家庭》，初次啼聲便獲得金球獎，自此之後銳不可當，陸續推出《壯遊之旅》《高堡奇人》等熱門影集。二〇一六年，以影音串流公司之名獲得第一座奧斯卡金像獎，電影《海邊的曼徹斯特》榮獲最佳原創劇本及最佳男主角獎項，《新居風暴》也榮獲最佳外語片。亞馬遜二〇一七年投資在影片內容的金額高達四十五億美元，緊追在專攻影音平臺的網飛的六十億美元之後。

亞馬遜免費播放他們砸下巨額投資所創作出來的影片，對此貝佐斯提出以下解釋：「自從我們創作的影片榮獲金球獎以後，片中出現的鞋子商品開始在亞馬遜網站上帶動一股熱銷潮。若是尊榮會員，還可以免費觀賞優質的原創影片。我們是從與其他同業公司（如網飛等）非常不同的路徑，在回收我們的投資報酬，透過免費供應影片內容，提高亞馬遜尊榮服務的魅力，讓使用者在亞馬遜網站購買鞋子或服飾等商品。這些精采的影片，形成一個飛輪，帶動更多商品的銷售。」

二〇一九年，日本可觀看的尊榮影音片數大約七萬三千部，其中會員可免費觀賞約二萬五千部影片。

我本身是尊榮會員，也購入了 Kindle 閱讀器與智能音箱當作了解亞馬遜的一個環節，但是我維持尊榮會員身分的最大理由是亞馬遜的影音服務。

目前為止，我看過不少美國電視影集，包括《六人行》《傲骨賢妻》《慾望城市》《無照律師》等，也看了《教父》、日本《男人眞命苦》等系列電影，以及

《辛德勒的名單》等數以萬計的電影，不過我在亞馬遜網站上的「待看名單」上，還登記了許多我以前看過和未來想看的作品。

貝佐斯老王賣瓜的亞馬遜原創影集中，我唯一看到最終完結的一部作品是茱莉亞．羅勃茲主演的《歸途》（全十集，一集三十分鐘）。在我撰寫本書的二〇一九年四月下旬，也可以付費觀賞二〇一八年上映的《波希米亞狂想曲》《一屍到底》等熱門電影。

貝佐斯在二〇一七年「寫給股東的信」中，公布尊榮會員人數突破一億人。

「（自從亞馬遜推出尊榮服務以後）二〇一三年，我們的付費尊榮會員人數在全世界突破了一億人，此外亞馬遜在二〇一七年的尊榮宅配服務中，配送了五百多億件的商品出去。今年同時也是我們（亞馬遜尊榮服務）會員人數成長達最高峰的一年。」

向來秉持保密主義的亞馬遜，主動公告營業細節的具體數字，由此可以看出在服務起步初期，力排眾議強行推動尊榮服務的貝佐斯內心喜悅的程度。在他的堅持之下，亞馬遜尊榮服務成爲零售業最成功的訂閱服務（定額服務）之一。

AWS賺取一半以上的利潤

亞馬遜事業的第三大支柱，便是AWS雲端服務。

AWS服務成功，亞馬遜因此跳脫了單純的網路零售業者的框架，成為眾人認可的IT企業。在雲端服務市場中，如今的亞馬遜已然狠狠地超越了其他同業，取得獨占鰲頭的優勢。

隨著賺取亞馬遜一半以上利潤的AWS部門的神祕面紗被逐漸揭露，展現其全貌，亞馬遜股價開始急速飆漲，自此被世人稱為GAFA，成為一間得以與純粹從IT起家的谷歌、臉書相提並論的IT企業。

雲端服務意指在網路上提供虛擬伺服器功能等各項服務，也就是透過網路，販售原本在實體主機上的儲存、資料庫、運算處理能力等電腦基礎設施有的基本功能。雲端上的虛擬伺服器與硬體主機最大的不同點在於，當使用者心中冒出「想用」念頭的那一瞬間，便能立即利用雲端服務的優勢，而且僅需針對使用容量付費。若以同為基礎設施的電力來比喻，就像早期各大公司必須自行組裝發電機，以供應內部的電力需求，此項做法後來被電力公司取代，只須向後者付費收購所需的用電量即可。

舉例來說，上班族在公司使用個人電腦是經由主機連線，讓會計人員連進財務會計系統，業務則連到顧客資料庫來使用。AWS則是在網路上，架設虛擬的伺服器，透過網路連線借貸給企業。如此一來，各大企業就不用像以往一樣架設主機，也不用在意或計較主機的容量，得以自由自在，且用便宜的價格享用，這就是所謂

我們的生活》）

的雲端服務。（《amazon稱霸全球的戰略：商業模式、金流、AI技術如何影響

貝佐斯平日能言善道，但他似乎認爲AWS太過專業，所以至今在AWS的相關議題上並未提出太多的評論。像是二〇一二年在美國召開的「AWS re:Invent」大會開幕典禮，畫面上貝佐斯與AWS部門高階主管對談時，對於AWS也幾乎沒有提到任何具體、有深度的內容。

AWS主要由以往擔任貝佐斯「影子」的安迪．賈西（Andy Jassy）主導。影子屬於幕僚長的角色，爲期二、三年，如引隨形地伴隨在貝佐斯左右，學習他的思考模式。

亞馬遜內部的高階主管，頭銜聽起來很好聽，但大多是只會重複貝佐斯言論的應聲蟲，所以時常被戲稱爲「傑夫機器人」（Jeff Bot，取自傑夫＋機器人的新創用語），只有兩個人可以眞正闡述自己的意見，其中一人是一九九九年進入亞馬遜的傑夫．威爾克，其主要掌管亞馬遜物流部門業務；另一人就是賈西。貝佐斯爲亞馬遜的執行長，素有「公司內另一個傑夫」稱號的威爾克爲全球消費者業務部執行長，賈西爲AWS部門執行長。在亞馬遜的組織架構當中，僅上述三人具有執行長頭銜。

所以，關於AWS的部分，我將引述賈西這位包辦從規畫到現在所有業務的

資深人士所提出的談論。

賈西在一九九七年進入亞馬遜。他從哈佛大學ＭＢＡ課程畢業的隔週，便進入亞馬遜工作。

對此，賈西回憶道：「進入亞馬遜後，我輪流在幾個部門待過之後，傑夫問我要不要當他的『影子』，所以從那以後的兩年半，我每天跟在傑夫身邊一起工作，一同出席會議，也直接向傑夫提出意見。但是在開始這個工作之前，我曾經詢問過傑夫這項工作的具體內容，他回答我『我了解你，你也了解我，建立我們彼此的信任關係』，但是這個答覆實在是太過模糊不清，讓我相當困惑。雖然我猶豫了很久，最後還是接受了他的提議。」

賈西在二〇〇二年至二〇〇三年以影子身分工作，之後影子的職稱改爲技術顧問，如今已是亞馬遜內部無人不曉的重磅職位。

賈西結束影子任務後，在亞馬遜聘僱了許多員工。他發現每當人員增加，企畫也隨之成長時，公司內部就會開始七拼八湊地架設主機硬體設備來因應隨之而來的業務，然而實際上主機架設完成前後，平均得花上三到四個月的時間，在這段期間，所有相關業務一律停滯不前。

賈西從這個現象嗅出商機。

二〇〇三年夏天，賈西不只發現亞馬遜公司內部有雲端服務的需求，同時他還留意到其他ＩＴ廠商在雲端服務還沒有太突出的發展，足以供應亞馬遜當時開始致力投入的市集賣場業者們來使用，於是他提議由亞馬遜自己推出雲端服務。

二〇一七年賈西對此回顧道：「傑夫強烈支持AWS這個概念，但是當我在董事會議上提出AWS的議題時，其他董事提出質疑的意見，他們擔心AWS與亞馬遜零售銷售的本業差異太大，另外也有人認爲應該採取謹慎的態度，建議剛開始嘗試提供少許的服務，之後再視使用狀況調整比較恰當。但是，傑夫面對這些議論毫不畏懼，他深信AWS對亞馬遜有益，並且認爲如果這是一個連身爲IT企業的亞馬遜自己都會面臨的問題，那麼提出解決方案，向外界兜售，肯定會大賣。他就這樣從背後推了我一把。」

賈西獲得貝佐斯的首肯，率領將近六十人的研發團隊全力開發AWS。剛開始的一、二年，他白天面試新人，聘僱人才，到了晚上則徹夜開發系統，過著每天日以繼夜、忙碌不已的生活。

二〇一五年賈西對美國網路媒體說出他的感想：「我們的團隊在寫創業企畫書時，沒有人預料到AWS竟然會成長得如此快速，重塑了整個科技產業的樣貌。不到十年，AWS在科技產業掀起軒然大波，隨著雲端服務的成功，加快了技術革新的速度，可處理的資訊量也增加了好幾倍。」

經過將近三年的準備，亞馬遜在二〇〇六年於美國開始AWS服務，AWS的日文版網站則於二〇一〇年開張。

在美國最早使用AWS的企業，是一群想盡可能減少IT基礎設施等初期設備投資的創業公司。在初期客戶名單當中，可以發現提供民宿共享服務的Airbnb、線上音樂服務Spotify等各大公司的名字。接著，二〇〇九年線上影音服務巨頭網飛決定不只將電影、電視影集等影片內容，更連同該公司內部核心系統資料，都幾乎百分之百全數轉移到ＡＷＳ上，此消息一出，一舉打響ＡＷＳ的名聲。

此外，二〇一三年ＡＷＳ與ＩＢＭ因美國中央情報局契約一案進入司法審判，雙方在法院進行爭辯，法院承認ＡＷＳ與ＣＩＡ六億美元契約的合法性，吸引了更多的關注。二〇一三年ＡＷＳ亦接獲美國航空暨太空總署的委託，此舉間接證明ＡＷＳ解決了雲端服務最大的安全疑慮問題。

日本用戶則包括丸紅、迅銷集團、羅森連鎖便利商店、麒麟控股公司、ＨＩＳ、日本通運等大型企業。

ＡＷＳ讓市場驚呼連連，是在二〇一五年四月二十三日發布第一季（二〇一五年一月至三月）財報數據之際。

這是亞馬遜首度將以往隱藏在其他部門當中的ＡＷＳ抽出，獨立公開財報數據，ＡＷＳ銷售額爲十五億六千六百多萬美元，營業毛利二億六千五百億美元，營業毛利率約一七％，數據公開的這一瞬間，揭示ＡＷＳ締造了任憑誰都無法想像的高毛利率的佳績。

二〇一五年整年度，ＡＷＳ部門銷售額七十八億多美元，不過占整體銷售額七％，但若以營業毛利（未扣除員工股票分紅前）計算，卻占整體四一％，勇奪亞馬遜最賺錢工具的頭銜。在這之後，二〇一六年占七四％，二〇一七年更賺得超過一〇〇％的營業毛利（二〇一七年會大於一〇〇％，是因爲北美部門與國際部門營業毛利合算爲負值所致）。

亞馬遜的股價在二〇一五年第一季財報發表翌日，從三百八十美元跳升到四百四十美元；在發布第二季財報的七月二十三日當天，亦因ＡＷＳ的高獲利能力獲得肯定，股價更從四百八十美元迅速跳漲到五百二十美元，市值總額超越美國零售巨頭沃爾瑪。爾後，ＡＷＳ的高毛利率帶動亞馬遜股價突破一千美元。

二〇一五年，ＡＷＳ已在雲端服務上占得市占率三一％，成爲全球第一；二〇一七年市占率持續攀升至超過五〇％，相較於第二名微軟的一三％，第三名阿里巴巴四％的成績，高下立判。

ＡＷＳ爲何能取得如此巨大的成功？我想是因爲亞馬遜比其他同業提早六、七年投入開發雲端服務所得到的成果，而且亞馬遜多次調降ＡＷＳ的使用費率，其他同業公司追趕不及所致。通常，市場上一旦開發出一項賺錢商品，不出一、二年，就會充斥類似產品，造成商品退流行，價格開始崩跌。但是，如果具有提早六、七年起步的先驅者優勢，就有可能大幅拉開與起步較晚的同業差距。

亞馬遜現在得以與谷歌、蘋果、臉書等ＩＴ大老相提並論，全須歸功於ＡＷＳ事業的成就。

一棒揮出一千分

當然，亞馬遜的營業策略並非諸事順利。

二〇一四年七月，亞馬遜推出具有３Ｄ功能的「Fire Phone」智慧型手機，但未在日本上市，所以日本幾乎無人知曉。亞馬遜手機剛推出時，採取綁約兩年方案，本機以一百九十九美元販售。貝佐斯以彷彿向已故史蒂芬・賈伯斯致意的姿態，站在三百名聽眾面前，花了一個半小時的時間，滔滔不絕地細數亞馬遜手機的優點，這段內容的影片可以在YouTube上找到。

然而，發展亞馬遜手機的結果卻是徹底失敗。

販售區僅限美、英、德三國，開賣隔年便停止生產。儘管亞馬遜未公布詳細數據，二〇一四年第三季財報上的稅後虧損數字爲四億美元以上，顯示手機事業的失利。

自蘋果發表第一代iPhone後，過了七年，iPhone已推出第六代機種，亞馬遜在這個節骨眼，以新手之姿宣告加入手機戰場，看在外行人的眼裡，只覺得有勇無謀。既然ＡＷＳ可以藉六、七年的先驅者優勢，在雲端服務獲得成功，那麼亞馬遜中途加入蘋果這個一路領先，自七年前便全力開拓架起的智慧型手機市場，打從一開始就幾乎沒有獲勝的可能。

這並不是貝佐斯第一次投資失敗，他在九〇年代後半ＩＴ泡沫全盛時期所併購的網路公司，皆隨泡沫破裂而逐一破產倒閉。貝佐斯回憶道：「當時我覺得無比痛苦，就好像沒有打麻醉直接拔牙那種痛到你不省人事的感覺。」

但是不論事業上再怎樣挫敗，貝佐斯從未停止投資未來。

貝佐斯如此描述他不放棄的理由：

「就像打棒球一樣，當打者在球場上，爲了求得好成績而挑球揮棒時，打出全壘打的機率就會倍增，但同時被三振的次數也會變多。雖然我用棒球來比喻，但其實棒球不能與創業相提並論。因爲棒球揮出一記全壘打能得到的分數，最多是滿壘的四分，但是當商人在生意上魚躍龍門時，那項成功事業可以締造出一百分，甚至一千分的成績。所以想要在這個世界不斷成長，就必須不停地嘗試押注在那些你不知道會成功還是失敗的新事業上。」

這就是自貝佐斯創業以來，以長遠的眼光堅持提倡的企業經營思維的精髓。

貝佐斯今後不僅會持續投資公司內部事業，包括實體店面「亞馬遜書店」、無人商店「Amazon Go」、時尚部門，或是僅擺放高評價商品的網路商店「亞馬遜四星店」（Amazon 4-Star）等。本業以外，他亦挹注資金投資自動駕駛汽車新創公司Aurora、電動車新創公司Rivian等事業，而其打算染指銀行業務的謠言更是從未間斷。亞馬遜一直在改變他們的經營形態，並且傾注全力孕育下一個核心事業。

第六章

讓人憎恨的市集賣場

市集賣場是亞馬遜的主力事業之一，但對賣方來說，他們又是抱著什麼樣的心情在此平臺上做生意？消費者利用市集賣場，殊不知那裡其實充斥著各種愛恨情仇……

過度依賴的恐懼

松本隆文（化名）四十二歲，經營商品銷售事業公司，透過亞馬遜市集賣場販售自家公司生產的文具用品，品項不超過十種，一年銷售額達五千萬日圓，加上樂天與日本雅虎網站上的營業額，年銷售七千萬日圓。

松本的一週工時很短，大約十五小時，沒有聘僱任何員工，換言之就是只有松本的「一人公司」，如此便可締造七千萬日圓的年銷售額。順帶一提，他每月支付自己八十萬日圓的薪水。

松本在上班時間只需要將從中國運來的貨櫃商品寄給亞馬遜ＦＢＡ代爲保管，檢視銷售額，或是向中國工廠訂購下一批商品，將商品的進口與集貨至亞馬遜物流中心的業務全交由專門業者處理，松本不需經手，在亞馬遜網站上販賣的商品也全數從亞馬遜物流中心寄送，所以他也不用爲這些作業分神。

松本說：「的確，我實際工作的時間很短，但其實也一直不停思考：下一個商品要賣什麼？像我在網路上瀏覽、點看其他商品，或是在街上到處亂逛，都是爲了尋找下一個熱賣商品的線索。」

我與松本約在東京車站附近的茶館，聽他述說著像會被當成成功範例，刊登在產品販售祕笈上的親身經歷。

松本大學畢業後，在大型通訊企業的承包商公司上班。松本一直都很想創業，即使在公司上班，他也不斷思考利用網路創業的可能性，嘗試了各種副業。那段期間，他在亞馬遜市集賣場上，用一千五百日圓買了一本全新的商業書籍，迅速翻閱完畢後，又以一千三百日圓賣出，因此體驗了實際的買賣，認爲網路交易或許可行。

松本在三十歲時決定創業，離開公司，然而創業之路並非一帆風順。松本接受市集賣場的諮詢服務後，以「搭便車」的方式加入市集賣場。「搭便車」意指新加入的賣方所販售的商品與市集賣場上現有的商品一模一樣，但是由於許多業者販售同一件商品，所以無形間會形成一場折扣戰，從最便宜的商品開始出售，這是松本在此學到的第一堂課。

接著松本利用矽藻土製造吸水性優異的浴室腳踏墊，卻被後來加入的中國業者以「搭便車」方式販賣，而且中國業者還向亞馬遜投訴，指控松本所售商品涉嫌侵害他的專利權。不久後，亞馬遜要求松本停止販售。

松本對此回憶道：「分明是我先賣的東西，他告我專利侵權根本莫名其妙，所以我用剛才那番話向亞馬遜抗議，但是亞馬遜的態度就是希望當事人自行解決，對我的話充耳不聞。我的商品售價大概三千日圓，已經累積了四十多篇的評論，銷路也還不錯，一個月就算賣不好也能賣出一百張，梅雨季到入夏那個月甚至可以賣出將近三百張，算是熱門商品，所以當時我被迫放棄，損失眞的很慘重。」

爾後松本學乖了，得知「搭便車」買賣會有賤賣或涉及專利權的風險，於是他決定以ＯＥＭ（原廠委託製造代工）的方式販賣原創商品，並參加相關的研討會。

松本的做法是，先確立自己心目中的商品概念之後，前往中國縣級城市義烏市尋找廠商製造產品。義烏市距離上海四小時車程，當地有一座名爲福田市場的展示會場，有許多中小型製造商會在該會場展示產品，於是松本前往福田市場找尋可以製造符合自己商品理念的廠商，進行交涉。義烏這個地名一般人聽起來或許覺得陌生，但是對於那些在市集賣場販售OEM商品的賣方而言，卻是無人不曉的知名城市，如今松本每年必會造訪兩次。

松本說：「我心中的構想是找到能夠在亞馬遜、中國阿里巴巴、淘寶等網站上熱賣的商品，也就是可以登上銷售排行榜前幾名的商品，將生產線拉到中國去可以創造更多的利潤。如果再考慮到不需要提供售後服務、消費者買過一次之後還會再回購等種種條件之後，最後我篩選出文具用品。我會從那些大型製造商已經熱賣的暢銷商品中挑選，並調整、改造，就可以壓低價格。我的客群鎖定在可以接受品質稍微差一些、又想用便宜價格購買商品的消費者。」

在市集賣場，如果是原創商品的話，就不允許「搭便車」，只有製造的原創賣家可以販售。既然其他賣方無法「搭便車」，也就無須擔心價格崩盤。

如何才能獲得原創商品的認證？首先，商品必須附上原創商標，再連同商標一起向亞馬遜申請獨家商品的證明，待從亞馬遜取得原創品牌的認可，便可以推出獨家販售的商品。

松本有一些商品已經取得一百筆左右的評價。眾多賣方紛紛異口同聲表示，在亞馬遜做生意，評價非常重要。

「我有一個售價不到四千日圓的商品，目前得到一百零八筆的評價，大部分都是給五星。多虧這些評價，才能成爲暢銷商品，一個月賣出兩百件左右，要是沒有這些評價，我想可能幾乎賣不出去吧。」

我詢問過多位市集賣場的賣家，他們都表示消費者購買後寫評價的比例，平均賣出一百件才可能收到二、三筆評價。所以要取得一百筆評價，相當於要賣出二至三萬件的商品。賣家累積了相當長的一段時間，才取得商品的評價，得到回饋，所以評價對賣方而言是相對重要的資產。

松本所販售的商品除了得到多筆評價以外，還有多款商品附有「亞馬遜精選」（Amazon's Choice）的標誌。亞馬遜精選是二〇一八年夏天左右開始的制度，亞馬遜對此僅說明「亞馬遜精選推薦可以立即配送、高評價且價格合理的商品」，除此以外，再無進一步解釋。

松本如此推測：「『亞馬遜精選』的標誌後面會出現商品的關鍵字，就我的理解，這些關鍵字應該代表著熱賣商品。『亞馬遜精選』的標示每天都會有些微的變動，我個人的感覺是，當商品標上『亞馬遜精選』時，這段期間的營業額會比平時高一、兩成左右。」

松本在亞馬遜的銷售事業，大概是從三年前開始步上軌道。

「在那之前，我大約有十年的時間一直在不斷摸索，從錯誤中學習，也失敗過很多次。所以，與其說我滿足於現況，倒不如說我很害怕現在的營業額會不會某一天突然歸零。我家還有一個快要上小學的小孩要養，所以爲了能長期維持獲利，我必須經常推出新商品。」

另外，最近松本也正在嘗試擺脫對亞馬遜的依賴。剛開始松本對亞馬遜的依賴程度高達九成，目前他藉由在樂天、日本雅虎購物販售同一商品，成功地將對亞馬遜的依賴程度降低至七成，他希望今後可以再降到五成左右。

至於原因，松本說：「那時候因爲矽藻土浴室腳踏墊侵權的事情，我和亞馬遜溝通，一直感受到它反覆無常、不講理的態度。從此以後，我對於過度依賴亞馬遜這件事就一直很沒有安全感，認爲自己就像那塊浴室腳踏墊，只要亞馬遜承認中國業者的專利，不論那件事多麼不合理，你都無法推翻亞馬遜的裁奪。在市集賣場，亞馬遜就是掌控一切的『帝國』。相對地，日本雅虎或樂天至少是日系企業，就算發生問題，我個人認爲好好商談，還是有辦法解決，所以我現在最大的目標是脫離對『亞馬遜帝國』的依賴。」

如今松本在亞馬遜市集賣場一年有五千萬日圓左右的銷售額，其中大約有一半必須支付給亞馬遜，作爲販售、ＦＢＡ代寄、庫存保管等手續費。

針對這筆支付給亞馬遜的費用，松本說：「比起自己聘僱員工要輕鬆許多，再加上亞馬遜網站招攬客戶的力量，我想金額應該差不多吧。」

銷售額幾乎等同營業毛利

上一章曾提到貝佐斯說：「亞馬遜銷售額的一半以上來自市集賣場，利用市集賣場做買賣的業者當中，大約有十萬家公司年銷售額超過十萬美元。」亞馬遜在二〇一七年的年報中明確指出「市集賣場在全球創造出九十萬份的工作機會」。

在日本國內的市集賣場上，據說有多達數十萬的個人與法人在此進行交易。當中包含像松本一樣的私人經營業者，還有家電量販店淀橋相機（Yodobashi Camera）、電器藥妝綜合商場 BicCamera、服飾大亨 UNITED ARROWS（UA）、比利時巧克力製造商日本歌帝梵（Godiva Japan）等知名企業。

另外，在網路販賣家具的本家具、販售行動電源的 Anker、製造一旦離開身邊就會立即發訊通知智慧型手機的最小失物追蹤器吊牌的 Mamorio 等大家不太熟悉的企業，也是市集賣場的賣家，可見市集賣場上擁有各種企業規模與類型的賣家。

承上說明，由於亞馬遜可以從個人及企業賣方取得各種手續費，所以才會將市集賣場和尊榮服務與 AWS 並列爲經營三大支柱。當賣方利用 FBA 時，亞馬遜的物流中心便會產生業務需求，但簡單講就是「借人之力，成己之事」。利用賣方賺取獲利，既不用寫商品企畫，也無須籌備材料，擔心進貨，更不必顧及日本以外的進口業務；萬一賣不出去，庫存的責任也在賣方身上，有完全不勞而獲的優勢。

查看亞馬遜二〇一八年年報，市集賣場相關的手續費收入超過四百二十七億美元，在整體銷售額二千三百二十八億多美元中所占比例大於一八%。相對地，亞馬遜販售商品所得銷售額超過一千二百二十九億美元，占整體比例超過五二%，但對採取低價格路線的亞馬遜而言，販售自家商品所賺取的收入幾乎沒有利潤可言，如果將針對尊榮會員的補貼運費加總起來，光是這個支出缺口，便可能帶來虧損。

亞馬遜是靠市集賣場的手續費收入，來填補賤賣自家商品，及分擔尊榮會員減免運費的缺口。

市集賣場的總銷售額，幾乎可以說等同營業毛利。要是沒有市集賣場手續費的收入，不論是賤賣本業販售的商品，還是尊榮會員減免運費的優惠，都將難以維持。在此情況下，估計亞馬遜引以爲傲的爆發性成長也會因而減緩。同時，上一章亦提到，市集賣場賣家所銷售的商品總數，遠遠超過亞馬遜自行販售的商品數量，賣家如果從市集賣場消失，相信如今亞馬遜網站上的商品頁面會有天壤之別的樣貌，由此可見其重要性。

二〇一八年年報第一頁，刊載了市集賣場過去在亞馬遜整體公司總網路銷售中所占的比例。根據資料顯示，一九九九年市集賣場從占整體的三%開始起步，到了二〇一八年達五八%。二〇一八年市集賣場的實際銷售金額（手續費收入＋商品費用）大約一千六百億美元。

從一九九九年大約一億美元成長到約一千六百億美元，年平均成長率爲五二%。貝佐斯時常將「與其注重公司對手間的競爭，不如優先滿足顧客需求」這句話掛在嘴邊，所以亞馬遜向來不太與其他同業公司比較，不過在這篇報告當中，亞馬遜列出了以往視爲競爭對手的 eBay 數據作爲對照組。

同時期的 eBay 銷售額從二十八億美元增長至九十五億美元，年平均成長率停留在二〇%。二〇〇〇年代前半段，兩家公司相互較勁，競爭不斷，然而 eBay 現階段市值總額大約三百億美元。相較之下，亞馬遜的九千億美元，便如其檯面上的數字所示，壓倒性地大獲全勝。

比較數據之後，亞馬遜自問自答：「爲什麼獨立業者能夠在市集賣場上取得成功，而非 eBay？」

在年報中，亞馬遜如此回答：「因爲我們提供了自行投資與研發所構思出來最好的銷售工具，能幫助獨立業者與亞馬遜所經營販售的商品競爭、銷售，這項服務讓業者可以橫跨使用庫存管理、支付管理、追蹤配送貨物及跨國界銷售。在種種致勝因素當中，最重要的當屬 FBA 及亞馬遜尊榮服務的會員制度。我們透過這兩者的組合，而得以改善用戶在亞馬遜網站上，從獨立業者手中購買商品的體驗。」

亞馬遜單方面關閉帳號

那麼從賣方觀點來看，在亞馬遜市集賣場上販售商品有何優勢？

首先，最重要的是亞馬遜龐大的訪客數。這就相當於實體店面的位置，在人潮眾多的購物中心展店，與在鐵門深鎖、門可羅雀的商店街開店相比較，就算賣一樣的東西，銷售的好壞也大相徑庭。

根據網路流量分析工具「SimilarWeb」在二〇一九年四月調查顯示，日本電子商城的每月訪客數量中：第一名為亞馬遜的五億二千萬筆；第二名是樂天的三億六千五百萬筆，第三名則為日本雅虎購物的七千九百萬筆。亞馬遜居高臨下、無可匹敵的訪客數，才是賣方選擇它的最大原因。

其次，增設商品網頁的方法十分簡單，依照賣場設定指令即可完成。此外，亞馬遜還會協助訂單付款，每月分兩次匯入銷售款項，所以現金流周轉順暢。再者，將商品委託FBA，物流業務即可交由亞馬遜全權處理，且享有隔日到貨功能，比在亞馬遜的日本競爭對手樂天或日本雅虎等網站上銷售更為方便，網購平臺如入無人之境。

儘管市集賣場是亞馬遜自賣自誇的經營核心，也確實召集了許多賣家，但也有些人是抱著憤恨不平的心情，繼續利用市集賣場所提供的服務。

「能在最後危急的一刻免除破產危機，是我運氣好。」

說這番話的人，是在亞馬遜市集賣場上進行交易第五年的永井亮（化名），三十六歲。二〇一五年六月，永井註冊為公司法人，在東京都內借了一間民房，聘僱數名員工，全力投注在市集賣場上打拚，從事商品銷售事業。

那日，我上門拜訪永井的租屋處，屋內堆滿了待出貨的商品，有個小角落是商品專用的攝影棚，三名員工則擠在廚房裡，坐在電腦前專心處理訂單。

永井的公司在成立兩年後的二〇一七年六月，突然面臨差點破產的危機。在「賣方中心」這個頁面上，可以查看商品銷售數據，也是賣方與亞馬遜，或賣方之間的交流園地。有一天，亞馬遜從賣方中心傳訊給永井，主旨是永井所販售的商品「危害了智慧財產權及其他權利」，寄件人爲亞馬遜的「帳戶專員」。永井一開始以爲這中間產生了什麼誤會，回信後，卻收到亞馬遜決定封鎖他的帳號通知，頓時讓他不寒而慄。

永井當時在市集賣場上銷售將近五十種商品，所有商品都是以「搭便車」的方式販售。這是亞馬遜推薦的做法，因爲如果有許多賣方同時推出相同的商品，商品價格自然會下跌，消費者就可便宜購入。舉例來說，永井搭便車販售的商品當中有一樣是止吠的狗項圈。

亞馬遜聲稱發生了商品著作權的侵權事件，要求永井連繫著作權的權利人，兩造直接談判，待他與權利人之間解決問題之後，再請權利人連繫帳戶專員，撤銷權利人原先所提出的侵害著作權申請。

永井說：「剛開始我還搞不清楚到底發生了什麼事。我回信詢問哪一個商品侵害了著作權？權利人是誰？一概沒有回應，最後我回信提出改善方案，今後取消所有商品搭便車的販賣方式，卻收到『這種做法不夠完善』的回覆。亞馬遜從一開始就打算封鎖我的帳號，我們之間的連繫一點意義都沒有，行事相當惡劣。」

經過來回數次的聯絡，最後永井收到亞馬遜帳戶專員寄來以下的電子郵件：

「經由我們謹慎審查貴司所提出的資料及帳號，最後決定封鎖貴司帳號，特此函達。儘管貴司提出恢復帳號的請求，唯本網站主管部門決議，貴司所提供之資料無法充分解決本次案件問題，恕難以受理。」

這完全是單方面封鎖帳號的通知。永井加強語氣說道：「我個人認爲封鎖帳號就跟殺人沒什麼兩樣。在和亞馬遜溝通的那兩個禮拜，我的體重從八十公斤掉到七十四公斤，我家裡還有三個小孩要養，那時候眞的是進退兩難，不知道該怎麼辦。況且亞馬遜是市集賣場的『暴君』，我也無從違抗它的決定。」

到底發生了什麼事？

永井的推測，如下。

相較於賣方說的話，亞馬遜更重視消費者的聲音，這是亞馬遜將顧客擺在第一位特有的邏輯。所以永井猜測說不定是被他搭便車的賣方，假裝成消費者在亞馬遜訂購永井的商品，然後再客訴商品頁面的說明跟商品不符，例如投訴他收到的是仿冒品之類的。於是永井的帳號就被亞馬遜盯上，陷入帳號遭封鎖的慘痛損失。

永井會這樣推測，是因爲曾經有人用貨到付款的方式，訂購多種商品，且一次下單五十個，但是到貨後卻拒收。貨到付款的商品就算被拒收，訂購人還是可以上網塡寫商品評價。在那之後，永井立刻收到無數帶有惡意的評價。

賣方帳號遭封鎖或削除的事情，不只發生在永井身上。亞馬遜賣方交流園地的

「賣方論壇」上，就有好幾篇文章分享自己帳號被禁的經歷。例如，二〇一八年十月有一篇主題爲「出貨用的帳號被封鎖了」的貼文發出以下的哀號：

「從上禮拜開始，我出貨用的帳號被停用了。雖然我試圖挽救，最後還是被封鎖了。亞馬遜完全給不出任何讓人信服的解釋，我也只能忍氣吞聲，但是到底哪裡有疏失？提出的改善方案哪裡有問題？這些完全得不到回應，無從得知，說實話，我覺得很累……我已經盡我所能，提出最完善的應對方案，隔天卻還是收到亞馬遜『因未能提出適當的改善方案，已封鎖帳號』的回覆。究竟哪裡不足需要改善，從不明說。我震驚到雙手一直在發抖，冷汗直流……我聽說一旦被封鎖，就沒有復活的可能。但是如果以後有機會重新開啓帳號，我還是想知道到底出了什麼問題。有沒有人曾經遇過帳號被封鎖，後來卻成功復活了呢？還請不吝提供意見，感激不盡。」

這篇貼文在二〇一九年四月以前，點閱次數已經高達一萬七千次以上，投稿經過一個月，有將近七十篇的回文，顯示賣方高度關切此問題。

二〇一九年三月還有另一則貼文，其主題是「取消出貨資格處分～最後，我的帳號被封鎖了」如下：

「各位瀏覽論壇的賣方，大家好。首先感謝各位先前所提供的意見及指教。雖然我用盡了千方百計，最後還是被亞馬遜告知要封鎖帳號。誠如我多次聲明，我發誓從來不曾賣仿冒品給客人。

「事發緣由起因於某位客人留言，質疑我們的商品：『是不是仿冒品？』從（亞馬遜寄來的）書面文字來看，我猜那人只是一時心血來潮，隨口抱怨個兩句，但對重視涉及商品僞造留言的亞馬遜來說，不知道是不是這類發言違背了它的企業理念，多次要求我提出改善方案。截至目前爲止，我努力提供商品的貨源證明，卻依舊無效，事到如今，得到這種結論，眞的令人相當遺憾。被迫背負莫須有的罪名，我覺得好像被判了死刑。」

寄出封鎖帳號信件的署名，是尊爲「萬能之神」的帳戶專員，沒有個人名義，也沒有註明聯絡電話。永井借我看他與亞馬遜之間一來一往、冗長的電子郵件回應，再怎麼看這都是無解的一局。

商品評價是賣方的資產

在那之前，永井公司在亞馬遜的月營業額大約落在四、五百萬日圓之間。帳號被封鎖後，公司的營業額瞬間凍結，來自亞馬遜的現金流戛然而止。永井的倉庫裡還有許多待賣商品，也得支付員工薪水。

就算永井想重新開戶，另創一個新的賣方帳號，同一個ＩＰ位址也無法設立新帳號。後來一名同爲亞馬遜賣方的友人教他祕招：經由桌面雲（虛擬桌面）就可以另設新帳號。

於是永井變更經營者的姓名、地址、商號，另外設置了一個新帳號，將以往舊公司販售的商品，重新上架出售，這時大約已是八月中旬。然而，商品零評價，回給店鋪本身的回饋留言也是零。在這種從零起步的狀態下，即使推出同樣的商品也賣不出去。

「附有評價的商品頁面對賣方而言，是十分貴重的財產。我之前有一個熱賣商品，是老鷹造型的擺飾，用來嚇阻鴿子或麻雀不讓牠們靠近。這件商品已經累積了六十筆左右的評價，當你用『驅鳥』的關鍵字下去檢索，會出現在檢索結果頁面的最上方。這個老鷹擺飾以前一天可以賣出十五個左右，但現在即使重新上架，銷售完全不動如山。在亞馬遜，商品以往取得了什麼樣的評價？銷售多少？以及客人是經由哪些途徑尋得商品訊息？這些都會影響銷路，即使你販售同樣的商品，銷售情況也是天差地遠。」

二〇一七年八月底，永井向信用金庫及地方銀行信用卡分別借貸了一百萬日圓，用來支付員工薪水與應收帳款，那時他已經有破產的心裡準備。

永井回憶：「我太太從剛創業就跟在我身邊，幫了很大的忙，那時候我老實地跟她說，公司快要破產了，不斷地跟她道歉。」

但是，進入九月之後，新帳號發售的商品突然開始熱賣，終於有資金入帳，勉強恢復生機。

永井說：「那時候公司的銀行戶頭只剩下十萬日圓，超級驚險，眞的差點就要沒戲唱了。」

設立新帳號之後，永井放棄所有搭便車的商品，全心銷售原創產品。即使其他同業搭便車，販售永井原創製作的商品，他也隱忍下來，不表達任何異議。爲了不再次被亞馬遜盯上，他忍氣吞聲地默默做他自己的生意。

永井說：「因爲這次的糾紛，我變得很討厭亞馬遜，不僅退出尊榮會員，就連幫我女兒買的 **Fire TV** 遙控器（用來操控在電視觀看尊榮影音影片的機器），也送給我妹他們倆夫妻。我現在絕對不在亞馬遜上買東西，網購時我會去網購店商第二名的淀橋相機購買，聊表心意。」

——你今後是否打算停止在亞馬遜網站上銷售？

「如果可以，我當然不想繼續在亞馬遜上面賣東西，但我能力不足，實在沒辦法完全和亞馬遜切割，畢竟亞馬遜的集客力無人可及，你避開這個網站，就是拿不到營業額。本年度公司銷售額可以衝上八千萬日圓，我希望明年度可以成長兩倍，達成一億六千萬日圓的目標，兩年後目標是三億日圓。」

——這些銷售額當中，你必須支付亞馬遜多少費用？

「假設本年度在亞馬遜的銷售額是四千萬，我大概要支付一千二百萬左右，其中包括販售手續費、FBA使用費、廣告費用等。手續費不管是哪個網購平臺其實都差不多，但是自從我的帳號被封鎖以後，爲了降低對亞馬遜的依賴程度，我也開始在日本雅虎或au PAY市場（au Wowma!）等網站上販賣商品，現在亞馬遜在整體銷售額的占比已經降到五成。」

——你期望自己的網購公司發展到什麼樣的程度？

永井用自嘲的語氣說道：「我的目標是像『雅滋養熟成香醋錠』或『Q'SAI青汁』那樣，建立自有品牌，製造獨創商品，讓消費者可以在自家網站定期購買。這樣一來，我就不需要再繼續仰賴亞馬遜。但要製作這類商品，必須投入大量的資金研發，我光想到這些研發費用和廣告費，頭都快暈了，眞不知道什麼時候才會成功。眼下，也只能靠我最討厭的亞馬遜，努力擴大公司的規模。」

亞馬遜握有生殺大權

許多市集賣場的賣家指控亞馬遜掌握「生殺大權」，亞馬遜與賣方之間具有巨大的權力差異可說是再明顯不過。當一段貿易關係中存在著明顯差距時，監督強者，嚴防其對弱者提出不合理的商業行爲，是公平貿易委員會的職責所在。日本亞馬遜恣意妄爲，現在公平會是日本國內唯一出手嘗試阻擋亞馬遜過度操控市場主義的組織。

公平貿易委員會至今曾三次深入亞馬遜，進行現場調查。第一次是關於市集賣場的商業慣例；第二次涉及供應商的回扣。除了現場調查以外，公平會在其他的調查報告中亦指出，在電子商務網站這個場域，容易孕育出像亞馬遜的商務巨頭，發生濫用優勢地位的情形，需加強留意。第三次則是意圖讓賣方承擔點數專款資金的點數制度。

以往公平會未充分履行職責，遭衆人奚落爲「不會叫的看門狗」，如今態度驟變，成爲政府機關的衝鋒隊，嚴格監督亞馬遜的貿易行爲。

首先，列舉公平會調查市集賣場中「最優惠條款」（MFN）的案件。

《日經新聞》如此表述：「公平會指出，亞馬遜最晚從二〇一二年便開始要求旗下購物網站『市集賣場』的賣方簽署『最優惠條款』的合約，提供與競爭電商網站相同或更優惠的價格及更加齊全的商品。亞馬遜會調查競爭網站上的售價，發現若比旗下網站價格更低時，會以電子郵件書面或面談的方式，要求賣方遵守該條款規定。」（《日經新聞》二〇一七年六月一日）

公平會在二〇一六年至二〇一七年，調查市集賣場後才發現，市集賣場當中存在這條「最優惠條款」，要求賣方在其他電商網站與亞馬遜旗下網站推出相同商品時，必須以最低價格在亞馬遜販售。

公平會認爲此條款有加深電子商務市場競爭，阻礙新成員加入的可能，欲進一步深入調查時，亞馬遜主動於二〇一七年春天將最優惠條款自市集賣場賣方合約中刪除，並承諾不會加進未來的新合約當中，公平會就此終止調查。

長期追蹤相關議題的網路媒體記者說：「面對公平會的調查，亞馬遜展現恭順的低姿態，表示願意改正公平會指出的問題點，今後亦聽從指令，所以公平會便終止調查。雖然亞馬遜在各方面的態度十分強硬，但在《競爭法》面前，也只能豎白旗投降，我想這就是目前的現況。」

市集賣場的賣家方十分抗拒對外談論與亞馬遜交易的話題，或許是害怕對媒體開口會遭到報復或刪除帳號。

原本就沉默寡言的市集賣場賣家，遇上公平會的議題，更是閉口不言，不願透露任何隻字片語，儘管我向多名賣家提出採訪邀請，卻連遭數十家回絕，我想大部分賣家的想法大概是多一事不如少一事。

然而，總公司設在橫濱市的網購公司老闆久保田雄太（化名）聲稱，二〇一六年他曾向公平會投訴，市集賣場的最低價販售條款涉嫌違反《競爭法》。對此久保田說：「以前，『不可以在其他網站販售，用比亞馬遜更便宜的價格』之類的聲明，是置頂擺在所有賣家都一定看得到的位置，當時本公司也在樂天展店，而且在我們自家網站上也販售了相同的商品，所以那時候我就想，這應該涉及《競爭法》的相關規定，後來我告知亞馬遜的帳戶專員、技術支援和他們的營業負責人，表明亞馬遜如果不更改相關規定，我就要向公平會投訴，結果三方負責人的回應都是一副『你想向公平會申訴，悉聽尊便』的態度。」

於是，久保田在提前告知亞馬遜的情況下，向公平會提出申訴。久保田說他不清楚這件事是否影響了公平會後來的調查，但是那之後久保田所經營的公司，既無遭到亞馬遜報復，現在也持續在市集賣場上銷售商品。聽了久保田的話，我想多數的市集賣場賣家對接受採訪所抱持的恐懼心，不過是疑心生暗鬼，自尋煩惱。

接著，公平會出擊調查合作資金一案——亞馬遜要求直接批貨給亞馬遜的業者，必須從成交金額中提撥幾個百分比作爲合作資金的回扣給亞馬遜。公平會二〇一八年三月以濫用優勢地位爲由，深入亞馬遜調查。

《東洋經濟 Online》在報導中指出，某飲料製造商聲稱：「如果不答應亞馬遜的要求，合約條件可能會更糟，甚至有可能無法繼續跟亞馬遜交易。」（〈煩惱亞馬遜要求「合作資金」，合作業者的心聲〉〔アマゾンが「協力金」要求悩む取引先の本音〕二〇一八年三月十三日）

該報導指出，二〇一七年年底業者接獲亞馬遜通知，要求他們自翌年一月起繳回成交金額的二%。飲料製造商與亞馬遜協商，試圖免除合作資金回繳的要求，但終究躲不過。

適才的飲料製造商哀嘆：「亞馬遜說是爲了增加橫幅廣告，所以最終我還是繳回了二%資金，根據未來的商談情況，這項合作資金還可能在三月以後上調。如果爲了吸收成本而轉嫁到販售價格上，將會影響銷售量及銷售額。」

將二%銷售額作爲合作資金以現金回扣給亞馬遜，形同營業毛利率降二%，這不是一個可以讓人輕易點頭的條件。

關於本案，目前公平會仍在進行調查。

濫用優勢地位

此外，公平會亦就以亞馬遜爲首的電商網站壟斷，以及濫用優勢地位兩個面向展開調查。

二〇一九年一月，公平會發布網路購物的相關調查報告。報告中指出，使用者有集中在亞馬遜、樂天、日本雅虎三大電商龍頭所架設網站上開店的趨勢，當中有五至七成的賣方曾利用上述前三大公司。此外，有將近七成使用者回答高度依賴網站交易，無法輕言捨棄網購通路。同時，賣方中有六二%不滿意使用費率，不滿意付款方式的則高達八五%。

公平會負責調查的交易企畫課課長輔佐戶塚亮太，在接受我的訪問時說：「賣方對使用費率的不滿並不會立即套用《競爭法》中濫用優勢地位的項目，但是即便同樣在調漲使用費率的情況下，有賣方集中現象的電商網站，其濫用優勢地位的可能性比較高，所以爲了讓大家充分了解這一點，我們決定公布調查結果。」

公平會嚴厲的監督目光，投注在亞馬遜身上。

在這當中，公平會與亞馬遜展開了第三次的高手過招。

事情的開端緣起於二〇一九年二月二十日，亞馬遜變更合約條款，要求市集賣場賣方及直接進貨的廠商自五月下旬開始，以消費者購入金額的一%以上作爲點數回饋給消費者，且該點數回饋的專款資金將由賣方自行吸收。假設賣方在亞馬遜售出一萬日圓的商品，必須自行吸收最少贈與買方的一百點。一點數可以折抵一日圓，所以相當於賣方必須負擔一百日圓以上的費用。

對於這項政策的改變，賣方不滿的情緒高漲，紛紛在「賣方論壇」布告欄上，留下諸如此類的回應：

「以後（贈與點數）會不會從一%變三%，三%變五%，五%變八%，又從八%變一〇%？希望不會。我現在只要這樣一想，晚上都睡不著覺。」

「未經賣方同意，擅自強制執行，法律上沒問題嗎？」

「電商平臺的規定須受經濟產業省、公平貿易委員會等單位審核……想要表達意見，快趁現在向公平貿易委員會提出申訴，絕對可行。」

「眞的是有夠倒楣……說什麼『銷售會提高』這種不負責任的話，雖然訂單數量可能會增加，但實質利潤減少，任誰都能一眼看穿這個事實。如果眞的能提高銷售，不用等亞馬遜來強制執行，我自己早就先採用點數回饋了。根本是假藉贈與點數之名，行強制漲手續費之實。」

亞馬遜是可以匡列在「賣方論壇」上，發表負面言論的特定發言人的，由此讓人充分感受到賣方反對的情緒是多麼強烈。

公平會於二月二十六日宣布，將著手調查購物網站點數回饋的相關規定，同時了解以亞馬遜爲首的電商購物中心的經營公司，是否強行要求賣方遵行不合理的交易，亦即此番調查是在查明，要求賣方吸收點數回饋的資金是否符合濫用優勢地位的要件。

亞馬遜聲明「（點數制度）有利賣方擴大銷售機會」。然而，我覺得這個問題牽涉兩個層面。其一，對賣方而言，不僅必須負擔點數回饋的費用，能否擴大銷售機會亦未可知；其二，亞馬遜是否曾事先向賣方詳細說明點數回饋的經濟效益。如果不符合上述兩點，便極有可能認定爲濫用優勢地位。

公平會事務總長山田昭典在記者會上表示，企業端的說明如有不夠明確的情況，不排除根據《競爭法》第四十條執行強制搜查，展現公平會堅決的立場。（《日經新聞》二〇一九年二月二十八日）

《競爭法》第四十條指出，人稱「專爲調查設立的強制權限」，是公平會的「尚方寶劍」。公平會亮出讓「寶劍」出鞘的可能性，加以牽制，展開調查。

公平會委員長杉本和行在三月接受經濟雜誌採訪時，針對「亞馬遜要求賣方負擔點數資金的做法，公平會是否認定屬於濫用優勢地位的範疇」的問題，他這樣回答：「就一般情況而言，當線上購物中心經營業者爲求擴大利用，以造成商業合作對象虧損的不當方式，單方面變更貿易條款，可能會產生《競爭法》上濫用優勢地

位的問題。」（《鑽石週刊》二〇一九年三月三十日）

雖然杉本以一般情況帶過，但公家機關的高層針對目前搜查中的案件，發表如此深入的言論，相當難得，由此讓人感受到公平會對亞馬遜調查的積極態度。這篇在線上發布的報導，以〈公平會委員長放話！不容許GAFA「贏家通吃」〉（公取委員長吠える！GAFAの勝者「総取り」は許せない）的標題，引起轟動。

不知是否畏懼公平會的猛烈攻勢，亞馬遜四月十日以「變更原預定計畫」爲旨意，釋出重新設計的實施方針，撤銷讓賣方承擔點數資金的點數回饋案，將市集賣場的點數回饋改爲意願制；由亞馬遜直銷販售的商品，則以亞馬遜吸收的方式回饋點數。因此，公平會翌日以「違反的疑慮已消失」爲由，終止對亞馬遜的調查。（《日經新聞》二〇一九年四月十二日）

亞馬遜再次全面失利，敗陣在公平會跟前。公平會與亞馬遜之間的戰績，目前是公平會連勝兩次，仍在持續調查剩餘的一宗案件。

脫離亞馬遜的支配

正當採訪進展觸礁之際，我終於尋得一名願意以眞名接受採訪的人物，那便是中村大樹（三十五歲）。中村是二手書銷售公司「價值書店」（Value Books）的老闆，自二〇一四年起多次榮獲「市集賣場獎」獎項，以優秀店家爲名接受過亞馬遜的表揚。

當時我翻閱財經雜誌的報導，發現有些曾經獲得「市集賣場獎」的企業接受過採訪，因此我也向這些企業提出訪問的要求，但大多得到「亞馬遜首肯，我才願意接受採訪」的回應。想當然耳，我不可能得到亞馬遜的首肯，然而就在我快要放棄之際，中村回信說，他願意接受訪問。

我向中村解釋事情原委，他回答：「我想就算接受採訪，也不會被亞馬遜刁難。我是領了市集賣場獎，但手續費並沒有因此比較便宜，商品也沒有因而被刊登在網站最顯眼的地方。」

以豁達的心胸待人處事，似乎是這位創辦人的脾性。

中村自二〇一五年從東京某所大學畢業後，沒有外出工作，整天在家裡蹲，某一天突然開始二手書的「轉手買賣」。「轉手買賣」指的是在二手書店——日本主要是BOOKOFF——找尋便宜舊書，並在亞馬遜網站上以高價轉賣出售，賺取價差的行為。「轉手買賣」的模式早在亞馬遜市集賣場出現以前，便已悄然隱身在舊書買賣市場的角落。

然而，到了二〇〇二年亞馬遜於日本推出市集賣場以後，從BOOKOFF進貨再轉手於亞馬遜出售的人數急速增長，多到市場創造出「轉手賣家」的新用語來專指這類賣家。

我在《亞馬遜公司的臥底報導》改出文庫本時，為了添增內容，於二〇〇九年訪問了一名住在北關東地區的六十多歲男性，他家中的藏書將近八千本，每月的二手書在亞馬遜的銷售額超過一百萬日圓。

這位賣家一年三百六十五天，全年無休地工作，爲了進貨，每個月開車行駛三、四千公里，四處奔波，從早到晚忙著包裝與寄送。如此辛勞才賺取的收入，每年須從中支付亞馬遜三百萬左右的手續費，然而這名男子在亞馬遜販賣二手書的第六年，也就是二〇一一年年底驟逝，死因爲主動脈瘤破裂，享壽六十四歲。

中村爲了逃離「家裡蹲」的生活，經常跑去新宿的書店閒晃，因緣際會下，在那裡偶然發現一本書籍《利用平日五天的空檔時間，賺取二十萬日圓的方法》（週5末時間で20万円稼げる方法），書中不斷推薦副業的好，開啓他對網路轉售的興趣。尤其當他將從BOOKOFF購得的百圓二手書，在亞馬遜網站上以一千日圓高價出售後，更是難以自拔。中村開始轉手買賣的第三個月，月銷售額超過八十萬日圓，實際獲利三十萬，這時他便決定要繼續從事這門生意。

中村於二〇〇七年創立價值書店，創辦第一年年度銷售額便上衝八千萬日圓，在最新一期的財報中，年度銷售額更是超過二十一億日圓。其總公司設在長野縣上田市，商品出貨則是依賴三處的物流中心，由價值書店自行處理。除了主要商品的二手書以外，亦有販售CD、DVD。

中村說：「要是沒有亞馬遜，就算我有心創業也無力達成。我既沒有足夠的資金，也毫無經驗，更不具備編排、企畫的能力。所以我眞心認爲，對過去那個剛成立公司的我來說，幸虧有市集賣場才能助我一臂之力。」

在價值書店最新一期的財報中，銷售額二十二億八千萬日圓，銷售書量約三百五十萬本，這當中，樂天販售的數量約占五％，其餘的九五％全來自於亞馬遜網站。

以下為了方便計算，假設所有商品皆為二手書，也全在亞馬遜網站販售。圖書的販售手續費為一五％，分類交易手續費則是每賣出一本書另酌收八十日圓，少量交易的訂單成立基本費是每件商品收取一百日圓；大量交易則固定每月支付四千九百日圓的月費，沒有訂單成立基本費。

販售手續費：二十二億八千萬日圓×一五％＝三億四千二百萬日圓
分類交易手續費：三百五十萬本×八〇日圓＝二億八千萬日圓
月費：四千九百日圓×十二個月＝五萬八千八百日圓

價值書店一年支付亞馬遜總計約六億二千二百零六萬日圓的手續費。這個數字占了價值書店銷售額近三〇％。以上是最新一年的數據。當然，價值書店自創業以來，每年幾乎都以相同費率支付亞馬遜手續費。

——對於這個金額，中村作何感想？

「手續費絕對不便宜，但是如果我們自行架設網站，可能無法吸引足夠的客戶，出售相同數量的產品，這樣一想就可以理解，現在的做法最理想。簡單講，當客人上網找書時，關鍵在於那本書會以多高的命中率被檢索出來？現階段，不管是新書或二手書，你只要去亞馬遜，幾乎可以百分之百地命中而讓客人找到書。今後我們在架設自己的網站時，最重視的一點就是擴充我們的藏書量。」

目前價值書店有二百萬本的二手藏書，書目多達五十萬種。現在日本市面上流通的書目大約五十萬種，這表示價值書店備有幾乎相同數量的書目。中村說，等到書目增加到一百萬種，他想要架設自己的公司網站。

「如果我們擁有自己的網站，就不必再支付亞馬遜手續費，省下來的支出，希望可以回饋在售價上，用比亞馬遜更便宜的價格販售，或是針對大量購買提供折扣等。這是一個相當大的目標，我希望四、五年以後，我們的銷售量在亞馬遜網站與自家網站可以達到五五對分的比例。」

雖然價值書店長久以來仰賴與亞馬遜的合作才成長到今日的規模，但也終於在創業後第十年，尋得一條通往從亞馬遜「畢業」的道路。

第七章

假評價猖狂不絕

上一章談論了市集賣場賣家被亞馬遜「壓榨剝削」所發出的哀號。但在此同時，也有一群賣家背地裡耍弄卑劣手段，只求自己的產品大賣；還有一群評價寫手，藉由取得等價的報酬，推波助瀾。

「零圓採購」

「你問我，到目前爲止從亞馬遜管道，取得了哪些零圓採購的商品喔？」

上原浩介（化名）二十六歲，一臉得意洋洋地回答我的問題。

「有皮夾、T恤、鞋子、滑鼠、鍵盤、耳機、電風扇、手電筒、雨傘、泳衣、寵物玩具、小朋友戒尿布用的學習褲等等，其中單價最高的商品是行車紀錄器，八千九百九十九圓。前前後後我大概入手了三十樣產品吧，都是爲了要拿來轉賣。」

我與上原訪談的地點位在大阪市區某間飯店裡的餐廳。餐廳採光極佳，高聳的天窗，陽光灑落，營造出高雅別緻的氣氛。

上原一副滿不在乎的態度，嘴裡說出的言詞，一聽就是大鑽法律漏洞，看著他我總覺得格格不入。在那一小時的採訪期間，上原自始至終都在滑手機，他不是在回信，就是在LINE上傳訊息。我雖然覺得不可思議，卻也只是冷眼旁觀。

上原以在亞馬遜網站留五星評價作爲交換條件，取得免費的商品，並稱之爲「零圓採購」，也就是所謂的寫假評論。用「零圓採購」的話術包裝，聽起來像是一本正經的生意，但所作所爲卻是詐騙行爲。上原不管我有多困惑，繼續眉飛色舞地說道：

「我大概四、五個月前開始的吧。我從朋友那聽到亞馬遜有『零圓採購』的管道，就上網搜尋，發現臉書有好幾個社團，賣家會在社團裡貼出他需要評價的商品。那幾個社團我都加入了。

「我經常瀏覽這些社團的動態時報，如果看到覺得可以轉賣的產品，會先私訊聯絡發文者，請對方讓我寫評價。我找東西的標準大概是梅雨季前找雨傘，夏天音樂季開始之前找自拍棒這樣。賣家說好，我再上亞馬遜網站購買他指定的商品，到貨後上網寫評五顆星，之後再透過 PayPal 的付款服務，請賣家將我購買商品的費用全額退費。有的賣家很大方，除了全額退款，我還遇過多退我五百日圓的。」

——賣家是哪些人？

他回：「我猜啦！我猜賣家百分之九十九是中國人。雖然他們的日文可以溝通，但就是哪裡怪怪的，有時候聯絡到一半還會收到中文的回信，通常這時候我會用線上免費翻譯功能回信。」

——賣家通常會有哪些要求？

「第一個要求是在亞馬遜網站上，在購買的商品頁面留下五顆星的評價；再來是評價留言必須要寫下一定程度的字數，大約二、三百字；第三是盡量附上產品照片，差不多就這幾點吧。但是我絕對不會附照片。如果遇到要求我一定得附照片的賣家，反正他們大部分也會在中國的阿里巴巴或淘寶上販售相同的商品，所以我都是上谷歌搜尋照片，然後從這些網站下載照片，稍微修改一下再上傳。」

——如何處理那些免費到手的商品？

「全新商品的話，我大多拿到 Mercari 二手拍賣平臺或雅虎拍賣上賣，所以要是開箱拍照寫評價，就必須拆開包裝，已經拆封的商品怎能算是全新商品？最好賣的是耳機之類的小型家電產品，既不占空間，大概一個禮拜左右就能脫手。如果是市價五千圓的商品，我大概會以三千五百圓的價格販賣。反正我又不花一毛錢，賣多少就賺多少。認眞做的話，一個月大概可以輕輕鬆鬆賺進十萬日圓吧。」

——聽著上原說完這番話，我不禁好奇他做什麼正職工作？

「我嗎？我大學畢業之後，想說在網路上創業賣東西，嘗試了很多次，但本錢都花光了，所以現在投靠學長。」

接著我問上原哪一間大學畢業，竟然是東京六大名校之一。既然如此，他應該找得到正經的工作——雖然我心中如此想，但那是他選擇的生活方式，不用我這個外人多嘴。

在臉書召募評價寫手

許多用戶在亞馬遜網站上購物時會參考評價，那麼評價與消費者的購物模式到底有何關連？

一間美國大學曾針對亞馬遜的評價與購物模式，進行研究。

根據史丹佛大學德瑞克・鮑威爾（Derek Powell）教授團隊在二〇一七年於《心理科學》（*Psychological Science*）期刊上所發表的研究指出，亞馬遜用戶偏好購買評價數量較多的商品。擁有二十五筆五星評價的手機，和有一百五十筆評價、但平均只有二・九星的同一款型號的手機相比，亞馬遜用戶大多傾向選購後者。

五星評價的中位數是三，換言之，二・九星表示在平均值以下。平均值以下的評價數量越多，越能代表亞馬遜用戶對該商品的評價不高。然而，這些亞馬遜用戶卻強烈偏好購買附有許多負評的手機。鮑威爾教授分析八成是「從衆心理作祟」。

此外，根據美國調查機關的問卷調查顯示，九一％的消費者在網路購物時會參閱評價，八四％的消費者對於評價有著高度的信任，其效力就如同親朋好友推薦一般。再加上日本網路調查公司「我的聲音」（My Voice），於二〇一七年進行的線上網友推薦調查指出，民衆對於在網路上看到的網友推薦，勾選「相當信任」與「信任」的二選項合計超過五五％。至於參考網友推薦的熱門網站，第一名爲「價格網」（價格.com〔kakaku.com〕），其次便是亞馬遜的顧客評價。

如此看來，在亞馬遜上取得許多五星評價的商品自然暢銷熱賣。賣家只要花錢購買假評論，雖然會因而產生費用又耗時，但待日後銷售量提高，便能回本，這就是這群人打的如意算盤。

爲了尋找受訪對象，我也在臉書上加入了四個社團，例如「日本亞馬遜評價召募中」「召募 JP 亞馬遜評價寫手」等。我的臉書個人檔案裡，清楚標示自己是記者，而且動態時報上也轉貼或刊登了至今我寫的報導，所以申請入社時，我已經做好可能會被拒絕的心理準備，不過我提出的申請最後全數順利過關，我想他們對申請加入的新成員，大概沒有任何審核。這些社團人數大約一萬至二萬人，只需輸入名稱，便可以輕鬆地在臉書上尋得。我從社團成員中隨機挑選了數名受訪者，私訊傳送聯絡採訪的邀請函。

這日，我在品川車站內的星巴克訪問篠崎克己（化名），男性，三十三歲，他的名片上冠著日本無人不知的東證一部上市公司的大名。據說，他從事「零圓採購」已歷時二年。

「我用我太太、剛出生的兒子，以及自己的亞馬遜帳號寫五星評價，到現在三人份合計下來，已經累積了一百五十多筆。藉由這個方法，我拿過智慧型手機殼、藍芽耳機、錶帶、IQOS 電子菸、三部小型吸塵器、鞋子等，東西多到都快數不清。我覺得只要是能在唐吉軻德買得到的東西，都能用『零圓採購』免費取得。

「但必須小心，臉書的動態時報上也會參雜一些詐騙商品。像我曾經看過一則召募 iPhone X 或 iMac 評價的貼文，但是蘋果根本不可能找人來寫評價。還有要是搞錯商品下單還給了評價，最後也只會淪爲拿不回退款的下場。所以看到有人在召募超過二萬日圓的商品評價時，我都會先保守觀望。」

我自己就曾經在二〇一八年秋天，於臉書動態時報上看到一則貼文寫著「Volkswagen Polo，二〇一一年製，里程數八萬六千公里，三十萬日圓，PayPal全額退費」，當下我直覺的反應是「不用想也知道是假的」。

我問篠崎，既然他身爲大企業公司的正職員工，應該不缺錢，他卻回答：「這不是錢的問題，而是你可以不花一毛錢拿到這些東西這一點太吸引人了，讓我欲罷不能。」

篠崎透露，之前跟他有過交易的中國業者，最近每個月會免費寄一至二次的商品包裹給他。

「有一天我突然收到一則訊息，大意是問我『不知道今後可否定期將商品寄給我？就當作是我在亞馬遜網站上買的』，而且他說不用實際付款，也不用寫評論。所以從那之後我每個月會收到一、二次包裹，每件包裹裡大概裝有十來樣商品，像是耳機、智慧型手機的保護貼、攜帶型遊戲遙控器等等，只不過用得到跟用不到的東西混在一起就是了。你問他的目的嗎？我想對方大概是想弄成售出商品的樣子，藉機提高銷售排名吧。反正我沒有拒絕的理由，都會順手收下。」

我記得曾經在臉書上看過類似的貼文。

發文者的名字是「Aj Chen」。在他的人物簡介上，有一段自我介紹短文寫著「一步步，慢慢地，腳踏實地走下去」，同時標明自己是潮州市人，現居廣州市，畢業於早稻田大學。根據我的經驗，大多情況下這些名字、居住地、畢業學校全是假資料。不管是賣家，還是評價寫手，用的幾乎都是假名。在此前提之下所建立起來的交易本身，完美詮釋了這類假評論交易的可疑之處。

「大家好，平日承蒙各位的照顧。我們正在召募收件人，只需要地址，我們會寄送二至三件亞馬遜網站的商品（商品價值約五千日圓）。意者請直接私訊，謝謝。」

那麼，假評論實際上都怎麼寫的呢？

一部價格大約三千日圓的陶瓷電暖器，底下有一則假評論：

「★★★★★**對小巧的臥室來說剛剛好**

我的房間很小，以前雖然用暖桌，但後來想架一部電腦，所以想用其他暖氣設備代替暖桌，好巧不巧就讓我找到這部熱風機。不需要太大空間，也比想像中溫暖，對小臥室來說再適合不過，相當好用。」

這個商品有超過八十筆的評價，而且七成以上爲五星評價。

我在一個二千多日圓的「防丟尋物神器・鑰匙防丟器」的頁面上，看到這樣的評價：

「★★★★★輕輕鬆鬆就找回失物

我經常掉東掉西，汽車鑰匙或智慧型手機都能弄丟，所以我是買來給自己防呆用的。平時我的智慧型手機都轉靜音模式，所以就算不見了，也沒辦法拜託別人打電話幫我用鈴聲找手機，眞的很困擾。現在有了防丟器，東西不見一下就能找回，相當方便。」

這個鑰匙防丟器有四十筆顧客評價，五星評價占七五%。在我搜尋當下，歸屬於防止失物的標籤，並且榮獲「亞馬遜精選」的標誌。所有的賣家在人物簡介裡所塡寫的地址都是中國。（筆者註：爲避免指出特定作者，評價內容略有修改。）

亞馬遜難以查明

要成爲假評論寫手，必須具備三項條件：亞馬遜帳號、臉書帳號與 PayPal 帳號。

購買商品到取得退款的程序如下：

一、加入臉書亞馬遜假評論社團。

二、從動態時報取得想要免費入手的商品。

三、透過臉書私訊賣家，告知「想寫評價」的訊息。

四、私訊告知買家的 PayPal 帳號及亞馬遜會員簡介的頁面。

五、賣家通知商品的檢索關鍵字與商品照片等資料。

六、從亞馬遜網站購買商品。

七、將訂單編號告知賣家。

八、取得商品後，隔約一星期的時間，填寫五星評價。如有需求，填寫評價時，附加商品的開箱照片。

九、評價刊載後，將自己打入新評價的會員簡介頁面傳送給賣家。

十、賣家再經由 PayPal 將商品的購入金額退款至買家的銀行帳戶裡。

除購入商品和填寫評價，其餘的連繫全都在亞馬遜網站以外的地方進行，所以亞馬遜很難準確地判斷出哪則是涉及金錢交易的假評論。

我採訪過多個假評論寫手，常常聽到「假評論有賺頭」的論調，但是我第一次聽到這種說法時，心中就浮現了大大的疑問：「真的有那麼好賺嗎？」

的確，不用花一毛錢就能取得商品，但之後還要將這些物品上架，在 Mercari 或雅虎拍賣等網站出售，若有人購買，還得處理出貨等事宜，讓人不禁疑惑，從中賺取的金錢是否與這些人力與時間的付出相符？

我心中抱持著這個疑惑，直到我採訪到平山直哉（化名，二十七歲）。平山一邊展示他自己用 Excel 製作的表格一邊解釋：「其實沒什麼賺頭。」

平山是個上班族，在工作閒暇時間從事「零圓採購」。

平山製作的 Excel 表上標記著至今透過假評論得手的二十七項商品名稱、金額、填寫評價的日期、在 Mercari 上販賣的價格、運費等，寫得密密麻麻的。

二十七項商品在亞馬遜上的販售價格總計是七萬四千多日圓，這些都是「零圓採購」取得的商品。其中，最便宜的商品是智慧型手機 Galaxy S9 系列的保護貼八百七十日圓，最高售價則是藍芽耳機五千四百八十八日圓。平山將這些商品放在 Mercari 上販售，扣除手續費、運費等費用之後，實際取得的金額約一萬六千多日圓。儘管他在 Mercari 的賣場上還有一些商品沒賣出去，然而實際收支就是如此之低。

「首先是運費，還得花時間寄送。平日我上班，所以得等下班回家之後，或是週末六日才能處理出貨。我必須先依據商品的大小包裝好之後，再拿到郵局以包裹寄送。運費最貴的是健腹滾輪，要九百日圓。而且在 Mercari 上有議價的交易機制，有許多買家會提出降價的要求，像是『你降價，我就買』這樣。藍芽耳機在亞馬遜上要價五千多圓，而且有許多賣家同時販售同樣的商品，所以最終我用二日圓的價格出售成交，運費花了我三百四十日圓，結果我還賠了三百三十八日圓，真的是有夠蠢的。」

平山說他做了一個月就不想做了。

「考慮到人力與時間，我覺得一點都不符合經濟效益。如果我手上留下來的錢多個一位數，或許還會想繼續做下去，但說實在話，這一點錢根本沒有吸引力。」

我的疑惑得到解答，暗忖這才是現實情況吧。

首先，針對亞馬遜的商品填寫評價到拿回退款之間的一連串過程相當漫長，最短至少得耗費十天，之後才能在 Mercari 或雅虎拍賣等網站出售，賣出後還得出貨。如果這不叫不划算，怎樣才叫不划算？

儘管現實如此，在臉書的動態時報上尋求假評論的委託數量卻絲毫沒有減少的跡象，因爲對賣家而言，這是既廉價又有效的商品宣傳手法，畢竟他們沒有支付日本電視臺廣告費或網路廣告費的資金。

即使是假評論，靠人海戰術來累積自家公司商品的高度評價，對於提升商品的銷售還是有極大的貢獻。透過免費提供商品，就能取得五星評價，我想再也沒有比這更好康的了，而其中獲利最大的，莫過於委託假評論的賣家。

不被騙的辦法

「先不論這些賣家、假評論寫手的看法，假評論本身已經違反了亞馬遜的規章，更是扭曲亞馬遜生態系統的惡劣行爲。」如此侃侃而談的，是三十九歲的山本章。山本除了向亞馬遜賣家銷售促銷工具「亞馬遜速銷」（アマ速〔Amasoku〕）以外，自己更是亞馬遜市集賣場的店家「真實推廣公司」的老闆。

山本說道：「對認真做生意的店家來說，假評論是一種折磨。平日裡與我們有往來的店家，大家都相當憤憤不平。」

首先，違反亞馬遜的規章是什麼意思？

亞馬遜網站在「關於顧客評價」的說明中清楚記載：「我們不接受任何疑似促銷形式書寫的評價，當我們發現類似評價時，將由本網站逕自刪除。此外，一旦發現評價投稿涉及金錢交易，亦會這樣處置。」

當亞馬遜用戶透過金錢交易撰寫假評價，一旦事跡敗露，該用戶雖然可以繼續在亞馬遜網站上購物，但將無法填寫評價。這種情況，網路行話稱作「鎖帳號」，意思是帳號遭官方停權。

山本說，想要在亞馬遜的商品頁面上占得優先位置，評價是重要關鍵。

評價的好壞，會大幅左右亞馬遜的SEO（搜尋引擎最佳化）。舉例來說，假設搜尋藍芽耳機，頁面上會出現數百件商品。雖然都是極爲相似的商品，但在商品介紹的頁面上，出現在第一頁和最後一頁的商品，相形之下前者的曝光度就高出許多，相對地也更加熱賣。得到許多好評的商品，既能提升轉換率（瀏覽商品後實際購買的人數比例），商品排名也會往前進。也就是說，當SEO判斷爲熱銷商品時，就有機會刊登在首頁。

山本繼續說道：

「在亞馬遜販售商品，正常情況下，賣出一百件，平均可取得三筆左右的評價，再多也頂多是五筆左右。以這種平均值來看，一個月可以賣出五百件的熱銷商品，評價回饋大概在十五筆上下，二個月平均三十筆。所以，一個新產品才開始販售一個月左右，便取得三十筆以上的評價，是很不尋常的現象，而且仔細看這些商品的賣家簡介，大多是中國籍賣家，我甚至曾經看過一個月內就取得超過一百筆評價的產品。我想這些幾乎都是假評論的。

「老實的賣家腳踏實地做生意，認眞預估、計算第一個月賣出一百件商品的話，評價大概有幾筆，第二個月評價大概會增加多少筆……如此類推下去，結果卻因爲中國業者不擇手段取得假評論，讓這些認眞的業者排名不斷下滑，不僅商品越來越難賣，假評論主導商品優勢地位的情況更是屢見不鮮，更有業者抗議，他們的受假評論影響，銷售情況越來越差。假評論的問題對所有加入亞馬遜的店家而言，都會帶來嚴重的不良影響。」

那麼，亞馬遜用戶有辦法不受假評論欺瞞嗎？

日本3C專業雜誌《家電批評》編輯部記者松下泰斗表示，假評論問題大約於二〇一三年浮上檯面。如今亞馬遜網站上的假評論會如此猖狂，他認爲主因如下：

「自從市集賣場上有越來越多中國業者註冊開店、販售以來，隱形行銷的評價，也就是假評論的數量便有急速增長的趨勢。舉例來說，如果是日本大型製造廠商，尚有本錢支付亞馬遜正統的廣告費用，然而那些手頭上無多餘資金的中國新興商人，只好採苦肉計，走上隱形行銷評價一途。」

所謂的隱形行銷，是行銷策略的一種，意指分明爲廣告，卻以一般消費者推薦產品的形式來行銷，隱藏實爲廣告的事實，這完全是詐騙手法。

同時，松下還傳授分辨假評論的方法。

「若消費者想分辨眼前這則五星評價的眞假時，可以留意幾個特徵。第一，日文看起來是否怪怪的，像是用錯語助詞，或是標錯標點符號的評價要特別留心；第二是查看寫評價的買家至今寫了多少則評價，如果只有一筆，也要小心；第三，是否上傳跟產品無關的照片或影像；第四，評價的留言日期是否與商品正式的發售日期過於接近；再來，第五點是注意評價者的名字，像『山田太郎』這類太過典型，看起來就像是刻意命名成日本人名的也最好留意一下。

「還有，一件商品如果有超過一百筆的評價，而且全部都是五星，就不太正常。同樣道理，同一件商品的五星和一星評價出奇地多，這時也最好有所警覺。這有時候可能是產品剛推出，品質不良；有的則是用錢買來的五星評價，和消費者眞實感受的一星評價混雜在一起。一件良好的商品，在正常情況下，評價是以五顆星最多，其次是四顆星、三顆星這樣依序遞減下去，評價整體呈現一種類似英文字母F字形的走勢。」

就我的經驗來說，商品評價如果超過五十筆，我建議從最低的一星評價開始查看。雖然一星評價有時會摻雜一些離題，或是牛頭不對馬嘴的抱怨，但不會有人花錢去買一星評價，所以多半是消費者的眞心話。

我提問：今後假評論有可能從亞馬遜網站上消失嗎？

松下如此分析：「長久以來，亞馬遜不斷嘗試，努力消除隱形行銷評價的存在，也獲得了一定的成果，然而遺憾的是，亞馬遜今後還是無法擺脫隱形行銷評價沒完沒了的糾纏。」

問題沒被拆穿就不是問題

那些身爲亞馬遜假評論背後推手的人，他們的共通點是內心不太會有罪惡感。

當我詢問本章開頭第一位受訪者上原是否清楚寫假評論違反了亞馬遜規章時，他回答道：

「就算把出貨的時間也算進去，輸入一筆評價只要二十分鐘就能賺入二、三千，所以我純粹把它當作賺錢的工具。而且中國製的東西也不一定都不好，最近連萊卡相機的鏡頭也已經轉移到中國生產。我不覺得自己在做壞事。」

另一位居住在東京都內的青木琢磨（化名，三十四歲），從事亞馬遜網站假評論寫手大約半年時間，他一本正經地說道：

「就算違反亞馬遜的規章，我個人認為問題沒被拆穿就不是問題，也不覺得良心受到譴責，這完全是市場機制上存在的供需問題。」

——你所謂的供需是指？

「有人想透過編寫隱形行銷評價來免費取得產品，同時有賣家需要人手來幫忙寫評價，這就是各盡所能，各取所需。」

——你所寫的假評論可能會誤導亞馬遜的用戶，對於這點，你不會心有愧疚嗎？

「如果假評論眞的是問題，亞馬遜就應該設法建立一套系統，排除假評論的存在。再說，你不覺得被假評論欺騙的消費者，自己也有不對的地方嗎？就算是詐騙產品，我也不認爲買家百分之百就是受害者。自己下單買的東西，就應該自己負起責任。而且在亞馬遜網站購物，一個月以內可以退貨，如果覺得被騙，辦理退貨不就得了。」

我覺得這是徹頭徹尾的強詞奪理，一派胡言。

我為了取得日本亞馬遜官方對假評論議題的看法，曾多次提出採訪要求，卻依舊屢遭回絕，故而只好在此節錄一段日本亞馬遜公關總部，於二〇一八年八月接受日本網路新聞媒體 BuzzFeed 採訪報導時，就假評論所提出的長篇見解。

「亞馬遜十分清楚每天都有許多用戶會參考顧客評價，來決定是否購買商品。我們相當重視這方面的責任與義務，並且採取積極措施，以保護亞馬遜的用戶免受不當利用評價系統的干擾，同時捍衛顧客評價的可靠性。二〇一八年上半年在日本亞馬遜網站上，核實的非法評價比例不到整體的百分之一……目前亞馬遜除了事先偵測是否有假評論的存在，同時也已經在世界各地向一千多人針對非法評價的問題提起訴訟。」

這篇內容最引人注目的，大概就是最後「在世界各地向一千多人提起訴訟」的部分。

我上網檢索，發現目前為止美國亞馬遜在假評論議題上，已在美國海內外提出至少五起訴訟案件。

第一起是在二〇一五年四月，美國亞馬遜控告四間公司販售假評論給有此需求的店家；第二起是發生在二〇一五年十月，控告一千一百一十四名個體戶透過網路應徵撰寫假評論。個人編寫假評論，每筆可賺取平均五美元的報酬。

第三起發生在二〇一六年四月，美國亞馬遜控告某家公司以收費方式出售假書評，該公司以二千二百美元的價格販售一百本書評；第四起是在二〇一六年五月，美國亞馬遜控告三間公司利用所屬員工使用多頭帳號，在亞馬遜網站上針對自家商品，編寫假評論，每名員工前後寫了三十至四十五筆不等；第五起則是二〇一六年十月，美國亞馬遜認定美國某間公司及某歐洲賣家所販售的商品，其相關評價有五成以上爲假評論，因而個別提起訴訟。

綜觀這五起訴訟案例，被告人包括販售假評論的公司、書寫假評論的個體戶，以及購買假評論的公司。換言之，亞馬遜爲了杜絕假評論，不惜提起訴訟，全方面圍剿遏制。

此外，相當於日本消費者廳的美國聯邦貿易委員會（ＦＴＣ）在二〇一九年二月中旬，亦加入美國亞馬遜假評論的官司大戰，理由是ＦＴＣ判斷假評論會混淆消費者視聽。

ＦＴＣ針對美國亞馬遜網站上所販售的減重保健食品，控告賣家透過外部網站付費取得高分評價，除了向賣家求償一千二百多萬美元的高額罰款以外，並禁止賣家繼續宣傳無科學根據的功效等作爲和解條件。起訴一週後，全案由賣家同意支付全額罰款而告一段落。這是FTC第一次就網路假評論問題所提起的訴訟。這起爭議的背後，除了因爲減肥產品已經在美國國內造成社會問題之外，似乎也和這名賣家是個問題人物，過去便曾因假評論引發議論有關。

零圓採購手冊

如今我們已了解假評論違反亞馬遜的規章。那麼，在日本法律上，又會引起什麼問題？

熟悉假評論問題的律師川村哲二說：「隱形行銷評價有欺騙一般消費者之嫌，是近乎詐騙的擦邊球行爲。」以此爲前提，日本亞馬遜在日本法律上，可規範的對象有二大類。一是鎖定召募隱形行銷評價的店家，其次是書寫隱形行銷評價的評價寫手。

川村解釋：「針對以提供五星評價作爲交換條件，免費提供自家公司產品的店家，可利用違反亞馬遜規章或《民法》七〇九條（基於非法行爲之損害賠償），提出損害賠償之請求。至於評價寫手，由於隱形行銷評價本身牴觸《景品表示法》或《不正競爭防止法》（相當於臺灣的《公平交易法》）之僞裝標示禁止規定（第二條第一項），因此一般認爲能依據上述法條，依《民法》七〇九條及《民法》七一九條（共同侵權行爲人之責任）提出賠償請求。另外，當評價內容惡劣，符合詐欺罪或違反《不正競爭防止法》之違反罪時，亦得以刑事案件告發，提起告訴。」

在我查訪假評論議題期間，聽聞許多寫手帳號遭亞馬遜封鎖，仍舊可以購買商品，但寫評價的功能會被停權。

不少假評論寫手異口同聲表示，第一筆檢索就找到目標商品並直接購入的模式「最危險」。舉例來說，假設有無數個藍芽耳機賣家，某賣家委託寫手寫假評論。如果輸入正確商品名稱，立刻就能連結到默默無名的廠商商品頁面，抑或是輸入正確的網址連結，一下子就能找到商品，亞馬遜便可針對這類用戶，利用追蹤功能追溯其過往在網站上的所有動向，之後該用戶只要塡寫送出五星評價，便即刻宣判出局。

伊東修二（化名，四十五歲）才因寫假評論而免費取得十樣商品不久，帳號便遭亞馬遜封鎖，不過之後不久他又以「仲介商」的身分復活重生。

伊東說：「我大概是二個月前，開始從事仲介中國業者與評價寫手的副業，這種仲介性質的身分，我們稱之爲仲介商。有些中國賣家在蒐集評價業務上，人手不足，所以有委外的需求。我成爲仲介商，既不受亞馬遜規章的限制，也不需要用到亞馬遜帳號，所以不用像以前一樣擔心，害怕有朝一日可能會被亞馬遜發現，而且在賣家與評價寫手之間牽線，一天當中要做到十筆，甚至是二十筆都沒有問題。」

仲介商主要是接受中國賣家的委託，在臉書或 LINE 上發布需要人手撰寫假評論的商品資訊，記錄商品名稱、訂單編號、評價寫手的個人資訊及 PayPal 帳戶等，等到五星評價刊登後，再聯絡中國賣家將商品款項退還給評價寫手。

待上述所有程序結束後，伊東就會從賣家那裡收到佣金匯款。

根據伊東的說法，雖然他也會用臉書，但使用ＬＩＮＥ的頻率比較高。伊東加入的ＬＩＮＥ群組超過十個。群組名有「亞馬遜評價」或「亞馬遜免費轉售群組」等。

伊東接著說道：「我每件收取手續費五百日圓。第一個月我牽線了三十個人，所以賺到一萬五千日圓。跟自己寫評價相比，介紹一個人所花的時間，前後加起來大概十分鐘左右，效率超高，所以往後我會繼續做下去。假設每個月介紹一百筆，持續每月都能有五萬日圓入帳的話，一年就能賺得六十萬日圓，這是我現在鎖定的目標。」

基本上假評論違反亞馬遜規章，同時也是混淆消費者視聽的主要原因。我順便詢問伊東對這個解釋有何看法，卻得到文不對題的回答。

「但是，幫得到中國籍賣家，提升業績就好啦。」

我再次向伊東確認，是否清楚自己的行爲違反規定，他回道：「我知道啊。但是只要不露餡就好啦。這個工作很有趣，又能賺零用錢。」

評價寫手更換跑道改當仲介商的理由，不是只爲了賺零用錢。

現年五十八歲的飯島昭雄（化名），從事警衛工作，我和他約在名古屋車站附近見面時，他說：「我想多存一些老後的生活費。」「我待的公司幾乎沒有獎金，也拿不到退休金，我自己本身又有貸款，所以為了還錢，我必須身兼其他副業。」

飯島首先用二萬日圓買來《亞馬遜零圓採購手冊》（アマゾン無料仕入れマニュアル），加入「零圓採購」的行列。在這之前，飯島從未在亞馬遜上購物，所以他的首要工作是開通亞馬遜帳號。不過，當他購入十件商品後，有人推薦他「要不要買另外一本手冊」，也就是那本成為仲介商的手冊。費用一本三萬日圓。

「那時候我的帳號還沒被停權，但是我想與其做得那麼害怕，仲介商的工作反而更有效率，就改當仲介了。」

飯島不單單只支付手冊費用給手冊銷售員，當上仲介商之後，他還持續繳付顧問費。

現年二十五歲的上班族櫻井健司（化名），也是在購得成為仲介商的手冊後，踏入仲介商的世界。我們約在大阪梅田車站附近的咖啡廳見面。

櫻井說一開始他做了一些「零圓採購」，但二週後就遭亞馬遜封鎖帳號。之後他新設另一個帳號，同樣大約二個禮拜又被亞馬遜鎖住。在這段期間，他所投稿的假評論約三十筆，最多一天可以寫三筆假評論。

「我想應該是做得太過火了，才會被亞馬遜盯上。」

儘管藉由假評論賺錢之路短短一個月之內就被停權，但櫻井的聯絡通路從臉書發展到ＬＩＮＥ平臺上，得到越來越多的人脈。其中一人告訴他，有一本手冊在介紹就算亞馬遜的帳號被封鎖，還是可以利用假評論賺錢的管道，售價三萬日圓。櫻井立刻表示他有興趣，於是飯島也成爲一名仲介商。

「我的仲介對象共有四名中國籍賣家，一次手續費設定在四、五百日圓之間不等。二〇一八年十月開始之後，一個月內我就介紹了一百五十筆左右，所以平均一個月可以賺七萬日圓，而且在工作的休息時間或其他空檔之餘就能處理，我覺得拿來當副業很不錯。我想只要亞馬遜市集賣場繼續存在的一天，就會一直從事這個副業。」

我非常在意飯島與櫻井口中所說的那本成爲仲介商的手冊。亞馬遜的假評論已經夠光怪陸離的了，這類手冊產品也是一樣可疑，於是我也嘗試購買了一本手冊。這樣薄薄一本總計不過十頁的手冊，竟要價三萬日圓。

第一頁封面上面用紅色字體標示：

「※切勿將本手冊轉讓他人。

※我們有特殊的工具可以查出你轉讓他人，謹請留意。」

這裡所謂有「特殊的工具」，也不過是虛張聲勢。

這本手冊裡只標記了六件事。

一、何謂賣家；二、成爲賣家的事前準備；三、與主要賣家簽約；四、商品管理與顧客管理；五、召募評價寫手；六、向主要賣家報告。內容相當淺薄，沒什麼重點，就算用自己的方式開始，做個二、三天就能掌握。

假設身爲一名仲介商所收取的每筆手續費是五百日圓，這本手冊的價格相當於六十筆的工作量。

對我這個靠寫一本三百頁左右、賣一千五百日圓上下的紀實作品，賺取固定版稅過活的人來說，只覺得這是一本讓人唾棄的詐騙手冊。

在離別之前，櫻井跟我分享了一項頗有意思的消息他天眞地說：

「這件事是賣手冊的人主動提起的。他問我要不要將這本手冊賣給其他在LINE上面認識的評價寫手，勸誘他們轉當仲介商。假設一本賣三萬日圓，製作手冊的人可以拿到一萬日圓，剩下的二萬圓則是由相關的人對分，當作自己的收入。賣手冊的人有很多下線，只要賣出越多本，就能得到一筆可觀的收入。」

爲了確認正確理解櫻井的話，我畫了一個金字塔，塔頂是手冊的製作人，並用直線代表現金流，由下往上勾畫上去，「這樣對嗎？」我問櫻井。

「沒錯。」他回道。

就連我這不熟法律的外行人聽了，都知道這是非法行爲。這分明就是典型的老鼠會，有違反老鼠會防治法（《多層次傳銷管理法》相關條文）的嫌疑。

我總覺得亞馬遜的評價似乎具有不可思議的力量，可以吸引魑魅魍魎聚集。

第八章

AWS夢想當AI主播？

亞馬遜的利潤大多來自AWS事業，日本多家企業公司導入AWS系統。不知不覺間，不僅新聞標題，就連報導都是由採用AWS系統的AI撰寫，由AI來朗讀廣播新聞。

下新聞標題

《朝日新聞》的資料庫中，保存了過去三十年以來，所累積下來的九百萬則新聞標題與報導。《朝日新聞》認爲藉由在AWS上，應用深度學習的應用程式，這些資料就不單單只是「舊報導」，或許可以成爲公司未來的「藏寶山」。

AWS是亞馬遜經營的雲端服務，主要服務對象爲公司法人。用戶無須實際添購或自架伺服器，透過網路連線，即可在線上架設虛擬的伺服器，或建立保存大量資料的儲存器、資料庫等，提供多元服務。

《朝日新聞》媒體實驗室工程師田森秀明表示：「本部門現在全力投入AWS領域的使用，希望藉此提高自動校對、自動產生標題或摘要等新聞作業的效率。」

通常，要完成一篇完整的新聞報導，記者必須先撰稿，交由編輯臺校對修改，經由校對程序，才能上報刊登。校對程序包含改錯字、刪除贅字、修改句子前後順序，以及分配文章段落等的調整。

《朝日新聞》的自動校對程序，是以記者所寫的初稿及編輯臺修改後的校對稿爲一組，保存在AWS的「S3」（Amazon Simple Storage Service，亞馬遜簡易儲存服務）儲存槽，再透過自家報社研發的應用程式，自動校對、修改記者所寫的稿子。

舉例來說，假設記者原先寫的文章內容是「移居大阪府老年人的兩倍」，經由AWS上的自動校對程式，可以修改成「多達移居大阪府六十五歲以上人口的兩倍」。

田森如此說道：「報社保有的稿件是修正後的校對稿，記者所寫的初稿長久以來一直沉睡在記者的電腦硬碟裡。然而，在我們推動的這項企畫當中，記者所撰寫的新聞初稿是相當珍貴的寶物，所以我們不斷拜託其他部門，務必連同記者的初稿與校正後的校對稿一起提供給我們。我們向前端單位提出無理的要求，拜託他們保留三年份的資料。至今那些被當作不具價值的原稿資料，保存容量已變得相當龐大，連同這些資料與已經儲存在電腦裡的資料，用來建立深度學習系統進行分析，原先無用武之地的資料，也能發揮巨大的價值。我們目前正在針對自動校對引擎的部分申請專利。」

舉例來說，利用自動校對引擎，輸入「磁浮中央新幹線即將開通，今後預計從名古屋延申到大阪」的句子，會自動將錯字改掉，改爲「延伸」。另外也可以從「熊谷署設立百人陣丈的專案小組」挑出錯別字，修改爲「百人陣仗」。

爲了提高校對的精準度，《朝日新聞》接下來幾年，還必須持續蒐集記者的原稿與修改後的校對稿，匯入應用程式中，使其不斷學習。

至於標題的自動生成，已累積了三十年以來的資料，所以幾近完成。

以下並列二組四則標題，一組是編輯想出來的標題，另一組是AWS編排的標題。

猜猜哪一組才是AWS創造出來的標題？

一、日比谷圖書館移交千代田區管轄，都教委（東京都教育委員會的簡稱）正式同意

二、「上司職場霸凌」海自（日本海上自衛隊的簡稱）事務官提告

三、支援育兒設施，搬遷至閒置店面和歌山布拉庫力丁（ぶらくり丁）商店街

四、鶴岡的晚秋風情「松木樹幹包覆草蓆」

（一）東京都與區公所正式同意，日比谷圖書館移交千代田區管轄

（二）海上自衛隊事務次官控告職場霸凌，佐世保「因壓力停職」

（三）以閒置店面作爲育兒據點，地點在和歌山商店街，明日啓用NPO設施搬遷

（四）鶴岡松木也要預備過冬，於樹幹「包覆草蓆」

田森說：「第一組的四則標題其實是AWS的傑作。我們拿給報社內部編輯看，大多數都贊成第一組的標題比較貼切。」

據說今後還會增加一些新功能，例如可以根據同一篇報導內容，在五秒以內配列出十則不同標題；或在設計標題時，增設網路發文常見的字數限制，例如以十、十三、二十六的字數限制，處理教職員工時的問題時，會得到以下的結果：

（十字）教職員長時間工作問題

（十三字）教職員長時間工作之勞務分工

（二十六字）教職員工作時間長，文部科學省決議重新審視教師勞務分工

利用AWS，可在短短數秒以內完成這個挑戰。

《朝日新聞》計畫先在報社內部，推動、實踐上述自動校對與自動標題生成等企畫，待一切穩定，二、三年後再從公司內部實踐進一步推廣，對外販售。實際販售時的推廣客群，可能會以業餘的寫手爲對象，例如部落客或外國人等。

——請問《朝日新聞》何時開始有利用AWS的想法？

該報社資訊技術總部開發部的落合隆文說道：「報社自二〇一三年成立『媒體實驗室』以來，便發揮實驗精神開始利用AWS。從二〇一五年以後，在我們設立新的網站業務時，已經很習慣使用了，像報社經營的貓狗寵物資訊網站『sippo』就是在AWS上運作。資訊技術部門在報社內比較特殊算是，所以在用大筆經費購買伺服器上，我們多少還是有所顧忌。而且，新興業務剛起步，規模雖然不大，但未來若能擴大發展，屆時就可以增添名實相符的伺服器容量，那樣才有魅力。

「當然，物美價廉、速度快也是AWS的優勢之一。使用虛擬伺服器，可以壓低網站終端（代管網站服務的主機配備，或是在主機上執行的處理等）的成本，節省比例高達九九％以上，所以我們能夠壓低成本，又可以架設新的虛擬伺服器，

只需短短數個小時，便可以執行新的服務。」

AI記者撰寫新聞稿

現在不只《朝日新聞》利用AWS，讓新聞業務更有效率。《日本經濟新聞》於二〇一七年一月開始利用「AI記者」編寫部分企業的財報報導，這是日本史上第一次利用全自動化的AI來撰寫財報摘要。日本大約有三千六百家上市公司會公布季報，整年度換算下來，報社必須產出將近一萬五千則的財報報導。

隸屬《日本經濟新聞》數位事業B2B單位的藤原祥司，在「二〇一七AWS東京高峰會」的演講中提到：「眞人記者很難即時完成所有上市公司的財報新聞稿，但是如果利用AWS，只需短短二分鐘即可完成一篇報導，就算是在高峰期，一天有多達一千多篇的財報公告，也能消化應對。本報社的證券部門記者一人大概負責五十到七十家企業，假設一年有季報，他們每人最多必須完成二百八十篇的相關報導。以往我們會先選出兩成左右的主要企業公司，以快訊的方式刊登財報的新聞，剩餘的八成則是在日後彙整報導刊出。然而，我們認爲以往這八成、未列入即時報導的非主流企業所公告的季報也有快報性的需求，因而開始啓用『AI記者』的力量協助。」

《日經新聞》會著手開發AI記者，緣起於二〇一四年《美聯社》所發布的一篇關於開始自動生成新聞稿的報導。日經公司內部從二〇一五年開始準備。首先，該公司數位相關部門的年輕工程師，在公司內部聊天室，針對使用ＡＷＳ實踐ＡＩ記者的可能性交換意見，接著同年十二月和東京大學專攻深度學習的松尾研究室攜手共同研究。二〇一六年八月完成基礎模型，接著於十二月完成測試版本。於是，二〇一七年一月ＡＩ記者登場。

ＡＩ記者導入後的前四個月，《日經新聞》便發布了六千七百八十七篇的財報新聞。

其中一則新聞是，中古高爾夫用品連鎖店「GolfDo!」，於二〇一七年五月十五日所發布的財報。公告時間爲下午四時，相關新聞稿〈GolfDo!二〇一七年三月制會計年度財報，淨利八千一百萬日圓，增長一二・五％〉於二分鐘後便上線發布。

以下爲該新聞稿之內容。

「GolfDo!十五日發布二〇一七年三月制會計年度合併財報，淨利八千一百萬日圓，較去年同期增長一二・五％；銷售額四十九億日圓，較去年同期增長一一・五％；營業利益一億三百萬日圓，較去年同期增長四五・一％；毛利一億六百萬日圓，較去年同期增長四五・二％。

「『GolfDo! online shop』銷售額已創下連續三十二個月超越上一年度的成績，帶動『GolfDo!』直營店及連鎖加盟店業績成長。『GolfDo!』直營事業今年每個月的消費者單次購入金額，皆優於去年同期，十月以後，每月消費人數亦較去年同期成績優異，二手俱樂部的買賣交易整年度同樣較去年更穩定成長。

「預估二〇一八年年度淨利一億日圓，較去年同期增長二三．四％；銷售額五十四億日圓，較去年同期增長八．七％；營業利益一億三千六百萬日圓，較去年同期增長三一％；毛利爲一億三千三百萬日圓，較去年同期增長二四．五％。」

這篇新聞完全沒有靠任何人力介入便完成。

財報新聞的文章架構主要有二大重點：第一是關於利潤、銷售額等營收數字；第二則是概述營收成績的原因。此篇報導在最初及最後一段描述營收數字相關資訊，並在中間的第二段落概述營收成績的原因。

想要製作羅列營收數字的文章並不難，困難的是陳述營收成績的原因，這必須解讀財報短文中所列出的相關訊息，從中準確擷取重點作爲營收成績原因並進一步做總結摘要。

《日經新聞》設計了一套演算法，從財報短文及過去《日經》報導中，節選出提及營收變動成因的句子，讓AI學習，藉此提高利用AI生成新聞稿的可行性。

就產出財務新聞稿的流程來說，先將東京證券交易所即時資訊服務上所發布的財報短文，匯入《日經新聞》內部的實體主機，再經由AWS直接連上服務的專屬線路，將這些資料連結到AWS，並儲存於S3儲存槽中。架設在虛擬伺服器上的專屬應用程式，便會針對這些資料進行解讀，並產出財報新聞稿，之後再透過專屬線路將所生成的新聞稿傳輸至《日經》端的主機。於是，完成的財報新聞稿便會在《日經》電子版或付費資料庫「日經TELECOM」上發布。

藤原說：「我個人認爲AWS服務很適合作爲執行這項任務的基礎設備。一旦開啓機器或深度學習，我們不知道計算量或累積的資料會有多龐大，所以像AWS這樣可以根據用戶所需要的基礎設備來調整空間容量，與AI之間具有高度的融合性。」

藤原針對利用AWS來進行財報報導的優點及缺點，做出以下評語：

「缺點是日文流暢度不夠，同時也不具備記者實地採訪，揭發內幕的獨創性。優點則是正確性，不會像人類一樣弄錯數字，此外在處理量及速度方面，AI狂勝眞人記者。

「但是我們並不認爲AI記者會搶走眞人記者的工作，而是希望將快報或固定形式的業務交由AI記者去處理，眞人記者就可以利用這些多出來的時間，去研究、分析，根據獨家訪查資料，製作特別報導或是專案題材。」

對外販售多餘的空間

美國亞馬遜於二〇〇六年提供AWS服務，日本亞馬遜則於二〇一〇年開始。

若要討論亞馬遜推出AWS的契機，就要回溯到亞馬遜解決公司內部問題的過程。自創業以來，亞馬遜內部一直努力累積龐大的顧客資料和過去的購買資訊，並藉由分析這些資訊，來精準預測顧客需求。同時，他們必須儲存大量的數據，以便計算支付給推廣者的報酬。所以長期以來，亞馬遜都是以滿足自家業務需求爲基準，投注資金建立一套獨創的主機。

最後，他們爲了解決自家問題所提出的方案，在網路上架設一套得以保存上述數據資料的虛擬伺服器。將那些自家用不到的多餘空間借給外部使用的想法，則是開啓AWS服務的大門。所以，和那些一開始便設計爲外銷專用的系統相比，AWS更能壓低初期投資成本，從而可提供廉價且極爲方便的服務。（《DIAMOND Chain Store》雜誌二〇一七年十二月一五日／二〇一八年一月一日）

那麼，何謂包含AWS在內的雲端服務？

通常，企業使用電腦時，需要主機。以往使用各種網站服務、電子郵件、資料備份，或業務相關的商業應用程式時，都必須先購入主機等硬體設備。

然而，採購主機還得面對一連串繁瑣的前置作業。主機的價格從數百到數千萬日圓不等，費用昂貴，所以通常公司必須擬定符合購入金額的企畫書、獲利預估等資料，再挑選得以實現上述計畫的主機，最後決定採購與否。而且，一部主機壽命通常大約四到五年，屆時又必須重新採購更換。

此外，採購主機時，必須請硬體設備企業報價、與之協商、簽訂契約，最後才會進入採購階段。同時，企業必須事先確保擺放主機的空間。購入後，主機要能正式運轉，至少得耗上一、兩個月。同時，一般會依照業務高峰期的需求，來選購高規格主機，所以主機平時的運轉率大概只有五成左右。換言之，平時主機的規格會有儲備過剩的情況。擁有實際的主機，不僅花時間、力氣、金錢，設置主機本身更不會創造一毛利潤。也就是說，主機對企業雖然不可或缺，但同時也是一件勞心費神的幕後業務。

讓上述過程變得更便宜、快速、簡單的救星，就是AWS這類雲端服務。

透過AWS架設伺服器，只需要開啓專用畫面，點擊幾下滑鼠即可完成，花不了幾分鐘。此外伺服器的容量可以自由選擇，所以也不需要多餘的儲備，再加上是根據使用時間及容量來收取費用，所以初期不需要採購主機本體的經費，也沒有多餘電費等使用支出，全部費用只有在AWS上用多少、付多少的使用費。

AWS這樣描述自己「AWS的優點之一是可擴充性」，來呈現可根據當下需求來調整伺服器容量的功能。舉例來說，手機的線上遊戲流量暴增，通常發生在中午十二點至下午二點這段休息時間。遊戲公司平時只需要兩部伺服器即可順暢運轉，爲了因應上述情況，遊戲公司可以在AWS上設定，平日正午至下午二點這段期間，將伺服器的數量增加爲三到四部，下午二點過後再將伺服器的數量恢復至平時的兩部。包含AWS在內的雲端服務，就能如此靈活的運用。

從「雲」降下的及時雨

此外，亞馬遜更在AWS加上更多原創功能，像是運用AI的文字轉換語音服務「Amazon Polly」，可輕鬆爲應用程式建置影像解析的服務「Amazon Rekognition」，以及可用於文字轉錄等具備將語音轉換成文本功能的應用程式「Amazon Transcribe」。AWS 提供各種新服務及功能的改善，光是二〇一七年這一年就多達一千四百三十件。

雲端服務的名稱來自於原谷歌執行長艾瑞克・施密特（Eric Schmidt，現任谷歌母公司「字母」〔Alphabet Inc.〕的技術顧問）二〇〇六年的發言：「這跟瀏覽器的種類、連結手段、個人電腦、蘋果 Mac，還是手機，一點關係都沒有。就像一朵『雲』（雲端）一樣，只需透過巨大的網路連結，就能及時享受它所帶來的利益，也就是說現在是個承蒙從雲端降下及時雨的時代。」

二〇〇六年誕生的 AWS，第一次以部門類別發布銷售額的年分是在二〇一五年，當時是往前回溯，連同過去二年的業績一起公布，所以 AWS 業績首度曝光的年分爲二〇一三年。二〇一三年營收成績三十一億八百萬美元，二〇一八年銷售額爲二百五十六億五千五百萬美元。短短六年，AWS 銷售額成長超過八倍。

誠如第五章所提，比起銷售額更爲重要的是 AWS 的超高毛利率。AWS 在二〇一七年度的毛利爲四十三億多美元，亞馬遜整體毛利爲四十一億多美元，換言之，若無 AWS 獲利，亞馬遜在二〇一七年便會呈現營業虧損的窘況。AWS 二〇一八年毛利爲七十二億多美元，占整體毛利一百二十四億多美元將近六成。對亞馬遜的營運而言，AWS 就像是一隻會下金蛋的母雞，正因爲有 AWS 創造出來的利潤，亞馬遜才能不斷投資培育無人商店、智能音箱、亞馬遜生鮮、時尚部門這些下一隻會下金蛋的母雞。

從雲端市場整體來看，AWS身處在哪個高度？

根據美國資訊科技研究及顧問機構「顧能」（Gartner）的調查顯示，截至二〇一七年，雲端計算市場第一名爲AWS，市占率占五一％，傲視群雄。第二名是微軟Azure的一三％，第三名阿里巴巴是四％，第四名則是谷歌的三％。排名前四名的公司占去七成市場，形成寡占市場的局面。

這裡最重要的一點是，亞馬遜以網路零售業者的身分打造出AWS，在雲端這門IT領域中，超越微軟、谷歌等IT出身的企業，獨自走在世界前端。

二〇一八年，貝佐斯曾經說過AWS會締造出這等一人獨勝的局面，完全是「先驅者優勢」：

「和同行業者相比，這門事業我們磨了七年。在IT產業的世界裡，先驅者優勢能有二年就已經算是幸運。（九〇年代）亞馬遜公司剛成立二年，邦諾書店隨即開設了網路書店，Kindle與智能音箱也都是在成立二年後便有類似產品問世。像AWS一樣，七年之後才有同行業者仿效的產品，在發展快速的網路產業當中，相當不可思議。」

我在此查明其中的事實關係：亞馬遜於二〇〇六年開始提供AWS服務；第

二名的微軟則是在二〇一〇年推出Azure，兩者相差四年。然而，就如前文所述，AWS包含公司內部開發，大約耗費了三年的準備期間。貝佐斯口中所言七年的先驅者優勢，大概是已經算上那三年的準備期。

AWS獨自遙遙領先的另一個理由，是它打破了資訊系統產業向來不降價的商業習慣。例如，AWS自二〇〇六年推出服務以來，至今費用調降超過六十次。

這些降價攻勢當中，隱含著貝佐斯的經營哲學。

二〇〇六年，AWS的核心虛擬伺服器功能「EC2」的負責人希望將費用定爲一小時十五美分，貝佐斯下令「降到十美分」，但負責人解釋這個價錢長期下來會造成公司虧損，貝佐斯不顧反對，只回了一句：「正合我意！」貝佐斯是想要藉由盡可能壓低毛利率，製造對手微軟、IBM、谷歌等公司對加入戰局裹足不前的環境，藉以在這段期間搶奪市占率，奠定AWS的地位。結局便如世人所知，貝佐斯如願以償。（《貝佐斯傳》）

貝佐斯最初在亞馬遜創業時，便從與圖書界龍頭邦諾書店及第二大疆界連鎖書店（二〇一一年破產）之間的暢銷書折扣戰當中，習得商業上的「眞言」——價格降得越低，越能贏得更多客戶。而這句眞言，在二〇一〇年以後加入雲端產業混戰之際，亦發揮了作用。

現在全世界利用AWS的企業已經多達數百萬家，其中更包括美國國家航空暨太空總署、美國中央情報局等政府機關。早期用戶以影音串流發行事業公司網飛、民宿共享服務 Airbnb，或是線上音樂服務 Spotify 等新創公司居多，如今用戶名單上更加入了巨型銀行集團 HSBC、高盛集團、嬌生、輝瑞藥廠、美商奇異公司等知名企業。

日本國內客戶數量已超過十萬家公司，用戶包含迅銷、NTT東日本、NEC、索尼銀行等大型企業。

踏進亞馬遜辦公室大門

此次撰寫本書，我最容易取得的採訪資料就是 AWS。過去 AWS 高峰會的演講資料，不僅可在亞馬遜網站上取得，演講的影片更已上傳 YouTube。此外我還以記者身分註冊，連續三日親自參加了二〇一八年 AWS 東京高峰會。

接著，二〇一九年二月我爲了參加專爲 AWS 新手舉辦的免費培訓課程，首次踏進亞馬遜辦公室的大門，地點位在目黑車站附近。隔週我立刻收到業務人員的追蹤電話，同時還收到負責人具名且彬彬有禮的電子郵件：「在導入 AWS 服務之前，如您對 AWS 服務的預算或服務內容細節等相關內容有任何疑問，我們將安排人員協助，竭盡所能提供我們所能給予的支援。」信件當中甚至貼心地附上「謹請參考」的「AWS 雲端免費利用範圍」的網頁連結。

當然，我事先表達了我是一名獨立記者，目前沒有導入 AWS 的需求，而且名字用的是「橫田增生」這個筆名，而非潛入優衣庫採訪時改過的名字。

這名負責人員問我：「您要不要參加付費的初階課程？」我決定順著他的推銷話術去上課。

我原本想要立刻上課，沒想到每週只開一堂課的初階班課程雖有二十個名額，卻是堂堂爆滿，需等待一個月以後才有名額。我終於排到課程的時間已是四月上旬。上課地點位在目黑車站附近的亞馬遜辦公大樓二十四樓。時間從早上九點半到下午五點半，報名者幾乎全是現任工程師，對電腦一竅不通的大概只有本人吧。

課程主要以AWS男性講師的講義爲主，期間還包含一段實際演練，讓學員操作電腦製作AWS功能之一的「VPC」（Virtual private cloud，虛擬私人雲端）。VPC只要按照三十多道手續設定即可完成，但是對我這個連手機鈴響設定都不會，得特地跑一趟手機專賣店的人來說，那終歸是一個無緣的世界。周遭的人輕輕鬆鬆地便架設起VPC，只有我一個人在奮戰苦鬥，結果還是有好幾道程序連續出錯，搞得我動彈不得。

我趁著休息時間，在這層樓四處走動，拍攝木紋牆上「Earth's Most Customer-Centric Company」（地球上最以顧客至上的公司）、「It's Still Day One」（天天都是創業的第一天）、「Diversity & Inclusivity」（多元與包容）等文字的照片，也拍了以亞馬遜包裝用紙箱爲意象設計的電梯門。能在亞馬遜辦公大樓內部自由地到處走動，是我此行參加培訓課最大的收穫。

那天負責授課的男性講師介紹自己過去在外商企業擔任工程師，除了AWS

認證以外，還擁有另外兩項系統相關資格，讓他在換工作時加分不少，建議學員報名下一階段的課程。

由一名講師授課的上課費用一天是七萬日圓（不含稅），一堂名額總計二十人，所以一天就有一百四十萬日圓的收入，加上課程是每週舉行一次，因此一個月共四次。光是開堂授課，一個月就有五百六十萬日圓進入亞馬遜的口袋。不光如此，我報名的是第一階段的初階課程，其後還有中階課程和高階課程，如果再包含更深入的專業領域知識課程，亞馬遜總共設計了三十種課程講座。假設報名所有講座課程，一個人學費總計二百一十萬日圓。上完課之後，前方還有多種「AWS認證」資格考等著人去征服。想要取得所有認證資格，到底要花多少錢，還眞是無從判斷。我唯一可以肯定的是，這些資格認證的生意也支撐起了AWS的高收益。

這一天，我實際體會到這個培訓課程是如何由三位一體的架構所建造起來：這一頭是想要導入AWS，用最低成本使用最新電腦技術的企業；另一頭是想要獲得技能，提高自我能力的工程師；再另一頭則是亞馬遜看到前述兩者的需求，從中嗅出商機的厲害之處。

在我拿到的資料當中，包含了以下的內容。

「聽完課程後的下一個階段……誠心推薦學員參加AWS認證的挑戰，藉以評估授課成效作爲您專業知識的驗證。」最後還不忘加上：「想要成爲我們的工作夥伴嗎？技術培訓師募集中！」文筆這麼煽情，總讓人覺得可疑，感覺像是召開某種自我啓發的集會，一心只想從學員身上榨取錢財。

專門派遣ＩＴ產業人力資源公司的負責人，對於ＡＷＳ的強勢態度做出以下的解釋：

「現在市場上對於專精ＡＷＳ的人才需求量相當大。企業所要求的是能夠同時操作以往公司內部的本地授權軟體（即on-premises，意指將資訊系統安裝在公司內部進行管理及運用），以及ＡＷＳ的人才。他們希望藉由聘僱這些人才，將公司內部的電腦環境從本地授權軟體，轉換到ＡＷＳ上去。在應徵ＩＴ人才的企業當中，我從來沒看過求才資訊中要求指定使用微軟Azure或ＩＢＭ雲端的條件。若三十多歲想要轉換工作跑道，如果懂得操作ＡＷＳ，薪水條件超過一千萬日圓以上是稀鬆平常的事。現在工程師最想取得的資格就是ＡＷＳ的認證資格。」

尋找我家小孩的照片

不是只有部分上市大型企業會利用ＡＷＳ。

二〇〇四年成立的「千股份公司」，總公司位在東京，員工大約二百四十人，算是一間中型企業。該公司設計的「嗨起司！」透過網路提供照片服務，目前同樣是ＡＷＳ的使用者之一。「嗨起司！」的服務項目是，在幼兒園、小學等運動會上拍攝照片，再經由網路販售。

二〇〇六年推出照片服務時，「嗨起司！」就遇到一籮筐的問題。通常在運動會等活動上拍攝的照片一次多達一萬多張，既需要空間放上這些爲數龐大的照片，張貼上也很費時費力。此外，家長得花費許多時間，從上萬張的照片當中，挑出少數幾張自己小孩有入鏡的照片，這才是最大的問題。

該公司創造部門經理熊谷大地說：「我們需要可以在網路上，輕鬆針對小朋友臉部進行辨識及篩選的工具。隨著雙薪家庭年年增加，這樣的需求越來越大……我們曾經嘗試自己發展系統，也試用過其他公司的服務，做過不少嘗試。但是，要嘛就是技術不夠成熟，再不然就是預算不夠，進展得不太順利。」

直到二〇一六年AWS開始提供Amazon Rekognition的服務，終於可以分析臉部表情，辨識知名人士的臉部，以及比較五官的相似程度等等。經過評估後，熊谷認為上述最後一項比較五官相似程度的功能可以應用在「嗨起司！」上。

熊谷：「我們利用AWS的理由有三：一是Rekognition推出新服務；二是費用便宜；三是臉部辨識的準確度非常高。以前使用的系統大概只有五〇%左右的準確度，但AWS的準確度可以高達九〇%以上，能精準挑選出正確的照片，而且檢索時間僅需一、二秒。可以輕鬆找出照片，提高了家長購買照片的意願，也連帶推升本公司銷售額成長，再加上開發的支出不用花好幾百萬日圓。比起另外製作系統的方式，節省了一半左右的費用。像運動會這類一次性的活動，只需要花費大約二百日圓就能進行檢索。」

利用AWS找照片時，首先必須請家長在家中幫小朋友拍臉部特寫的照片，最理想的狀況是從正面拍攝，之後將照片上傳到「嗨起司！」的網站，再經由網站儲存到AWS上的S3儲存槽。接著，「嗨起司！」在運動會上所拍攝的所有照片會保存在另一個S3儲存槽。然後透過Rekognition分析臉部照片，利用顯示每張照片裡所拍攝的人物臉部的中心線、左右眼睛的位置等座標資訊、年齡、情緒等分析結果，建置詮釋資料（具備附帶資訊的資訊）。最後，「嗨起司！」透過詮釋資料的數值，與家長事先上傳影像的詮釋資料相似度，來判斷、完成臉部檢索。

另外，在團體照的臉部辨識上，人數也是一大障礙。剛開始，Rekognition可辨識的人數上限是十五人。如果將團體照左右對等切割，或是左右上下切割成四等分，可以讓臉部檢索的人數上限擴大到最多六十人次。後來AWS收到「嗨起司！」的請求，升級檢索功能，最後追加了「人群模式」功能，每張影像最多可進行一百人的臉部辨識，所以現在幾乎不太需要進行分割處理。

千股份公司今後希望運用AWS的功能，協助幼兒園製作畢業紀念冊。畢業紀念冊大多由老師或家長挑選照片，設計排版版面，負擔不小。尤其，他們必須一一檢查是否公平拍攝，讓每一個小朋友都入鏡，這道檢查作業相當花費時間。熊谷談到他們未來的願景：「希望我們能夠運用至今所培養的臉部辨識技術，協助老師、家長製作畢業紀念冊，減輕他們的負擔。」

AI播報員問世

地區性FM頻道「FM和歌山」也是AWS的愛用者，用其來播放廣播。

FM和歌山於二〇〇八年開業，累積了大約五十萬人的聽眾，共八名工作人員。他們從二〇一七年七月開始啓用「Amazon Polly」的服務，運用ＡＷＳ的深度學習，將文字轉成真人聲音，自動朗讀播報新聞或氣象預報的稿子，一整年下來成本不到一千日圓。

建立系統的ＦＭ和歌山跨媒體局長山口誠二說道：「我們從二〇一七年四月開始運用『Amazon Polly』開發ＡＩ播報員，前後大概花了約一個月的時間便發展完成，並於七月正式啓用ＡＩ播報員。ＡＩ播報員的性別設定爲女性，名字叫奈奈子。我們從報社或通訊社取得新聞稿之後，透過我們獨自研發的朗讀系統軟體『On Time Player』，自動修改標點符號和標音的位置，好方便奈奈子朗誦，然後設定定點時間。時間一到，『Amazon Polly』就會將文字轉換成語音，並交由奈奈子朗讀，完成該時段的新聞自動播報。一天當中，我們會播放三次十分鐘的新聞，七次三分鐘的氣象預報，以及一次一．五小時的音樂節目，所以二十四小時當中有二個半小時的時間是由奈奈子負責播報的。」

據稱，ＦＭ和歌山大約是從二〇一三年左右開始考慮，導入採用人工語音的自動播報系統。翌年，請系統業者評估軟體製作預算時，得到的回覆光是系統開發就要六十萬日圓，每月還有三萬日圓左右的使用費。金額過於龐大，局內實在下不了手，結果在二〇一六年年底亞馬遜剛好推出「Amazon Polly」，「於是我們就順勢搭上Amazon Polly這班順風車。」山口說道。

山口表示至今許多人都曾問過他：「使用ＡＷＳ是否是爲了削減人事費用？」

山口說：「這是天大的誤會。我們的播報員大約有五十人左右，只有在眞人無法播報新聞或氣象預報的時段，才會派奈奈子上場。」

舉例來說，如果要在凌晨三點或清晨六點播報新聞，眞人播報員必須在播出前二小時開始準備。換言之，主播與負責人員必須趕在半夜一點或凌晨四點之前，抵達電臺。眞人播報員播報新聞之前，得先製作念稿、預演練習、修改、再次預演練習等，經過這些步驟之後，才能完成一份完整的新聞播報。但如果是奈奈子，只要在播放前一分鐘，將稿子上傳到主機，便完成準備工作。

至於是否有必要在早上六點播放新聞，山口如此答覆：

「廣播新聞的聽衆，大多在通勤的上下班時段，開車時收聽，所以在早上六點上班時間，收聽前天的新聞，或當天氣象預報的需求其實不小，但是對我們這種小型的廣播電臺來說，很難找人來播報新聞，所以我們才會想到運用奈奈子的方法。剛開始我們曾接到聽衆打電話進來，抱怨奈奈子的播報：『那個主播報得很爛，你們換個人行不行。』他似乎沒發現播報新聞的是AI，以爲是眞人演出（笑）。現在學習情況進展滿多的，奈奈子的播報技巧也在進步。」

利用AWS的另一個目標，是希望能夠在災害等緊急情況下，連續播放相關消息。山口說：「我個人認爲自動語音播放的最大效用是發生災害時，這種時刻一般的播報系統會全面停擺，所以我認爲這時候不間斷播放災情資訊、救援情況、人員平安與否的相關訊息，又或者哪裡的澡堂有開張等生活情報，是FM廣播的重大使命。災害爲期多久沒人知道，但是仰賴人力資源的播報終有極限，所以我們在AWS上，製作了一套可以二十四小時連續再生的軟體『Da Capo』（ダ・カーポ），希望能在這類緊急時刻派上用場。二〇一八年七月襲擊西日本的豪雨、同年九月第二十一號颱風（強颱燕子）的時候，我們就啓動了『Da Capo』系統。那次颱風，我們大概連續播放了五小時左右的災害實況報導，奈奈子連續播報了和歌山市內大約四千戶的停電狀況及颱風路徑等相關消息。如果是眞人播報員，單靠一個人連續五小時、不間斷地播報鄉鎮名稱這些一長串的名單，我想光就體力層面來看，就有相當大的困難，但如果是AI播報員就沒有這方面的問題。」

山口在第二十一號颱風的播報當中體會到連續播報的意義，他接著說道：「我想到目前爲止，當災害發生時，人們的直覺反應是『快打開電視』。因爲跑馬燈會顯示災情資訊，所以電視的消息最快；再來是智慧型手機，接著才是收音機的廣播。我覺得這樣的情況，或許會因爲『Da Capo』的出現而有所轉變。現在我最大的目標，是希望FM廣播在災害發生時能夠成爲民衆的依靠。」

山口所言未必誇大不實。現在日本國內已有二十多家地區性FM頻道開始利用奈奈子與Da Capo軟體。

我們不可能親眼看到AWS的盧山眞面目，但不可否認，AWS正透過各大企業在各領域的靈活運用，意圖顚覆我們的生活。

ＡＷＳ的背後隱藏著亞馬遜。亞馬遜在消費者導向的服務上，展現出絕對的實力；在公司企業或行政單位導向的雲端服務層面，更是壓倒性地掌握了市占率，領先群雄。

亞馬遜官方吹捧得天下無敵、看似無半點錯誤的ＡＷＳ，在日本展現其脆弱的一面是出現在二〇一九年八月下旬。當時東京近郊的ＥＣ２，因爲過熱發生數小時的系統當機，造成 NTT DoCoMo、優衣庫、軟銀系列智慧型手機的付費功能 PayPay 等多家企業業務出現故障。

根據調查顯示，ＡＷＳ以往幾乎每年都曾發生過類似的系統當機。或許這是在告誡我們，不論是多麼優秀的系統，都不應盲目相信。

第九章

貝佐斯的完整租稅規避指南

亞馬遜卯足全力，規避繳納日本營所稅及美國境內營業稅，此乃貝佐斯早在創業之前便開始醞釀的企業成長「祕訣」。然而，亞馬遜所抱持的態度，與美國或日本等各國政府產生了摩擦。

銷售額壓縮到只剩下十分之一

二〇〇〇年，日本亞馬遜在日本正式營運，然而它清楚公告在日本繳納稅金額度的年分，卻僅僅只有二〇一四年。

在日本官報（日本政府發行類似像報紙的刊物，刊載法律公告、政府人事、處分等公告事項，也包括公司財務報表、個人破產訊息等）上，有日本亞馬遜股份有限公司與日本亞馬遜物流股份有限公司（Amazon Japan Logistics K.K.）二〇一四整年度的財報。

日本亞馬遜的銷售額超過三百一十六億日圓，營所稅四億五千多萬日圓；而日本亞馬遜物流的銷售額爲五百八十二億日圓，營所稅六億多日圓。

二家公司相加，銷售額合計八百九十九億多日圓，營所稅約十億八千萬日圓。看到這裡，應該已有讀者察覺到不對勁：「咦？這數字有點奇怪吧？」「亞馬遜在日本的銷售額不到九百億日圓？這數字少了一位數吧？」會這樣想的人，可說是密切關注著亞馬遜。

根據美國亞馬遜所公布的年報指出，二〇一四年日本銷售額爲七十九億一千二百萬美元。相較於美國亞馬遜年報所公布的數字，日本亞馬遜年報上記載的銷售額銳減到幾乎只剩下十分之一。

營所稅等稅金是從銷售額扣除營業管理費用等各項費用後，針對剩餘的稅前淨利課徵，所以銷售額越低，淨利就越少，應納稅額也隨之減少。

根據美國亞馬遜的年報，日本銷售額成長至八千七百億日圓，卻只繳納了區區十億八千萬日圓的稅金。

單從銷售額八千七百億日圓來計算，營所稅甚至可能超過一百億日圓。實際上，相同規模的零售銷售業者高島屋，同年的營所稅超過一百三十六億日圓；日本同業樂天，該年度銷售額五千九百八十五億日圓，稅前淨利一百零四十二億日圓，營所稅繳納了三百三十一億日圓。

和樂天相比，一切便一目了然。樂天繳納了三百三十多億日圓的營所稅，日本亞馬遜只繳了十億多日圓，兩者相差三百二十億日圓。亞馬遜可以將這個資金差額運用在開發新事業、現行點數回饋服務的折扣專款，以及支付員工薪資等的用途上，所以能夠在極其有利的條件下，推動、發展事業。

日本這份財報當中，有一個地方讓我十分詫異：二〇〇〇年開始營業的日本亞馬遜，將二〇一四年的財報定義爲「第十七期財務報告」。若從二〇〇〇年開始計算，應該是第十五期才對。我心中抱著疑慮，重新翻閱以前取得的日本亞馬遜法人登記簿謄本，上面寫著日本亞馬遜股份有限公司的設立年分爲「平成十年（一九九八年）九月二十四日」。日本亞馬遜雖然是從二〇〇〇年開始營運，但財報是從一九九八年開始計算，所以對該公司而言，二〇一四年是「第十七期」，我差點疏忽了。

日本亞馬遜在財報中所發布的八百九十九億日圓，與美國亞馬遜年報中所公告的八千七百億日圓的差異，究竟從何而來？

原財務省官員、現任東京財團研究主管的森信茂樹說：「亞馬遜美國總公司與日本法人之間的稅制配套方案，稱爲佣金合約。原本佣金合約意指亞馬遜總公司，針對日本法人代其執行日本國內物流業務等輔助性業務的行爲，支付委託佣金。假設美國總公司將總銷售額的一〇%支付給日本法人作爲佣金，就可以解釋財報與年報之間的差額。使用這個配套方案，就能大幅壓縮日本法人的銷售額與營所稅。」

要從亞馬遜這類跨國企業徵收合理的稅金，日本國稅廳必須正確掌握該企業在各國擁有哪些據點？發揮了哪些功能？又經由這些據點及功能賺了多少錢？此外，除了取得這些數據資料，還必須與其他國家的課稅機關——這裡指的是美國國稅局IRS——協商並取得優勢，才有辦法徵收合理的稅金。

不用繳納半毛稅金即可營運

更麻煩的是，對亞馬遜這類的跨國企業而言，要在財報數字上動手腳，只要有心絕對辦得到。只需將日本當地智慧財產權使用金額，匯集到美國總公司，爾後在美國境內租稅規避天堂——德拉瓦州等地稍加處理，便可以繳納低額的稅金。

然而，這種實際運作方式只有亞馬遜與各國負責的稅務局知情，而且受到嚴密的保密條款保護，不會對外流出相關細節。

日本國會議員當中，有一人追究日本亞馬遜的租稅規避問題，那便是自民黨參議院議員三原順子。三原議員在二〇一四年三月與二〇一五年三月的參議院預算委員會上，針對該問題提出以下質詢：

「（日本亞馬遜）不過是負責日本的系統營運及顧客服務，並非執行銷售行爲，執行銷售行爲的始終是美國法人，所以營所稅應支付給美國，這一點從亞馬遜的收據上亦可查證。那麼我想請教國稅廳，請告訴我亞馬遜在我國的銷售額及納稅額。」（二〇一四年三月十九日預算委員會議紀錄）

針對該問題，國稅廳的答覆是：「適才議員詢問了亞馬遜在日本的銷售額及納稅額，但是很抱歉，國稅廳無法針對個別事項回答您的提問。」

有一個專有名詞，叫做「租稅規避」。

這是亞馬遜等跨國ＩＴ企業，透過巧妙組合遍布在世界各地的避稅天堂等低課稅地區，或是各國稅法的漏洞等，想盡辦法減少納稅額的節稅手段。這些跨國ＩＴ企業招攬了上百人的稅務專家爲其工作，專心致志在租稅規避上。

根據《貝佐斯傳》所述，美國亞馬遜亦設有八十人團隊的稅務部門，其中成員全是會計或法律專家，他們運用專業知識，絞盡腦汁讓亞馬遜少繳納一點稅金，藉以賺取高額的報酬。

租稅規避與屬於違法行爲的逃漏稅不同，基本上符合法律規範，但亞馬遜運用租稅規避的目的，並不是爲了按照各國稅制規定繳納正確的稅金，而是積極研究各國稅制的漏洞，盡全力合法規避納稅。

既然租稅規避不違反法律，爲何有必要在此討論？

租稅規避與逃漏稅只是一線之隔，金融機關、會計事務所及相關顧問應用複雜離奇的自創配套方案，想方設法在法律最大容許限度下繳納最低的納稅額。但是，租稅規避、節稅、逃漏稅的界線十分模糊不清，將所得或獲利匯往海外的避稅天堂，成功免於支付原本應該繳納稅金的，正是這群包含亞馬遜在內的GAFA等各大跨國企業。

這些跨國企業成功規避他們應付的稅金，最後買單的卻是中低收入的市民。他們在租稅規避得以發揮最大效益的避稅天堂大展身手，造就了有錢企業富者越富、貧者越貧的負面結構（志賀櫻著《避稅天堂》〔タックス・ヘイブン〕）。

想認識亞馬遜的租稅規避，最重要的是我們必須了解，規避租稅已經深刻地烙印在亞馬遜的DNA上，這種「搭便車」的DNA讓亞馬遜可以一邊活用稅金所打造的道路、自來水、下水道、醫院等社會基礎建設，同時使盡各種手段繳納最低金額的稅金，藉以擴充自己的事業發展。

在貝佐斯不斷重複述說的亞馬遜誕生故事中，永遠是他離開華爾街金融機構後，一心一意努力創業而後打造出亞馬遜。他從祖父的居住地德州借車，麥肯琪·貝佐斯坐在駕駛座上，貝佐斯則在副駕駛座專心寫他的創業計畫書，一路向西奔去。接著，因爲微軟等總公司設立在華盛頓州西雅圖，擁有豐富的優秀IT人才，加上地理位置鄰近圖書批發商的大型倉庫，所以選擇西雅圖開始創業。

然而，一九九六年貝佐斯在接受美國網路媒體《快速企業》（Fast Company）的訪問中，記者詢問他選擇西雅圖作爲創業園地的理由時，貝佐斯卻回答主要是基於稅務考量。

就我所知，這是貝佐斯唯一一次對亞馬遜的稅務對策提出率直的回應。

當時股票才剛上市，貝佐斯自己也沒料到亞馬遜的租稅規避問題竟然會在後年發展成將美國國內，乃至於將世界各國捲進暴風圈的重大事件，所以在訪問當下，他失去了戒心，不小心說溜了嘴也說不定。不過，在這個網路發達的年代，即使時間飛逝，過去的諸多發言依舊會留在網路上，任誰都可輕易取得。

在剛才提及的訪問中，貝佐斯說：「這或許聽起來有點奇怪，但網路書店要設立在哪裡，其實是影響獲利十分重要的關鍵……它必須設在人口稀少的州，因爲網購的營業稅（消費稅）只會向總公司設籍所在地的州民徵收，所以若將地址設在人口衆多的加州或紐約州創業，非常愚蠢……我甚至在尋找將亞馬遜總公司設置在舊金山近郊印地安人保留區的可能性，因爲那裡不用繳納一毛稅金就可以開公司。但是很遺憾地，加州政府不肯採納這項計畫。」

詳細情況將於本章下半段介紹。美國的營業稅相當於日本的消費稅，兩者最大的差別在於，日本的消費稅屬於國稅，而美國的營業稅則是由州、市政府徵收的地方稅。網路剛成形的九〇年代當下，法律上來看，互聯網企業只需向總公司或物流中心所在地點的少數州代徵營業稅。換言之，只有華盛頓州民的用戶必須支付美國亞馬遜商品的費用與營業稅。

華盛頓州人口五百八十九萬人，不及美國人口數最多的加州三千三百八十七萬人的五分之一，在美國總人口二億八千多萬人當中也僅占約二％，這個數字根本不值一提，所以貝佐斯才會選擇華盛頓州作爲他的創業園地（筆者註：皆依據二〇〇〇年人口普查數據所示）。

貝佐斯於一九九四年七月創業時，以卡達布拉公司的名稱，在華盛頓州西雅圖設立總公司，註冊爲法人。然而，後來在一九九六年六月重新註冊，將公司名改爲亞馬遜時，他選擇了以避稅天堂（租稅規避）之地聞名、惡名昭彰的美國德拉瓦州作爲總公司的新址。華盛頓州西雅圖雖然發揮了公司總部的功能，但在稅制等法律上所使用的總公司地址卻是設在德拉瓦州。

總公司如果設在德拉瓦州，州人口數的多寡便無關緊要，因爲德拉瓦州至今依舊是少數無須課徵營業稅的州。

比規避營業稅的想法更讓人驚訝的是，貝佐斯在採訪後半段所說的內容。爲了設立亞馬遜，貝佐斯甚至想將總公司設於印地安保留區，因爲不用繳納稅金。

這個技巧，或該稱之爲絕招，已經遠遠超出商業戰略的正面攻防，算是完全不在乎世人眼光的節稅方法。在印地安保留區發生的商業行爲不需要繳納稅金，是爲了鼓勵雇主聘僱長久以來在歷史上受盡差別對待的印地安人所提供的回饋，但是就我所知，貝佐斯從未在亞馬遜的創業計畫書上，提到任何只僱用美國原住民，也就是印地安人爲員工的打算，這大概就是加州政府駁回貝佐斯提案最主要的原因。

重點在於，貝佐斯在成立亞馬遜以前，或是說早在亞馬遜成爲今日跨國ＩＴ企業之前，就已經全心全意投注在租稅規避上了。

抵抗國稅廳追繳稅金

本章將從三個面向來探究亞馬遜的租稅規避：一是日本營所稅的繳納情況，其次是歐洲營所稅，最後則是亞馬遜在其原生地美國本土的營業稅與營所稅的概況。

最先探討亞馬遜在日本營所稅問題的是《朝日新聞》，它在二〇〇九年七月五日的早報頭條上，以全版面刊載〈國稅局向亞馬遜課徵日本業務費用，追討一百四十億日圓稅金〉（アマゾンに140億円追徵国税局、日本事業分に課税）這則新聞。

報導中指出，國稅廳認定日本亞馬遜物流中心內部設有相當於亞馬遜總部功能的常設機構（Permanent Establishment, PE），因此主張從二〇〇三會計年度至二〇〇五會計年度，此三年間的數百億日圓銷售額應列入日本計算，追繳稅款高達一百四十億日圓。且根據亞馬遜表示，若物流中心被認定為PE不止那三年，二〇〇六會計年度至二〇〇九會計年度亦可能被國稅廳納入稅務調查對象。

此外，關於國稅廳判斷日本亞馬遜擁有PE的理由，列舉如下：「在中心內部安置，並使用美國相關企業所屬電腦及機器設備」「中心內部的布署變更須徵求美方同意」「日本法人物流在同一地點設有總部，其職員透過電子郵件等方式接受美國指令」「除物流業務以外，還承擔部分未受美國委託的業務。」

欲了解錯綜複雜的國際稅金問題，不可不知常設機構的重要性。

「無PE即免課稅」是國際稅法的大原則。

PE具體上意指透過該設施產生利潤的常設機構，包含分店、營業處、辦公室、工廠等。當各國稅務當局認定企業在該國設有PE時，該PE所產出之營業收入即爲課稅標的；另一方面，沒有PE就免課稅。

有關這一點，亞馬遜所秉持的基本想法是物流中心不屬於PE的範疇，其在日本的銷售自始至終都是美國亞馬遜的商業行爲，日本物流中心不過是代爲執行業務，因此他們沒有在日本納稅的義務，也無法同意日本國稅廳追繳稅款。

再者，亞馬遜已在美國納稅，不服日本國稅廳的指責，故而提出日美二國協議的申請，要求日美稅務當局雙方會談。日本亞馬遜在先前《朝日新聞》的報導中申辯，物流中心內沒有所謂PE的存在，「課稅並不合理，我們將持續向國稅廳據理力爭」。

相對地，日本亞馬遜總裁張在二〇〇九年接受雜誌採訪時，面對追徵稅款的問題，做出以下的回應：

「這件事由美國總公司處理，我沒有立場發表言論。」（《週刊東洋經濟》二〇〇九年八月二十九日）

儘管是日本亞馬遜的相關業務，日本亞馬遜卻無發言權或決定權，而是屬於美國總公司的專屬事項。張的發言，等於是直接承認在亞馬遜組織內部，日本亞馬遜的立場及影響力是何等渺小。

張自二〇〇一年開始率領日本亞馬遜，與貝佐斯同樣一九六四年出生。每當我看到他那無關痛癢的回應，總是會聯想到「傑夫機器人」這句亞馬遜公司內部的新創詞，用來嘲諷那些和貝佐斯有類似想法的高級主管。

布萊德・史東在《貝佐斯傳》一書中如此寫道：

「讓人驚訝的是，他們從來不會吐露什麼具體的內容，只會口沫橫飛地談論亞馬遜所具備的獨創性，強調公司對顧客的熱情。『傑夫機器人』絕不會對外洩露公司嚴禁他們談論的事，譬如產品中可能藏有的問題或商業敵手，與其要他們透露半點亞馬遜內部的風聲，毫無疑問他們寧可咬碎事先置入臼齒的氰化物自裁。」

根據美國亞馬遜二〇〇九年的年報內容表示，他們收到日本國稅廳追繳稅款處分時，便即刻將相當於追繳款項金額的委託金交由銀行保管。然而，二〇一〇年的年報中指出，經由日美雙方稅務當局的協商，他們已於二〇一〇年九月做出結論，並記述「所繳納的稅額極少（not significant）」。最後，國稅廳退還了一大半亞馬遜以追繳款項委託銀行保管的委託金。

前文中曾出現的森信茂樹對此說道：「有關PE的有無，在我理解的範圍內，日本國稅廳在二〇〇九年認定亞馬遜物流中心內部的功能相當於PE。此外，

OECD（經濟合作暨發展組織）在二〇一五年發布PE認定的相關建議，所以在那之後日本政府也據以修正法案，『當倉庫內部彼此之間為互補性的工作時，則須將倉庫內的各個場所視為一體，來判斷是否具備預備性或輔助性』。然而，根據《日美租稅協定》的規定，亞馬遜日本法人的銷售額分配，必須由日美雙方稅務當局商量決定。租稅協定優於國內法，因此要改變現在日美的稅制比例，就必須修改《日美租稅協定》。所以由此可以判斷，國稅廳在日本亞馬遜的PE認定上，空有虛名，無實質意義。」

前文提及，日本亞馬遜在二〇一四會計年度，繳納了十億多日圓稅金的財報中，亦從旁證實了日美兩國之間，對日本國稅不利的協定至今依舊有效。

二〇一六年三月九日，日本亞馬遜與日本亞馬遜物流在公報上，發布二〇一四會計年度的財務報告。日本國會圖書館有一個「公司財務報告索引　官報版」的檢索系統，可以檢索一九四七年至今以公報形式發布的所有資料。

根據該檢索系統上的資料，符合日本亞馬遜的檢索結果只有四項。

第一項是二〇一六年三月九日日本亞馬遜二〇一四年度的財務報告。

第二項是二〇一六年三月九日日本亞馬遜物流二〇一四年度的財務報告。

第三項是二〇一六年三月二十五日合併公告及組織變更公告（設立日本亞馬遜有限責任公司，吸收並解散日本亞馬遜物流）。

第四項是二〇一六年十二月二十六日合併公告（解散二〇一四年專為酒類販賣所成立的 **Amazon FB Japan**，合併至日本亞馬遜有限責任公司）。

如今已裁撤的日本亞馬遜及日本亞馬遜物流的法人登記簿上，儘管在公告方法載明需「刊登於官報上」，但確實在官報上發布的財報僅限二〇一四會計年度。日本《公司法》（第四四〇條第一項）中規定，企業有公告財報之義務，如違反該義務，將處一百萬日圓以下罰鍰（《公司法》第九七六條第二項）。日本亞馬遜與日本亞馬遜物流在這十七年間，僅履行過一次義務。

然而，法務省民事局參事官室負責人說：「法務省並沒有針對個別企業查看是否履行公告義務，而且也沒有統計數據。罰鍰處分全由法院裁奪，所以法務省也沒有個別企業所揭示的資料。」

即使我進一步詳細解釋，日本亞馬遜與日本亞馬遜物流在過去僅公告過一次財報的事實，也只得到「關於這件事，我方沒有任何消息可以答覆」的回應。

亞馬遜唯一履行財務報告的二〇一六年三月至五月這兩個月內，日本亞馬遜與日本亞馬遜物流捨棄股份有限公司的名義，進行組織變更，改爲有限責任公司，將兩間公司合併爲日本亞馬遜有限責任公司。

成爲有限責任公司的好處之一是「沒有公告財報的義務」。

追蹤採訪亞馬遜稅金問題的全國性報社記者說：「亞馬遜在日本公告唯一的財報以後，自那日起約二週後便推行組織變更，成爲無須進行財務報告的有限責任公司，我不認為這是巧合。我想這當中隱含著亞馬遜不想公告財務數據的想法。」

確實繳納了消費稅

不過大眾針對亞馬遜在日本國內的納稅情況，普遍存在著誤會。

亞馬遜討厭繳稅的形象，加上後文介紹亞馬遜全力抵抗在美國許多州支付營業稅的作為，造成「亞馬遜在日本沒有繳納消費稅」這種錯誤的言論出現。

然而，日本亞馬遜自開業以來，一直都有繳納消費稅。

根據日本《消費稅法》第四條第一項，消費稅課徵的對象是「公司行號在國內進行資產轉讓等範圍，根據本法課徵消費稅」，所以透過網路購物銷售商品屬於「資產轉讓等範圍」。此外，根據該法規定，納稅義務人「公司行號在國內所實施課稅資產之轉讓等，根據本法有繳納消費稅之義務」（同法第五條第一項）。因此，法律上亞馬遜有繳納消費稅的義務。

另外，亞馬遜在二〇〇一年的年報中亦明確記載：「關於在日本亞馬遜網站上下單訂購，且在日本國內進行配送的商品，本公司皆確實代為徵收消費稅。」

不過，這裡有兩個例外。其中之一是電子書。剛開始日本亞馬遜以美國為銷售源頭之理由，自二〇一二年十月推出服務以來，至二〇一五年十月期間，未曾繳納過電子書的消費稅。然而，在那之後國稅廳推動「重新審視跨國提供勞務之相關消費稅課徵事宜」，將以往設籍海外的業者排除於課稅對象以外的情況，修改為只要購入消費者居住在日本，即視為課稅對象，以填補法律漏洞，所以現在也有繳納電子書應付的消費稅。

第二個例外是在市集賣場上，賣家直接販賣給消費者的情況。以前這部分亦未課徵消費稅，不過現在也隨著上述法規修改，納入爲課稅對象。

換言之，現階段亞馬遜與日本企業同樣皆繳納了消費稅。

歐洲嚴厲的目光

英國和歐洲其他國家對待大型ＩＴ企業租稅規避的態度，比日本更加嚴格。

二〇一二年十一月，亞馬遜租稅規避的本性被攤在歐洲的太陽光底下，透過電視鏡頭在英國議會負責行政監督的公共帳戶委員會上曝光。擔任議長的國會議員瑪格麗特・霍奇（Margaret Hodge），針對在英國執行租稅規避的美國跨國企業，點名亞馬遜、星巴克、谷歌三大企業的歐洲負責人前往委員會，嚴格追究他們的租稅規避行爲。

舉行電視公聽會的主因源於這些大企業在當地的銷售額，與超低稅率的營所稅。

二〇一一年亞馬遜在英國創下三十三億英鎊的銷售額，但亞馬遜英國法人所支付的營所稅爲一百八十萬英鎊，相對於巨額的銷售額，營所稅稅率僅〇・〇五％。順帶一提，星巴克雖擁有三億九千八百萬英鎊的銷售額，但因爲營運虧損，營所稅一毛未繳。至於谷歌的銷售額則是三億九千五百萬英鎊，營所稅繳納了六百萬英鎊。

該委員會與亞馬遜長達四十分鐘的質詢始末，由英國廣播公司全程直播，這部影片在二〇一九年五月依舊可在 YouTube 上觀看，片名爲「How Amazon avoids tax in the UK？」（亞馬遜如何在英國避稅？）。亞馬遜派出歐洲部門亞馬遜公共政策總監安德魯・塞西爾（Andrew Cecil），在十五位國會議員面前作證。

二〇一八年我前往英國進行採訪時，也訪問了該委員霍奇。

霍奇告訴我：「我原本剛開始是要調查星巴克的租稅規避問題，但後來想只鎖定一家企業似乎有點不公平，於是就比較了各大企業的銷售額，把繳稅額度極少的亞馬遜和谷歌也一起叫來委員會。雖然我們一開始的目標是鎖定星巴克，但三家被約談的企業當中就屬亞馬遜的態度最差，竟然派毫無回答權限的人出席，那副可憐兮兮的應答模樣，讓人覺得愚蠢至極。透過電視轉播，許多英國人民在那一刻瞬間了解到亞馬遜是一間既高傲又無誠信的企業。」

她接著說道：「我在召開公聽會之前，算是亞馬遜的常客，經常在亞馬遜網站上購物。不僅買書、CD，就連水壺這種日常用品也都在上面購買。但是我付的錢，增加了亞馬遜的銷售額或利潤，卻完全沒有回饋到稅金裡，我知道後眞的失望透頂。

「開完公聽會則讓我的失望轉化爲巨大的憤怒。面對我們委員的質問，塞西爾的回覆不帶一絲誠懇。譬如當我們詢問亞馬遜在各國的銷售額及利潤時，他回答『公司在會計上沒有這樣處理，所以我不清楚』，再問亞馬遜歐洲法人營運的最高領導人是誰？他卻用『這個問題我想等公司內部進行討論後，再行作答』這種讓人不敢相信的回答在應付我們。」

——妳在公聽會上聽到亞馬遜的說辭有何感想？

「以亞馬遜為代表的美籍跨國企業，他們的所作所為毫無正當性。但是委員會沒有權限要求他們公開完整的公司內部會計資料，逼他們繳納稅金。我個人對於委員會沒有辦法掐著他們的脖子，強行要求他們支付應繳納稅金這種職權上的限制，感到相當失望。這個社會的運轉是建立在某程度的規則之上，像亞馬遜這些賺得巨額銷售和利潤的國際企業，免繳公平公正的營所稅，是一種背叛納稅人的行為。」

——但是像亞馬遜這類的跨國企業，常主張租稅規避是節稅的手段，不是非法的逃漏稅，妳怎麼看？

「那不過是狡辯。在英國營業的跨國企業，既需要聘僱那些已充分接受公家教育機關培育的人才，也必須幫勞工投保完整的健康保險，再者他們也一定會用到下水道、道路等英國政府興建的基礎建設，要不然做不成生意。這些公共服務都是靠稅金建立起來的，我深信只要這些營利事業利用了上述所列舉的項目，就必須公平繳納稅金。而且英國政府並未先設想到這些多國企業會濫用租稅規避，而去制定稅制，所以無論如何都會產生意想不到的漏洞。特意去尋找這些漏洞，並加以濫用的做法，我個人認為已經違反了原本的法律精神。」

聽著霍奇的談論，我在內心思索，就自己所知，日本沒有一個政治家曾經如此強烈地批判像日本亞馬遜這類巨型ＩＴ企業所採取的避稅行為。霍奇所率領的委員會當時並未取得任何重大成果，但奠定了日後英國採用數位稅的基石。

導入數位稅

那麼，亞馬遜的歐洲法人到目前為止，究竟利用了哪些稅制漏洞來執行租稅規避？

亞馬遜在歐洲的租稅規避手法相當細膩，不懂稅制的人，可能不是那麼容易掌握所有的細節。

其整體架構的關鍵重點在於，美國亞馬遜從歐洲各地法人，將軟體、商標等智慧財產權相關的無形資產，轉移至位於盧森堡的亞馬遜歐洲控股技術公司（Amazon Europe Holding Technology, AEHT），並且讓組織架構圖中，位居下方的亞馬遜歐洲零售事業的子公司 Amazon EU Sarl，向ＡＥＨＴ支付巨額的無形資產的使用費用，藉以減少被列為課稅標的的利潤（《新聞周刊日文版》二〇一七年九月五日）。

盧森堡與愛爾蘭並列為歐洲避稅天堂這件事是眾所周知。

然而，亞馬遜歐洲總公司所在地點的盧森堡，從歐洲各國法人吸取了大量利潤，卻沒有任何由物流中心保管、配送的商品，員工也不過五百多人；而亞馬遜在英國的員工人數卻高達一萬五千人以上（筆者註：此為二〇一二年十一月召開委員會所公開的數字）。

根據《大逃稅》作者英國記者尼可拉斯．謝森的說法，英國社會開始關注避稅天堂的議題，大概是在發生雷曼兄弟危機以後的二〇一〇年左右。

「我在二〇一一年寫這本書時，曾在書中提及放眼全世界，一年大約有一百一十億美元藉由避稅天堂的途徑，執行逃漏稅的事實。然而這個數字在那之後又繼續膨脹到三百五十億美元。跟亞馬遜總公司的所在位置美國相比，英國、法國等歐洲各國更高度關切這個問題。因為歐洲地區自金融危機以來，稅收大減，大部分的公共服務被迫限縮，歐洲人人都有切身之痛。

「大企業能夠成長為多國企業，其中一個很大的原因，是他們可以靈活運用遍布在世界各地的避稅天堂。運用避稅天堂，讓他們比其他中小型企業或街角的商店更有優勢，得以以非常驚人的速度成長，因為他們可以運用從租稅規避加碼取得的利潤，驅逐其他同業業者。」

謝森認為，亞馬遜等企業的所作所為，不管稱之為租稅規避，還是稱之為逃漏稅，其實一點都不重要。他說：「如果只有據點設在國外的大企業可以逃漏稅，那就不是公平的競爭，應該稱為腐敗的市場。這樣的市場，不僅有損民主主義，更會擴大有能力為之和無力為之兩者族群之間的資產差距。而且就經濟學角度來看，許多研究早已指出，相較於過度競爭，企業在平等的社會當中，比較容易發展。換言之，或許亞馬遜或谷歌聲稱他們所做的一切，對每一個公司來說都具有意義，但從社會整體來看，他們的所作所為卻是弊端遠遠大於利益。」

針對前文中所提亞馬遜在盧森堡的租稅規避機制，歐盟的歐洲執行委員會在二〇一七年十月主動出擊。歐盟委員會指出，盧森堡自二〇〇三年開始於稅制上給予亞馬遜不當的優惠措施，造成亞馬遜在歐洲有四分之三的銷售額並未繳納原應繳納的稅額，於是委員會要求盧森堡向亞馬遜徵收多達二億五千萬歐元的稅金。然而，亞馬遜與盧森堡立場一致，紛紛對歐盟委員會所指出的問題提出抗議，演變成上法院處理爭議的局面。

另外，有些亞馬遜在歐洲掀起的租稅規避問題案件，已經結案。二〇一七年十二月義大利國稅局宣布，曾因涉嫌逃稅而被提起訴訟的亞馬遜，同意支付一億歐元，這便是米蘭檢察官等人查出亞馬遜自二〇一一年至二〇一五年積欠稅金所得到的最終結果。

歐盟諸國還走了下一步棋，那便是導入數位稅。

二〇一八年三月，歐盟委員會向加盟國提議，以包含亞馬遜在內的GAFA為核心對象，針對跨國的大型企業導入數位稅。導入數位稅的前提是，根據該委員會的試算，相較於歐洲傳統國內企業負擔稅率二〇％，GAFA等全球性數位企業的負擔率卻不到一半，僅有八%。

執行數位稅的目的，就像為了對抗像亞馬遜此最佳範例所示，各大企業針對各項經費及公司利潤，或利用避稅天堂，或大鑽各國稅制漏洞，竭盡所能避免繳納稅金。以往，營所稅是以稅前淨利作為課稅標的。然而，數位稅這個新制度的概念是，如果企業端決定將公司利潤與相關經費移轉到稅制較低的國家、地區時，那麼就必須直接從其獲利來源的銷售額課徵固定比例的二或三%作為營所稅。

舉例來說，假設亞馬遜英國法人的銷售額是一百萬英鎊，在數位稅稅率二%的情況下，英國將可徵得二萬英鎊的稅金。

誠如本章開頭所提，日本亞馬遜在二〇一四年的年度納稅額，在美國亞馬遜的年報中應有八千七百億日圓的日本銷售額，卻在官報刊登的財報中銳減至十分之一左右，不到九百億日圓，從中徵收的營所稅只達到區區十億多日圓的超低水準。然而，如果可以以數位稅為依據，那麼就能課徵八千七百億日圓銷售額的三%，日本國稅廳預計可以收得二百六十一億日圓的稅金。

這之間相差了二百五十一億日圓。

比起二〇一四年年度繳納的實際納稅額十億多日圓，營所稅足足多了二十六倍。

然而，歐盟想要導入數位稅的條件是，必須徵得加盟成員全員一致的同意，最後因避稅天堂冰島、盧森堡等國反對，無法取得一致的步調。於是，法國首開第一槍，自二〇一九年一月開始，自行導入數位稅，接著英國亦決議預定於二〇二〇年四月起啓用數位稅，估計包含西班牙、義大利在內的十多個歐盟加盟國家在不久的未來也會追隨法、英的腳步。

與美國各州政府的搏鬥

最後我們來一探亞馬遜在美國本土的稅金問題。

亞馬遜有兩種美國的稅金問題。其一是先前所提的營業稅問題，這部分有別於日本的消費稅，是繳納給地方政府的稅金，稅率也從五至一〇%不等；其二則是繳納給聯邦政府的營所稅。

首先，讓我們來了解亞馬遜如何與各州政府纏鬥營業稅的紛爭。

以美國國內一九九二年的最高法院判例爲依據，亞馬遜在該州如未設置常設機構、銷售商品的話，便無須徵課營業稅。至少在二〇一七年以前，亞馬遜充分享用了這份判例的恩典，藉以提高了市占率。

亞馬遜自創業以來，在美國本土已成功且合法地逃漏營業稅長達二十多年，對亞馬遜而言，這無疑是獲得巨大競爭優勢的泉源。

舉例來說，假設購買一部一千美元的大型冰箱，營業稅若是一〇%，在家電量販店購買的話，需加上一百美元的營業稅，支付一千一百美元，但如果是在亞馬遜網站上購買，只需一千美元即可購得，而且尊榮會員還可享受免費宅配到府。

亞馬遜大部分的商品價格，大多設定在近乎市場的最低價，所以價格上，家電量販店很難拚得過亞馬遜，在此情況下，亞馬遜和其他同業之間的競爭本來就不公平。另一方面，亞馬遜不用繳納營業稅的競爭優勢地位，背後代表著各州政府稅收短缺，同時更隨著亞馬遜事業規模的擴大，政府未能徵收入庫的營業稅日益增加，已成長到令人無法忽視的程度，於是各州政府開始逐步採取措施，以封鎖亞馬遜逃漏營業稅的途徑。

對此，亞馬遜集合公司全體上下，擺出抗戰到底的陣勢。《貝佐斯傳》中寫道，西雅圖總部的每個員工都有一份按各州標示顏色的美國地圖。

「加州等塗上橘色的各州，必須取得特別許可證，以便讓法務部可以追蹤亞馬遜員工停留在當地的天數。若是德州、紐澤西州、麻州等塗成紅色的州，出差前必須仔細填寫一份長達十七條細項的問卷，像是詢問『你打算去抽彩券嗎？』等可能涉及營業稅徵收的相關問題。」

在亞馬遜的官方網站上，可以查到確實繳納營業稅的各州資料，最早始於二〇〇七年，全美五十大州當中，僅針對華盛頓州、肯塔基州、堪薩斯州、北達科他州等四州，繳納營業稅。

第一個採取行動的是紐約州。

二〇〇八年四月，紐約州政府通過一道法案，可以向總公司、據點皆不設在紐約，像亞馬遜這類互聯網企業徵收營業稅。紐約州稱此新法案成立後，一年可增收五千萬美元的稅金。

然而，亞馬遜以新法案違憲爲由，即刻向州法院提起訴訟。亞馬遜控告的理由是新法案違反了前文中所提一九九二年最高法院所裁示的判例。

貝佐斯在二〇〇八年的股東大會上，對此事件如此評論道：

「我們完全沒有利用這些州所提供的服務，要我們在毫無利用其服務的各州，代爲徵收州稅（營業稅），實在是太不公平了。」（《貝佐斯傳》）

二〇〇九年一月，紐約州法院判決亞馬遜必須支付營業稅，駁回了亞馬遜的申訴。紐約州法院的理由是，很多透過個人網頁頻道推薦亞馬遜網站來賺取報酬的推廣者居住在紐約州，因此可以視爲亞馬遜的代理店，作爲亞馬遜的ＰＥ確實位於紐約州內的依據。此架構是在個人網誌上張貼亞馬遜商品的廣告，當商品經由網誌的連結售出時，推廣者即可收取報酬。

有關紐約州營業稅的影響，以下再次引用《貝佐斯傳》的內容：

「貝佐斯認爲免徵收營業稅，對顧客也有相當大的好處，亞馬遜會採取如此強烈的反抗姿態，一方面也是因爲一旦失去這樣的優惠，亞馬遜的商品價格就會隨之上揚。營業稅的影響之大，足以讓他們煩憂。根據熟悉亞馬遜內部財報的人士表示，紐約州通過網購營業稅法之後，亞馬遜在紐約州的下一季銷售額就短缺了一〇%。」

美國國內人口最多的州，前三名分別爲加州、德州和紐約州。州人口越多，營業稅額也就越大，也因此在這些州，州政府與亞馬遜之間的營業稅攻防戰，自然更加激烈。

全美人口第二大的德州，二〇一〇年要求亞馬遜補繳該公司於二〇〇五年至二〇〇九年所積欠的二億六千九百萬美元營業稅。德州的理由是，亞馬遜在該州達拉斯／沃斯堡國際機場附近的厄汶市（Irving）擁有一座物流中心，物流中心相當於PE，因此主張亞馬遜必須在德州繳納營業稅。

亞馬遜爲了與之抗衡，曾短暫關閉厄汶物流中心，藉以避開營業稅的徵收。當時共有一百多人因物流中心關閉而失業。

經過一番周折，二〇一二年亞馬遜以不溯及既往的二億多美元營業稅爲交換條件，同意往後在德州繳納營業稅，同時爲了回饋德州政府豁免補繳稅金的讓步，承諾未來投資二億美元，在當地興建多座物流中心，增加二千五百個工作機會。

亞馬遜在擁有美國最多人口的加州，也發生了類似的糾紛。二〇一一年，加州政府參照紐約州的先例，制定了法令，以填補稅制的漏洞。法令的宗旨是，凡居住在加州的亞馬遜推廣者，因其具備代理店功能，故而亞馬遜有繳納營業稅之義務。

二〇一一年亞馬遜副總裁保羅・米塞納（Paul Misener）在加州當地報紙《橙郡紀事報》上提出反駁：「亞馬遜堅決反對（營業稅）新制的課稅法專案……這些法案不僅違法，更像特洛伊木馬，招來其他類似法律效尤……如果加州政府決議執行這項法案，亞馬遜勢必會被迫與這群一萬多名居住在加州的推廣者終止契約。」

刊載這段談話內容的新聞標題寫著「亞馬遜恐嚇加州徵收營業稅」，揚言加州政府如果向亞馬遜課徵營業稅，將減少該州一萬多名從事推廣事業的州民收入。

亞馬遜自二〇〇四年開始，於加州矽谷設立「126實驗室」等研究所，集結各方人才，在此創造出Kindle、Fire Phone（以失敗收場的智慧型手機）、智能音箱等產品。同一時期，亦於矽谷設立一間「A9.com」研究所，專門強化亞馬遜的搜尋功能。然而，亞馬遜從以前就別有用心，將這些研究所定位在完全沒有營收的附屬機構，或是與顧客沒有直接關係的獨立子公司，以規避徵稅。

結果，亞馬遜亦遭加州政府追討營業稅，最後他們比原定開徵年分推遲一年，自二〇一二年開始向加州繳納營業稅。

面對各州政府的猛烈攻勢，亞馬遜終於屈服，自二〇一七年四月開始，在全美徵收營業稅的四十五大州（無營業稅的阿拉斯加、德拉瓦州、蒙大拿州、新罕布什爾州、俄勒岡州除外）繳納營業稅。

為何堅決抗爭到底？

貝佐斯爲何會如此徹底地反抗繳納稅金？其中一個理由，我想確實是爲了在商業策略上取得優勢，但僅只如此嗎？

這裡我想到貝佐斯在二〇〇八年股東大會上的演講。他說：「要我們在毫無利用其服務的各州，代爲徵收營業稅，實在是太不公平了。」

這是一種新自由主義的言論。

新自由主義思想的眞諦是希望將政府對市場的干預限縮到最小，「市場的事交由市場決定」感覺就像是貝佐斯的眞心話。新自由主義的想法與自由主義者（自由市場主義者）想法相通，他們的立場是盡可能排除公權力，追求個人自由極大化。

這樣的理念，是如何在貝佐斯心中萌芽的？

我不禁回想起，貝佐斯不斷反覆重提，他小時候有十年以上和祖父一起在德州農場度過漫長暑假的回憶，像是用很便宜的價格買來快報廢的大型推土機，一同修理到可以使用的程度；或是充當獸醫替生病的牛隻等家畜施行手術等。在貝佐斯的人生當中，最有影響力的莫過於他祖父。兩人的生活方式存在著「自己的事，自己完成」這種與拓荒者精神相通的脾性，我個人以爲這會不會就是讓貝佐斯竭盡全力逃稅的核心信念：亞馬遜的事，亞馬遜解決。我總覺得好像聽到貝佐斯在說「所以沒有必要繳稅」。

但，貝佐斯的這種想法真的正確嗎？

二〇一八年一月位於俄亥俄州的非營利政策研究機構「俄亥俄州政策事務」（Policy Matters Ohio）發表了一篇有關州內亞馬遜勞工的調查報告。報告中指出，亞馬遜自二〇一四年以降，在州府哥倫布啓動兩座物流中心。俄亥俄州共有六千多名勞工在物流中心工作，但其中有七百多人，相當於十分之一以上的勞工，都在領取生活補貼的食物折扣券。

依照俄亥俄州的規定，領取食物折扣券的資格是，單人家庭年收入低於約一萬六千美元，二人家庭年收低於約二萬一千美元，三人家庭則是年收低於約二萬七千美元。其中，在俄亥俄州領取食物折扣券以二人家庭居多。

這表示亞馬遜物流中心的勞工，光靠亞馬遜的薪資無法滿足其基本生活需求，必須仰賴社會福利救濟，而這些食物折扣券的財源正是稅金。換言之，亞馬遜可以說是利用稅金來填補工資不足的部分以聘僱勞工；而且亞馬遜位在俄亥俄州的物流中心，每天至少會撥打一次，有時候甚至是多次電話，要求派遣救護車救援物流中心內部所發生的各種傷病情況，呼叫救護車的經費取自稅金自然也是不在話下。

此外，亞馬遜自二〇一四年以來，獲得州政府提供一億二千五百萬美元的租稅優惠及補助金，以換取在俄亥俄州內創造更多的工作機會，這就相當於亞馬遜得到了雙重，甚至是三重減免稅金的優待。

當時負責俄亥俄州調查的柴克．希勒（Zach Schiller）在該團體報告書中如此寫道：「空腹的美國人可以獲得政府支助，購買生活必需品是好事，但是問題在於有如此衆多的勞工必須領取食物折扣券。亞馬遜以大雇主的樣子現身以來，反而讓許多勞工必須接受政府援助才得以生存，這個現象將導引至下一個問題：爲什麼一間規模如此龐大、成功的企業，其所支付的工資會不足以讓旗下勞工購買食物？」

在俄亥俄州萌生的問題，在之後亦蔓延到美國其他各州。以紐約爲據點的非營利機構「新食品經濟」（New Food Economy）所取得的消息指出，除了俄亥俄州以外，還有四州（亞利桑那州、堪薩斯州、華盛頓州、賓州）的亞馬遜物流中心勞工也在領取食物折扣券。當中，情況最嚴重的是亞利桑那州，該州每三名勞工就有一人領取食物折扣券，總數多達一千八百人以上。

一名政治家在得知亞馬遜勞工的困苦情況後，展開了行動。那就是在二〇一六年美國總統大選當中，最後與希拉蕊．柯林頓爭奪民主黨候選人之位的參議員伯尼．桑德斯。

根據《華盛頓郵報》報導指出，桑德斯預計在二〇一八年八月向聯邦政府提出法案，建議當亞馬遜、沃爾瑪等企業的勞工，因未獲取足以負擔生計所需的工資，而必須領取食物折扣券，居住在靠稅金經營的公營住宅社區，或是利用爲低收入戶打造的聯邦醫療健康保險（Medicaid）時，僱用這些勞工的企業必須支付政府爲此所支出的稅金費用（《華盛頓郵報》電子版二〇一八年八月二十三日）。

桑德斯說：「立法的目的是爲了讓亞馬遜這些大企業，支付旗下員工足夠的薪水過日子，同時也是爲了減少政府每年投注在低收入戶政策上所支出的一千五百億美元稅金。」

在此同時，桑德斯於自己的網站上新設了一個頁面，讓亞馬遜物流中心勞工可在網頁上留言傳訊，蒐集相關資料。

同年八月底，亞馬遜在網誌上針對桑德斯的內容提出反駁。亞馬遜會針對外界對自家公司的批評發表異議倒是十分罕見。

文章開頭寫道：「正當桑德斯議員不斷以招致誤會的批判，操弄政治手腕時，這頭的我們正在以龐大的經費，實際訓練那些非熟練的勞工，致力充實他們的技能。」然後，聲明：「沒有人比每天在亞馬遜勞務現場實際工作的勞工更了解實情，我們鼓勵全體員工上網塡寫自己眞實的體驗，協助桑德斯議員蒐集資料。」

桑德斯更進一步於同年九月向國會提交繳回稅金法案，命名爲《透過零補貼遏止不良雇主法案》（*Stop Bad Employers by Zeroing Out Subsidies Act*），簡稱《阻止貝佐斯法》（*Stop BEZOS Act*），成爲首度以貝佐斯命名的法案。包含亞馬遜在內的沃爾瑪、麥當勞、Uber 等各大企業勞工領取公家補助津貼時，企業就必須繳納等額的稅金。

九月，亞馬遜市値突破一兆美元，貝佐斯個人總資產亦超過一千五百億美元，不論是企業或經營者的獲利都超級巨大，導致美國社會充滿了應該回饋勞工的批評聲浪。

成為眾矢之的的亞馬遜，到了十月一轉先前的強勢態度，宣布自十一月一日起將時薪從原本的十一美金調漲至十五美金，效力擴及旗下物流中心所聘僱約三十五萬名的勞工，同時將英國倫敦的最低時薪從八．二英鎊（約新臺幣三百零三元）調升至一〇．五英鎊（約新臺幣三百八十八元）。

貝佐斯在網誌中寫道：「我們虛心接納對亞馬遜的批評指教，誠摯思考該怎麼做才會變得更好，於是我們決定（透過支付十五美金的時薪）推動美國產業，我們十分樂意提高時薪，並且衷心盼望我們能夠成為示範，帶動更多的大型企業效法。」

同時在貝佐斯發表感言聲明的亞馬遜網誌上，亦上傳了一則影片，內容是一名在亞馬遜物流中心工作，獨自扶養四名小孩的單親媽媽，聲淚俱下地接受採訪，她說：「我從來沒有拿過這麼高的時薪。我有四個小孩，所以我必須很努力地工作賺錢，也曾經有金錢上的困擾，但是我真的很滿意十五美金的時薪，以後我有更多的錢可以照顧小孩。」

這是亞馬遜臣服於大政治家施壓的歷史性一刻。亞馬遜打從心底厭惡政府以稅金的形式介入企業經營，長年採行租稅規避與壓榨物流中心勞工的經營布局輾轉周旋，最終也是落得被迫打臉自己，調漲勞工最低時薪的下場。

這對極度討厭自家公司不論是以何種形式遭人干預的貝佐斯而言，意味著慘痛的挫敗。

可惜的是，時薪十五美金的恩惠無法及於在日本亞馬遜物流中心工作的勞工。

爲什麼只有美國和英國調漲時薪，而日本的時薪不變？這與日本政治家至今幾乎從未向亞馬遜施壓有關嗎？日本適用十五美金時薪的那一天是否會到來？

受惠於川普減稅

要討論亞馬遜在美國國內的租稅規避，另一項不容忽略的是聯邦政府徵收的營利事業所得稅。

根據非營利稅收監督機構「稅收與經濟政策研究所」（ITEP）調查顯示，亞馬遜在二〇一七年與二〇一八年連續二年未繳納營所稅。

據悉，此乃是受惠於川普政權於二〇一七年十二月所簽署，針對企業施行的大幅減稅及扣稅的法案。

亞馬遜二〇一七年的稅前淨利爲三十八億美元，二〇一八年爲一百一十二億美元，這些都是營所稅的課稅標的。美國營所稅率爲二一%，所以二〇一七、二〇一八年亞馬遜原本必須分別繳納八億美元及二十三億多美元的營所稅，但因川普的減稅政策，亞馬遜不用繳納。

此外，亞馬遜不僅沒有繳納營所稅，還收到聯邦政府退稅。二〇一七年退稅一千四百萬美元，二〇一八年退稅額增加至一億二千九百萬美元。

若加入退稅的考量，亞馬遜二〇一七年的營所稅率爲負二・五%，二〇一八年爲負一・二%，營所稅率呈現負值。

負責這項調查的馬修・賈德納（Matthew Gardner）在接受英國《衛報》採訪

時表示：「亞馬遜是我至今所看過的企業當中，最傾注心力在租稅規避上的。」（《衛報》二〇一九年二月一六日電子版）

為什麼亞馬遜得以減免營所稅，甚至還能退稅？

《日經商業週刊ONLINE》這樣說明：「最大的理由是扣除額項目。亞馬遜投注在設備投資、技術開發等資金，包含擴大物流倉庫、建立資訊中心、AI的研究開發等，根據川普總統減稅法案，這些都符合扣除額項目。同時亞馬遜有部分員工——主要是高階主管——的薪資是領取股票分紅，這些股票在持股階段不會被課稅，所以光是這部分，亞馬遜就成功減少了十億美元以上的稅金。」（〈亞馬遜『零所得稅，退稅一億美元』的衝擊〉〔アマゾン『所得税ゼロ還印金1億ドル』の衝撃〕二〇一九年五月一日）

美國《財富》雜誌每年評選的全美最大五百家企業當中，除了亞馬遜以外，還有其他企業同樣受益於川普減稅所帶來的好處，唯獨亞馬遜引來強烈的非難。

《財富》分析：「亞馬遜會受到諸多抨擊……是因為它自二〇〇九年至二〇一八年間創造出二百六十五億美元的獲利，然而這幾年當中其所繳納的所得稅總額為七億九千一百萬美元，換算成稅率僅三％，遠遠不及川普減稅後所制定的二一％。」

如果用分數來評估貝佐斯的管理方法，他會得到幾分？

《哈佛商業評論》每年公布全球百大執行長排行榜，在二〇一八年的結果當中，貝佐斯排行第六十八名（順帶一提，第一名為ZARA的母公司西班牙愛特思〔Inditex〕集團的執行長帕布羅．伊斯拉〔Pablo Isla〕）。這項評比是由以下三個面向來評量執行長的排名：企業財務指標、事業永續發展，及企業社會責任（CSR）。

貝佐斯在財務指標勇奪第一，但永續發展上是第八百二十九名，CSR排行第八百二十四名，綜合三大指標後總排名為第六十八名。不難想像，貝佐斯重視租稅規避的態度及不愛惜員工的管理方式，讓他在永續發展與CSR的名次上，掉到後段班。貝佐斯雖然在財務指標奪冠，但在管理企業所採取的立場卻遠遠掉出八百名以外，這種矛盾，充分展現亞馬遜企業的本質。

要消除世人對租稅規避的批判，方法很簡單，只要亞馬遜自行公開其在各國的納稅額及節稅方法，讓所有人清楚其納稅金額及手法即可。英國通訊集團「伏德風」（Vodafone）、全球食品與消費者產品供應大廠「英荷聯合利華」等企業，早已採用這類資訊公開透明的方式，然而對於打從心底痛恨公開資訊的亞馬遜而言，這個選項可說是不在考慮的範圍內。

亞馬遜長久以來使出全力逃避納稅義務，隨著企業規模的擴大，它規避租稅的態度，引起全球矚目，嚴正看待。然而，只要貝佐斯在位一日，亞馬遜勢必會持續向租稅規避之路邁進。

若說有足以阻擋亞馬遜的力量存在的話，那或許就是像桑德斯一樣的政治家。宣布競選二〇二〇年美國總統大位的民主黨參議員伊莉莎白．華倫，在總統選舉政見當中，論及包含亞馬遜在內的GAFA各大企業瓜分市場的情況。

華倫在自己的網誌上闡明了批評GAFA的理由，她說：「今日，（GAFA這類的）大企業的影響力過度龐大，已波及到經濟、社會，甚至是民主主義。他們扳倒競爭對手，利用我們的個人資訊賺取利益，試圖讓我們反目成仇。在這段過程當中，他們嚴重打擊（身為美國力量泉源的）小型企業，抑止創造性的萌芽。」

隨著EU及美國國內議員的行動，美國政府在二〇一九年七月轉換方針，嚴格控管GAFA。美國司法部公布基於違反《反托拉斯法》的可能性，針對各大型IT企業展開調查，並開始檢視主導市場的網路平臺。司法部聲明：「如果市場競爭不具備有意義的規律，數位平臺便可能無法滿足消費者的需求……此為亟需討論的重要問題。」（《日本經濟新聞》二〇一九年七月二十四日）

GAFA瓜分市場既然成為二〇二〇年總統選舉政見論點之一，必定會在競選過程當中談論到包含亞馬遜在內的IT企業租稅規避問題。到時候，亞馬遜又會如何辯解其至今所採行的避稅手法呢？

第十章

「亞馬遜致命指數」的第一犧牲者

亞馬遜自進軍日本以來，在出版界不斷成長。當亞馬遜一步步成為日本的最大「書店」，不惜將批發商及出版社拉下水，只為了讓自家公司獲得最大利益。亞馬遜的獲利，真的與使用者利益有直接關連嗎？

讀者贏、作者贏、出版社贏

市場有一句「亞馬遜效應」的說法，意思是亞馬遜會在其加入的產業中快速成長，從而驅逐其他的同業公司；另一種說法「亞馬遜致命」（Death by Amazon），也是同樣的意思。此詞彙取自於一家美國投資資訊公司，在二〇一二年自創的「亞馬遜致命指數」，其彙整了那些因亞馬遜崛起而陷入困境的企業股價所得到的數據，名單上包含全球最大零售企業沃爾瑪、百貨巨擘賈西潘尼（J. C. Penney）、採行會員制度的量販店好市多等。

自從亞馬遜在日本開始營運以來，衝擊最大的當屬出版業。對現在的日本亞馬遜而言，圖書銷售不過是所有營運事業當中的一部分。然而，在圖書市場全面萎縮的現況中，只有亞馬遜不斷擴張，造成出版業歷來的商業慣例及應有的狀態不斷趨向亞馬遜規格而轉變。

二〇一六年一月下旬，亞馬遜針對出版社召開事業方針說明會，共聚集了近三百名出版社老闆與業務代表。此行目的在於勸誘出版社與亞馬遜直接交易。

一般日本圖書出版品的流通流程，通常是出版社經由批發商進貨到書店，三者之間的銷售額分配，大致上是出版社得七〇％、批發商八％、書店二二％。假設賣出一本一千日圓的書，出版社可以獲得七百日圓，批發商拿八十日圓，書店分得二百二十日圓。

批發商雖然毫不起眼，卻擔當重任，負責出版業的物流及結算，串聯三千多家出版社及一萬二千多間書店，將一年發行八萬多種書目的出版新書，連同雜誌一起配送到書店，回收沒賣出去的退貨書籍，在書籍的委託銷售當中發揮了關鍵作用。

亞馬遜這一間書店，正試圖打破日本自大正時代以來，一直延續下來的出版流通慣例，他們不想再透過批發商仲介，而是直接與出版社交易。為了宣傳直接交易的優點，亞馬遜負責人借用近江商人（日本中世到近代，活躍於近江國，也就是現在的滋賀縣，與大阪商人、伊勢商人譽為日本的三大商人）「三贏」的口號。近江商人透過「賣家贏、買家贏、大家贏」的標語，宣揚不僅身為賣家的近江商人得利，買家亦從中得到滿足，更有助於社會貢獻。

另一方面，亞馬遜所說的「三贏」，指的是對亞馬遜而言的所有顧客「讀者贏、作者贏、出版社贏」。根據亞馬遜的說法是，亞馬遜若與出版社直接交易，就能大幅減少流通浪費，縮減商品送達亞馬遜物流中心儲存的備貨時間，因此不僅身為亞馬遜顧客的讀者受惠，對書籍作者及出版社而言，都是利多。讀者可以迅速收到想讀的書，作者在亞馬遜網頁上顯示無庫存的情況減少，出版社又可避免錯失販售良機，可謂是好處多多，盡善盡美。

「亞馬遜自二〇〇〇年開始在日本銷售以來，便積極推動與出版社之間的直接交易。」說這句話的，是出版業專業報《文化通信》的常務星野涉（五十四歲）。

星野說：「亞馬遜當時日籍混血兒的負責人，用他不熟練的日文，不斷重複『直接來』『直接來』。他說的『直接來』指的就是直接交易。」

日本亞馬遜創辦人之一，現為雜誌網路購物公司「富士山雜誌服務」（富士山マガジンサービス）董事長西野伸一郎，接受雜誌採訪時曾如此說明：

「在（二〇〇〇年）網站開放的前幾個月，我們在千葉縣市川市蓋了一間大型倉庫。貝佐斯執行長特地從美國飛來日本視察時，便指示必須將日本全國所有的書目備齊庫存。貝佐斯從那時候開始，就已經在貫徹直接交易的想法。」（《週刊東洋經濟》二〇一七年六月二十四日）

那時幾乎沒有出版社願意與當時還來歷不明的亞馬遜直接交易，於是亞馬遜後來透過業界第三大批發商大阪屋（現在的大阪屋栗田），正式啓動銷售業務。

批發業界的二大巨頭日本出版販賣（日販）及東販，當時優先考量與既有書店之間的合作關係，未接受亞馬遜的合作邀約。後來，日販從二〇〇三年開始將圖書批發給亞馬遜；以往被業界認爲強烈抵拒亞馬遜的東販，亦從二〇一五年開始與亞馬遜合作，處理雜誌批發事宜。如今，亞馬遜的圖書主要從日販與大阪屋栗田取得，雜誌則是從東販進貨，形成批發業界前三大公司協助亞馬遜的局面。

自亞馬遜網站創設以來，已經過了將近二十個年頭。隨著出版產業的變化，日本圖書業界吹起了一股有利於亞馬遜推動直接交易的風向。其一是出版業界的銷售規模在一九九六年達到高峰後，便逐年節節衰退，陷入不景氣的窘況。在出版市場的高峰期，圖書與雜誌曾締造出二兆六千多億日圓的銷售額，二〇一八年銳減至一兆二千八百億日圓，市場狠狠縮小了一半以上，反觀亞馬遜的圖書銷售額，則從二〇〇一年的八十多億日圓開始不斷大幅增長。

如今是日本最大書店

亞馬遜現在的圖書銷售額大約多少？

根據《週刊東洋經濟》在二〇一七年推出的〈亞馬遜擴張〉（アマゾン膨張）特輯當中的估計值顯示，亞馬遜「圖書部門的年度銷售額大約是一千五百億日圓」。（《週刊東洋經濟》二〇一七年六月二十四日）

自由作家永江朗在二〇一七年九月日本出版勞動組合連合會（出版工會聯盟）演講上，說道：「以前，亞馬遜高層在日本文藝家協會演講時，曾透露年度銷售額大約一千五百億到二千億日圓左右。」

前文中的星野則表示：「就算從專業報的角度來看，我們還是不知道亞馬遜的圖書或雜誌在日本國內的正確銷售額，大概推估的話，數字大約是二千億日圓上下。業界有公開銷售額的書店，第一名是蔦屋書店一千三百多億日圓，第二名爲紀伊國屋書店一千多億日圓，也就是說我們認爲亞馬遜的銷售量更勝一籌。」

淳久堂書店難波分店店長福嶋聰（六十歲）說：「我認爲亞馬遜圖書銷售量最多這個說法大致上正確，關於具體數字，這只是我個人的想法，可能在二千億日圓上下。」

假設現在亞馬遜的銷售額爲二千億日圓，相當於開業以來，成長了二十五倍。若鑒於業界市場萎縮超過一半以上的情況，現況看來可以說是亞馬遜一枝獨秀。這段期間，原多達二萬三千多間的書店，銳減到只剩大約一萬二千多間。亞馬遜在出版的銷售額大多來自雜誌以外的圖書，假設圖書在出版業界整體銷售額約七千億日圓，亞馬遜的市占率便將近三〇％。

亞馬遜突飛猛進的成長，即將顛覆業界版圖。以往基於內容創作的主導優勢，出版社位於業界頂端，流通則是掌控在批發商手中，書店位居業界的最底層。亞馬遜由最底層翻身，連連攻克位居上位的出版社及批發商，以一間書店對二者的立場提出質疑，意圖重整業界的樣貌。

在眾人口頭一致認同亞馬遜如今已穩居業界領先地位的市場氛圍中，亞馬遜不依部門類別公開銷售額的做法，也確實可以說，像極了不喜歡公開資訊的亞馬遜會做的事。然而，如果連了解營業情況最基本的銷售額數據都無法正確掌握的話，將無法看清出版界的整體面貌。

「既然是業界龍頭，就有公開數據的責任。」就算我這麼說，最後也只是被當成耳邊風而已。

雖然亞馬遜沒有對外公告銷售額，但他們自己當然是充分掌握數據，且鉅細靡遺。

我手邊有一份二〇〇九年亞馬遜準備給某間出版社的企畫資料，整整三十多頁，頁頁標上「嚴禁外流」的字樣。

根據資料顯示，該出版社經由亞馬遜銷售的圖書在二〇〇七年大約二十萬本，銷售額二億六千多萬日圓。爲了不讓人認出出版社的資訊，在此所有相關數據皆稍微調整，但資料上的訂單冊數詳實地呈現到個位數字，銷售額也是完整標出至個位數的數值。此份資料指出，二〇〇八年的數據爲：二十三萬多本圖書，銷售額近三億三千萬日圓；相較於前年增長了二五％。這份資料正是將翌年二〇〇九年的年增率設定爲成長一五％爲目標的企畫書。

那時，亞馬遜向出版社主打的銷售利器不是直接交易，而是內容試閱檢索功能（なか見！検索）。如今消費者已經對此功能習以爲常，其實這是二〇〇五年十一月推出的新服務，讀者可以閱覽試閱頁面，也可以進行關鍵字檢索。

企畫資料中提到，「爲了實現最高銷售量」「網購的弱點：無法實際拿在手上翻閱」「不知道內容，總覺得有些不安」等，還要求出版社「請協助我們推動內容試閱檢索服務，若加上試閱功能，讀者能安心購買，購買率、PV數等也能因此獲得改善」。

我翻閱資料，發現一段提及直接交易的內容。

在「試閱檢索定位」的標題下方，依序列出下述內容：

一、「商品種類」（多樣化的產品）＋二、「集客」＋三、「試閱檢索」＋四、「亞馬遜寄售服務」＝「顧客滿意度上升」＝「提高銷售」。

寄售（e託販売）是亞馬遜在二〇〇六年推出，相當於和出版社之間的直接交易服務。「寄售」雖然列在第三項「試閱檢索」之後，但這才是亞馬遜念茲在茲的最終目標。寄售的段落寫著「不再錯過客戶」「永遠呈現『有現貨』的標示」。不過，由此還是可以嗅出亞馬遜判斷當下強推寄售服務爲時尚早，所以先推薦「試閱檢索」，靜待商機來臨，再力薦它的最愛「寄售」服務也不遲的意圖。

藉由直接交易增加抽成

大型出版社當中，KADOKAWA 打頭陣率先與亞馬遜直接交易，當時正值二〇一五年春天。

《日本經濟新聞》如此報導：「出版大亨 KADOKAWA 自四月起，不再透過批發商將出版品送達書店，直接將紙本圖書與雜誌直接進出貨給電子商務龍頭日本亞馬遜（東京・目黑），希望物流因此更有效率，讓商品更快送達消費者手中。亞馬遜從中省下來的採購費，未來還可能以點數形式回饋消費者……消費者在亞馬遜的購物網站訂購圖書或雜誌，當亞馬遜沒有庫存時，KADOKAWA 最快可在一日內將商品送達亞馬遜，所以也能盡早出貨寄給消費者。KADOKAWA 以往主要透過大型批發商日本出版販賣（日販）與東販，將商品批發給亞馬遜。亞馬遜沒有庫存時，有時配送至亞馬遜可能需耗費五至八天，同時還會產生物流費用。」（《日本經濟新聞》二〇一五年四月二十二日）

我在二〇一七年秋天潛入亞馬遜小田原物流中心時，就曾經在中心內部看過大量印有 KADOKAWA 文字的藍色棧板，和日販的黃色棧板並排的光景，那正是 KADOKAWA 以棧板進貨至亞馬遜，也就是直接交易的最佳證據。

相較於經由批發商的備貨時間需耗費五至八天，與亞馬遜直接交易，備貨時間最短可縮減至一天。縮短備貨時間的最大差異是，KADOKAWA出版的書籍在亞馬遜網站上呈現「有現貨」標示的比例。舉例來說，假設一星期內，亞馬遜網站上的KADOKAWA圖書總共有一百萬次的用戶點閱量，假設「有現貨」的標示增加了十萬次，如果轉換率爲五％，就相當於增加了五千次的購買機會；假設圖書的平均單價是一千五百日圓，換算下來，一個月的銷售額便有七百五十萬日圓的增長機會。

我向KADOKAWA提出採訪的要求，希望詢問當事人與亞馬遜直接交易的想法，但遭到拒絕：「估計您的提問可能包含不適合對外界透露的內容，所以現階段我們無法接受您的採訪。」

業界相關人士說道：「角川在二〇一三年改名爲KADOKAWA，因吸收合併了旗下ASCII Media Works、中經出版等九家子公司，所以發行數量急速增加，庫存也瞬間爆滿。所以就我的理解，KADOKAWA是爲了消耗五千萬本的庫存，希望能減少到一千萬本，才開始與亞馬遜直接交易。在此同時，KADOKAWA也整合了他們家十多處以上的物流據點。」

KADOKAWA的員工則說：「亞馬遜今後只會變得更強，不會變弱。所以我猜KADOKAWA的想法是想趁現在還有體力，能與亞馬遜平起平坐，進行平等的交易。我不認爲KADOKAWA完全信任亞馬遜。亞馬遜是一間一旦取得優勢地位，就會緊緊勒住對方脖子不讓他喘息的企業。所以KADOKAWA或許是想在得以較勁之處與之抗衡，趁早累積與亞馬遜對弈的經驗值。」

現在我們了解，與亞馬遜直接交易對出版社有益，而且出版社的銷售提升，也會連帶拉高亞馬遜的業績。然而，亞馬遜試圖向出版社推動寄售服務，目的不光只是爲了銷售量。

亞馬遜推行寄售的眞正用意在於增加亞馬遜抽成的比例。

現行日本出版業的銷售額有固定的抽成比例，出版社七〇％，批發商八％，書店二二％。出版社的抽成比例會因爲與批發商兩者間的角力關係而上下浮動，不過書店的二二％，除了部分大型連鎖書店外，大致上不變。所以只要批發商橫在出版社與書店之間，身爲書店的亞馬遜可以抽成的比例就不會有太大的變化。

亞馬遜的寄售提案，是爲了拔出批發商，與出版社直接交易，讓亞馬遜的抽成比例得以從以往的二二％提升至四〇％。亞馬遜抽成增長快二倍，反之出版社的抽成則從七〇％降到六〇％。賣出一本一千日圓的圖書，出版社可獲得六百日圓，亞馬遜則分到四百日圓。

若直接交易，無須支付批發商八％的費用，所以書店想抽成八＋二二＝三〇％，這部分可以理解。然而，亞馬遜得寸進尺，進一步追加一〇％，要出版社給它四〇％。如果在出版社的眼中，亞馬遜等於貪婪的化身，那也是它咎由自取。

某出版人表示：「『大家得利，人人幸福』，亞馬遜主管經常把這句話掛在嘴邊，我也聽過很多次。但是，他們憑著舌粲蓮花，口中說著人人幸福，背後卻隱藏著提高自家利益的眞正目的，讓人覺得實在是太表裡不一了。」

出版社抽成變六〇％代表什麼意思？

出版社必須付出製作圖書的種種經費，包含紙張費用、印刷費、裝訂費等等，還得支付作者版稅，林林總總加起來，一本圖書的支出費用大概占三八％左右，從七〇％的抽成當中扣除後，出版社的毛利大約三二％。

然而，要是因爲寄售而被抽走一〇％，出版社的毛利就瞬間掉到二二％，相當於毛利銳減到只剩三分之二。

舉例來說，一本一千五百日圓的圖書首刷量五千本，全部交由亞馬遜寄售。在出版社毛利率三二％的情況下，出版社抽二百四十萬日圓。反之，假設出版社寄售，抽成降至六〇％，毛利率爲二二％時，抽成金額爲一百六十五萬日圓，兩者相差了七十五萬日圓。若眞如此，出版社經營會頓時陷入困境。反觀抽成四〇％的亞馬遜，抽成金額則從原本的一百六十五萬日圓（二二％）瞬間增加到三百萬日圓。

這筆交易，受益最大者是亞馬遜。

不過，多位業界人士紛紛表示先前提及的KADOKAWA與亞馬遜的直接交易，並非此處所說的寄售，而是相互簽署合約的商業交易，KADOKAWA守住了七〇％

的抽成。之後我再次向KADOKAWA詢問批發價七〇%的數字時，得到「基於保密義務，我們無法透露與亞馬遜之間的交易條件」的回應。

目標鎖定小型出版社

業界知情人士表示：「像KADOKAWA這種發行數量雄厚的出版社，從業界的角力關係來看，沒必要用比批發商更差的條件與亞馬遜做生意，那樣沒意義。」

亞馬遜真正的目標是鎖定在那些營運基盤薄弱，一旦違反亞馬遜的意思，便可能搖搖欲墜的小型出版社。

關西地方某中型出版社社長匿名接受採訪時說道：「亞馬遜在多年以前問我們要不要試試直接交易。像我們這種起步晚，又算是區域性的出版社，批發商給的條件有時候還滿嚴苛的。一本書批發價六七%，銷售抽成（給批發商的手續費）再扣五%，所以實際上我們家只有拿到六二%，而且新書的款項必須等七個月以後才會入帳。亞馬遜在這方面做了不少功課，跟我們談直接交易時，提出：『批發價六八%如何？』而且兩個月後付款。這麼好的條件，怎麼可能會不接受？但是一年後，亞馬遜就說要將批發價降到六〇%，我們也只能含淚答應。亞馬遜的做法真的很狡詐。」

我接著詢問他，要是亞馬遜日後進一步提出降低批發價的要求，他會怎麼做？社長回答：「如果前提是沒有退書的話，批發價六〇%的條件，我們勉強可以接受，但如果亞馬遜要降到五五%，我一定立刻收手。」

亞馬遜這種翻臉不認人，擅自變更條件的做法，並不限於這家出版社。

東京都內某間中型出版社在二〇一二年接受亞馬遜的勸誘，開始推行電子書。當時，電子書的抽成是出版社六成、亞馬遜四成。然而，二年後，亞馬遜提議想要對調抽成比例，改為亞馬遜抽六成，出版社抽四成。出版社老闆不願接受這個條件，亞馬遜卻回說「你不接受的話，就歸還你們出版社存放在亞馬遜物流中心的所有紙本書，總共有二千萬日圓」。這家出版社一年淨利只有一千萬日圓不等，要是一次被迫退回二千萬日圓的庫存，到時會連錢都湊不出來。萬般不得已，該出版社只好接受這個電子書抽四成的要求。

若徹底違背亞馬遜，會有什麼後果？

出版流通對策協議會（現改為日本出版者協議會）由九十家中小型出版社組成。當年的會長，也是綠風出版的社長高須次郎，於二〇一四年五月在東京都內召開「暫停供應亞馬遜自家出版品記者會」。他在記者會上聲明，綠風出版、晚成書房、水聲社三間出版社將聯合暫停出貨到亞馬遜，出版品總計涵蓋一千六百多種。

他們停止出貨的理由是，亞馬遜設立的消費者點數制度，破壞日本書市的統一定價「再販制度」，顛覆業界秩序。再販制度正式名稱為「再販賣價格維持制度」，當中規定出版品由出版社制定圖書及雜誌的定價，以便書籍可在零售書店等地以定價販售。高須批評亞馬遜特別為學生推出的「亞馬遜學生方案」，一〇％的點數服務（最高一五％）相當於大幅折扣，違反再販契約。

停止與亞馬遜交易

二〇一九年四月，我拜訪一手策畫這場暫停出貨行動的總召高須次郎，二〇一八年時他曾出版《出版崩壞與亞馬遜》（出版の崩壊とアマゾン）。

這天我來到JR水道橋車站，從東京巨蛋出口出站後，一手看著谷歌地圖，穿過好幾所學校之間的蜿蜒小路，來到位於綜合商辦大樓一樓的綠風出版。綠風出版是一間非常典型的小型出版社，設立於一九八二年。根據日本帝國數據銀行公司的資料顯示，該社銷售額達一億日圓，高須夫妻都在這裡工作。高須現年超過七十，身兼數職，既是現任編輯，更是一名業務，還具有作家身分。高須花了一個多小時，熱切地向我解釋他主張再販制度的必要性，並且強烈批判正在一點一滴吞食再販制度的亞馬遜。

總結高須的論點，簡單說就是：「再販制度下可接受的點數折扣至多一％上下，亞馬遜忽視再販制度，不當一回事，試圖讓出版業踏上崩壞一途。」

——首先，我最想問的是，綠風出版和亞馬遜停止交易以後，貴公司在經營上產生什麼影響？

「剛開始銷售量掉了八％，不過大概半年左右，狀況就回穩了。多虧有多家大型書店知道我們因折扣販售一事而停止供貨給亞馬遜，為我們聲援，特別舉辦書展。」

我還想確認，現在是否依舊停止供應出版品給亞馬遜？高須回答：「我們現在還是停止供貨給他們。」

那爲什麼亞馬遜的網站上仍販售綠風出版的新書？

舉例來說，在亞馬遜網站上，綠風出版的《電力改革論點》（電力改革の争点），新書定價二千三百七十六日圓，標示「隔日到貨」，屬於尊榮服務配送商品，庫存則顯示「剩二本」（預計再進貨），並且標明「本商品由日本亞馬遜網站販售出貨」。另一本《ODA水壩淹沒的村落與森林》（ODAダムが沈めた村と森），新書售價二千五百九十二日圓，庫存顯示「剩一本」（預計再進貨）。換言之，這些都是亞馬遜進貨販售的綠風出版新書。

我拿著智慧型手機上顯示亞馬遜網站的頁面，詢問高須：「這到底是怎麼一回事？」

他回答道：「從二〇一七年左右開始，亞馬遜網站上又出現我們家最新出版書籍的資訊。是業界朋友通知我，我才知道這件事。綠風出版與十多間批發商都有往來，包含日販、東販等在內，雖然日販是我們以前和亞馬遜的窗口，但是我想日販並沒有將我們的圖書流給亞馬遜。因爲之前我們要求日販停止出貨給亞馬遜時，他們就修改系統了。系統會自動排除從亞馬遜購買綠風出版圖書的訂單。但如果是從其他的批發商流過去的話，我們沒有辦法追究批發商的銷售對象。雖然我不清楚爲什麼我們家的圖書會以新書的形式在亞馬遜上販售，或許這涉及亞馬遜身爲『應有盡有商店』的顏面也說不定。」

此外，適才提及的《電力改革論點》與《ODA水壩淹沒的村落與森林》這兩本書，分別附有三％的六十六點數及五％的一百二十五點數，這些數字遠遠超過了高須所聲明的「一％上下」。

高須說：「就算我們截斷了正規的供貨路線，亞馬遜還是不放棄，隨自己的意願進貨，也沒有改變點數的贈與，這種游擊隊的突襲做法，我也無話可說。就算我想對它說，不准把我們家的圖書納入點數服務，但現階段我們與亞馬遜沒有任何合作關係，所以也沒有管道可以傳達。結果不管我們這些中小型出版社說什麼都沒有用，對亞馬遜而言一點意義都沒有。」

類似的情形，同樣出現在《貝佐斯傳》一書中。

儘管德國刀具廠商三叉牌（Wüsthof）再三要求亞馬遜停止以折扣價格販售該公司產品，亞馬遜始終我行我素，因此三叉牌的老闆在二〇一一年直接登門拜訪亞馬遜西雅圖總部，揚言將撤回所有公司產品，亞馬遜的負責人嗆聲回答：「那我就從其他未經授權的灰市進貨給你看！」

這實在是太有意思了。

就算是高須高舉反對旗幟，公開對抗亞馬遜，亞馬遜爲了保全「應有盡有商店」的顏面，說什麼也要從正規以外的渠道，取得綠風出版的新書，上網販售。這不就表示就算出版社對亞馬遜提出所有的意見，即使暢所欲言，都不會影響出版社的業績不是嗎？出版社不就可以毫無顧慮地盡情向亞馬遜闡述己見了嗎？我一邊這麼想，一邊興味盎然地聽著高須高談闊論。

單方面刪除作品

亞馬遜公然向出版社提議寄售的交易是發生在二〇一六年。

爲什麼亞馬遜能夠在二〇一六年這個時間點，向出版社提議直接交易？

最大的原因在於批發商相繼倒閉。二〇一五年六月，批發業排名第四大的栗田出版販賣因負債一百多億日圓，率先破產。翌年三月，業界第五大的太洋社也因背負七十多億日圓的債務而宣告倒閉。栗田雖然在二〇一六年四月，接受業界第三的大阪屋救濟，以大阪屋栗田之名重新出發，然而，大阪屋栗田在二〇一八年五月推行第三方增資，樂天因取得五一％股份，躍身爲最大股東，大阪屋栗田因而正式成爲樂天的子公司。

批發商的營運爲何會變得如此拮据？儘管主因還是業界規模從高峰時期縮水到不到一半，然而出版業主要獲利來源的雜誌銷售銳減超過五成，所帶來的衝擊又更大，相形之下，圖書銷售量減少不到四成。

以往圖書的輸送模式是透過雜誌的流通網，讓原本應該要一本一本寄送的圖書得以搭上雜誌通路的便車運送，所以長年以來圖書不需要花費物流費用，這也是爲什麼日本國內的圖書價格會比其他先進國家便宜的原因。但是另一方面，讀者在書店訂購的圖書往往不知何時才會送達店面，無形中形成一種讓購書者漸漸遠離書店的環境。

批發商的破產促成了有利於亞馬遜推動直接交易的局面。

「出版圖書傳統仰賴批發商的流通能否維持下去」這種危機意識逐漸在出版社之間擴散蔓延。在此危急之際，「不是還有越過批發商，直接與亞馬遜交易的辦法在嘛！」亞馬遜見機不可失，順勢向出版社推銷寄售服務。這可是亞馬遜從二〇〇〇年開始營運以來，等待了近二十年才終於到手的大好機會。

二〇一六年，日本亞馬遜圖書事業總部副協理村井良二在財經雜誌的訪問中如此說道：

「去年亞馬遜強化了尊榮服務，提升服務品質，圖書、雜誌銷售因此有所成長。在敝公司網站上交易的前百大公司當中，有八十三家出版社銷售提升。（銷售）增加二成以上的公司更多達十五間。與出版社直接交易，不僅圖書頁面上顯示『缺貨』的次數減少，出版社也能迅速補貨，這對出版社與讀者來說都有好處，像我們與某間大型出版社直接交易後，圖書的備貨時間縮短了四天。現在亞馬遜所包辦的圖書、雜誌當中，有近三〇%的出版社與我們直接交易。未來我們希望在減少缺貨的同時，能大幅拉高直接交易的比例。」（《週刊東洋經濟》二〇一六年三月五日）

關西某中小型出版社社長，剛好在這段期間接觸過亞馬遜寄售服務，他回憶道：「亞馬遜的寄售除了批發價六折以外，將書本進貨到亞馬遜物流中心的交書作業費用亦由出版社負擔，這時候就知道實拿的抽成只會更低，我覺得很麻煩又沒賺頭，所以最後沒有加入。」

我手邊有一本《寄售服務入門手冊》，這是亞馬遜圖書事業總部發行的小冊子，從封面到最後第三十七頁每一頁都印有「Confidential」（機密）的紅字。

根據商品入庫流程的頁面說明，亞馬遜每週會通知出版社進貨三到五次，出版社收到通知後，必須先向自家委託、保管書籍存貨的物流公司確認庫存狀況，傳達出貨指令，該物流公司再根據指令將商品運送到亞馬遜的物流中心，這部分的出貨費用由出版社承擔，所以扣除出貨支出後，出版社的抽成就會低於六成，變成「沒有賺頭」的交易，這就是適才關西出版社老闆所說的意思。

亞馬遜在那之後持續推展各種招數，意圖增加直接交易的出版社數量，然而在那之前，發生一起事件，擴大了亞馬遜與出版社之間的鴻溝。

二〇一六年八月三日，亞馬遜大肆宣傳推出新服務「圖書無限暢讀服務」（Kindle Unlimited）：月付含稅九百八十日圓的費用，即可無限閱讀十二萬冊以上的日文書，及超過一百二十萬冊的外文書籍。當時亞馬遜網站上充滿了各種誘人的文宣：「不論何時何地，都能盡情閱讀。月付九百八十日圓，就有各式各樣的書籍、漫畫、雜誌與外文書任君挑選，無限暢讀。」多達「數百家」出版社加入這項新服務，包括小學館、講談社、文藝春秋、幻冬舍、光文社、鑽石社、東洋經濟新報、PHP等。

然而，Kindle無限暢讀服務才剛起步便遭遇挫折。服務正式推出後一週不到，亞馬遜在未事先通知出版社的情況下，擅自將部分作品從無限暢讀名單中刪除，其中包括講談社的寫眞集《中島知子寫眞集——中場休息MAKUAI》（中島知子写真集幕間MAKUAI）、《今井醇美寫眞集Mellow Style》（今井メロ写真集Mellow Style）等。

《朝日新聞》報導：「根據多家出版社指出，亞馬遜爲了勸誘出版社提供圖書，與部分出版社簽約，限於今年度在原定抽成以外，額外加碼支付使用費。然而，自服務推出後大約一星期，漫畫、多位寫眞女星的寫眞集等熱門書籍開始從無限暢讀服務的名單中消失。根據亞馬遜的說法是『下載次數超出預期，本公司沒有足夠的預算支付出版社』『再這樣下去，本公司將難以維持營運』。」（《朝日新聞》二〇一六年八月三十一日）

「『爲什麼你們單方面下架部分作品？』講談社自八月中旬以來，便多次向亞馬遜提出質疑，同時要求亞馬遜將那些被刪除的作品全數重新上線。然而，儘管一切都還在協調當中，亞馬遜卻於九月三十日全面下架講談社所提供的一千多本作品。除了講談社以外，亞馬遜還刪除了小學館、光文社、朝日新聞出版、三笠書房、東京圖書、白泉社、芳文社、法國書院等多家出版社的所有作品，估計曾有多達二十來間出版社遭受波及。」（《東洋經濟ONLINE》二〇一六年十月七日）

十月三日，講談社發布新聞稿〈關於亞馬遜『Kindle 無限暢讀』服務停止供應講談社作品〉（アマゾン「キンドルアンリミテッド」サービスにおける講談社作品の配信停止につきまして）。儘管講談社長久以來提供的圖書、雜誌超過一千多種，卻「發生亞馬遜未事先通知，便撤銷本出版作品的情況……自事件發生以來，敝社不斷向亞馬遜提出嚴正抗議，並要求其將敝社於該服務中的所有作品恢復上架，回歸原狀。然而絲毫未見好轉……敝社長期供應亞馬遜書籍，就出版社立場而言，遭逢此等意外，敝社十分不解，並感到憤怒」。

通常，在商業圈子裡存在著一個潛規則，那就是不公開個別商業合作的細節，尤其是出版業行事保守，更是奉爲圭臬。講談社發文公開抗議，可以說是特例。

某位長期關注 Kindle 無限暢讀服務事件的業界知情人士表示：「老實說我不太訝異，反而有種不出所料，『果然像是亞馬遜會幹的事』的想法。我從以前就認爲亞馬遜的做法就是這樣，既不會找提供圖書、雜誌的出版社商量，也不會事先通知，就隨意更動。他們嘴上說『三贏』，說是說得很好聽，結果也只顧自己方便，根本沒有考慮到讀者、作者、出版社的立場，就算出來說明也是語焉不詳。這一連串的騷動，在我看來，只覺得亞馬遜終於露出馬腳。亞馬遜所提倡的顧客第一主義，前提是不違背公司利益，是有條件的。」

亞馬遜對這起事件幾乎沒有任何解釋。《日本經濟新聞》以〈「無限暢讀」圖書下架，亞馬遜三緘其口〉（「読み放題」配信停止、アマゾンだんまり）爲標題報導如下：

「日本亞馬遜（東京都目黑區）（十月）十七日在東京都內，召開電子書閱讀器新產品說明會。負責人表示『讀者可以透過閱讀器或相關服務利用電子書服務』，對於無限暢讀服務中亞馬遜未知會即刪除特定作品，出版社公開抗議一事，隻字不提。」（《日本經濟新聞》二〇一六年十月十七日）

自己失算誤判，搞砸事情，卻從頭到尾保持沉默的反應，表示危機管理能力的不足。亞馬遜此次失敗，導致合作對象蒙受損失，應有的版稅收入全因亞馬遜翻臉不認人，而一毛未得。

推託是承包業者的獨斷行為

二〇一七年一月，漫畫家佐藤秀峰設立的「佐藤漫畫製作所」，控告亞馬遜（正式名稱爲「亞馬遜服務國際股份有限公司」）突然中斷 Kindle 無限暢讀服務，違背雙方契約，求償二億多日圓。

佐藤是一名漫畫家，其著作包含《醫界風雲》《海猿》等暢銷作品。由佐藤身兼老闆所創立的佐藤漫畫製作所，是一間電子書批發公司，同時發行其他漫畫家委託的漫畫作品。包含他自己的作品在內，佐藤漫畫製作所在 Kindle 無限暢讀服務上，總共提供了大約二百部漫畫。這些漫畫如果按原契約內容供讀者閱讀，佐藤漫畫製作所估計可有二億日圓的收入，其據以此提起民事訴訟，要求損害賠償。

佐藤在自己的網誌上貼文，解釋 Kindle 無限暢讀服務中止的來龍去脈：

「在八月三日 Kindle 無限暢讀服務起步階段，亞馬遜與我們簽約，自八月三日起至十二月三十一日止這段期間，將以特別條件支付版權使用費。八月十日左右開始，部分熱門漫畫、寫眞集開始從服務名單被下架。同月三十一日，負責佐藤漫畫製作所與亞馬遜二者合作事宜的 A 批發公司負責人造訪敝公司，說明：亞馬遜公司提出『希望更改 Kindle 無限暢讀服務支付方式』的要求，佐藤漫畫事務所回答『不同意單方面變更支付條件』，翌日九月一日所有作品全數遭撤架。

「在那之後，佐藤漫畫事務所郵寄存證信函，向亞馬遜提出損害賠償，十月五日收到亞馬遜三點回覆：『亞馬遜公司具有自由刊登，停止所得作品內容之權利』『亞馬遜裁撤作品，沒有事先通知批發商、出版社，取得同意之義務』『因此無賠償義務』。」

在我查閱訴訟資料時，注意到被告公司名不是「日本亞馬遜」，而是「Amazon Service International, Inc.」——亞馬遜服務國際股份有限公司。在日本亞馬遜購物時，這個公司名稱以前也會出現在隨商品一起寄來的交貨單上，就印在付款餘額下方，地址則是「美國 98109-5210 華盛頓州西雅圖市泰瑞北街 410 號」（410 Terry Avenue North, Seattle, WA 98109-5210, USA）。

這是前文論及，日本亞馬遜在日本規避營所稅的議題時，亞馬遜用來辯解的招數之一，藉由主張執行銷售行爲者始終是西雅圖的亞馬遜總公司，日本亞馬遜頂多只是代爲執行部分工作，所以亞馬遜沒有必要針對日本銷售總額繳納營所稅。

然而，至今我所調閱過亞馬遜被列爲被告的訴訟資料當中，名義都是「日本亞馬遜」，例如「原告LEHANGE（日本皮件公司），被告日本亞馬遜，上列當事人間請求揭示發信人資料事件」「原告●●●●，被告日本亞馬遜，上列當事人間請求確認地位等事件」「原告[redacted]，被告日本亞馬遜，上列當事人間請求損害賠償事件」（筆者註：原告爲一般民衆，故以符號代之）。

然而，Kindle無限暢讀服務的相關事件，卻與在日本繳納營所稅同樣屬於西雅圖總公司的案件。

難道他們想說：「因爲是總公司做的決定，所以日本亞馬遜沒有發言權限？」誠如前文中所提，什麼可以說、什麼不可以說，決定權完全掌握在美國總公司手中。即便是攸關亞馬遜在日本國內的銷售額，日本亞馬遜依舊沒有公告數字的權限。所以，新聞標題上所寫的「決定三緘其口」，其實「就算想解釋，沒有總公司許可，也無權說話」的解讀，才最接近正確答案嗎？

然而，在亞馬遜服務國際股份有限公司提交給法院的準備書狀中，其主張與先前向佐藤聲明的內容大相逕庭：

「關於 KU（Kindle Unlimited）計畫，原告（筆者註：佐藤漫畫製作所）與被告（筆者註：亞馬遜服務國際股份有限公司）之間不存在任何契約關係。同時，被告既未參與原告與訴外機構間之契約或其他交易，原告與訴外機構間簽訂了哪些契約，被告亦全然不知。另一方面，訴外機構係以獨立於被告以外之身分，基於自己的意願簽署契約，並予以履行。因此，有關 KU 計畫，原告與被告間可以說是不可能成立任何『雙方同意』的約定。」

真是有夠艱澀難懂的書狀。

總之，它的意思是：亞馬遜與佐藤漫畫製作所之間沒有直接簽約，兩者之間存在第三方專門處理電子書事宜的批發商（即所謂的「訴外機構」），因此亞馬遜與佐藤漫畫製作所之間未達成協定，損害賠償不成立。

進一步詳閱訴訟資料，會發現亞馬遜主張，此次問題全因訴外機構之外部批發商的自行判斷，致使 Kindle 無限暢讀服務中止供應作品，要求亞馬遜承擔賠償責任不近情理。文中所謂的外部批發商是指，數位內容流通供應商「BITWAY」與「出版數位機構」（如今兩家皆已併入 MEDIA DO HOLDINGS Co., Ltd.）兩家電子書批發商，其大股東主要是大日本印刷、凸版印刷等。

我向 MEDIA DO HOLDINGS 詢問訴訟一事，得到「本公司非訴訟當事人，且該案件目前尚在審議當中，恕我們無法發表任何意見」的回應。

很難相信亞馬遜的承包商業者會未經亞馬遜指示，即中斷 Kindle 無限暢讀服務的作品供應，亞馬遜這種「承包商業者獨斷的裁決是Kindle無限暢讀服務失敗的原因」的說詞，讓人難以全盤接受。

倒不如說，因為亞馬遜下達了明確的指示，所以身為承包商的批發業者依指令行動，這樣的推論反而更加合情合理。亞馬遜用這樣的理由申辯，有辦法度過訴訟難關嗎？亞馬遜的託辭就連我這個訴訟門外漢心中都充滿各種疑惑。

不管是哪種訴訟案件，查閱訴狀或雙方所提出的文件等資料，都可以描繪出大致的輪廓，但是關於Kindle無限暢讀服務的審判，就算讀了資料也只是讓人越想越不明白。就連亞馬遜所提交的多篇訴訟資料上，也有多處遭到塗抹的痕跡，防止外界閱覽，維持亞馬遜一貫的保密主義。二〇一九年五月在我撰寫本書的當下，本案尚未結案，所以無判決書可參考。（根據二〇二〇年三月三十日的相關新聞，法官判定佐藤方敗訴。）

Kindle無限暢讀服務的支付方式也是謎團重重。

我個人在《週刊文春》雜誌專欄上刊登的「潛入優衣庫一年」專欄內容，亦在Kindle無限暢讀服務上販售（雖然標題一樣，但與拙作《潛入優衣庫一年》一書內容不同）。二〇一七年三月至十月間的UU（Unique User：不重複使用者人數，亦即點閱次數）共七千五百六十四次，我收得版稅共四萬三千二百九十四日圓。根據單純的除法運算，一次點閱，我可以收得不到六日圓的版稅。

通常，紙本圖書的版稅占印刷份數的銷售額一〇%，電子書則占二五%至三〇%。拙作《潛入優衣庫一年》在Kindle可取得三〇%版稅。

至於Kindle無限暢讀服務，亞馬遜已經制定支付的總額，所以是根據點閱次數，從支付總額當中將版稅分配給每一件出版品。然而就連最根本的支付總額數字是多少，出版社也是一無所知。換言之，不論是出版社還是作者，都無從判斷他們在Kindle無限暢讀服務中所收取的版稅是否正確。這樣還稱得上是公平交易嗎？

出版社接受書店直接下單

我不全然反對出版社與書店直接交易，直接交易也並非單單只是亞馬遜設想的戰略模式。我個人認爲，視處理方式的不同，直接交易也有機會打破現在出版流通阻塞不通的現況。

東京都內有一間出版社，名爲Transview（トランスビュー）。

Transview創業於二〇〇一年，總公司位在人形町。總公司裡的圖書堆積如山，看上去與其說是出版社，反倒比較像是倉庫。

Transview自創業以來便不透過批發商的管道發行圖書，而是接受書店直接下單，再行配送，業界稱之爲「透視法」。透視法的目標之一，是將書店抽成從以往的二二%提升至三〇%，讓圖書界最大的銷售通路——街道上的實體書店——得以起死回生。目前書店的抽成已提高至三二%。反過來說，這就表示過往書店二二%的抽成比例過低，因此有許多書店經營拮据，陷入生存危機。

Transview社長工藤秀之，四十七歲，他在接受圖書的相關訪問時如此說道：

「假設有一間個人經營的小書店，月銷售額一百萬日圓。獲利比例如果以業界平均二二%來計算，實際收入便是二十二萬日圓；但如果是三〇%，就有三十萬日圓。如果有八萬圓，就可以請一名工讀生，幫他寫信給數十多名老客戶。成本七成的設定，可以創造足夠的資金，讓這間書店在營業上推行一些新策略。」（石橋毅史著《直接賣書》〔まっ直ぐに本を売る〕）

透視法是可以退貨的寄售，訂單下單一本就接，集滿出貨數量後立即配送（已下訂的冊數全部包裝出貨）。當天下午五點半以前的訂單，隔日中午前送達（宅配一天之內可送達的區域）。配送費用由出版社承擔，因此出版社的抽成從六八%扣除運費後，不到六五%。由於宅配的支出大致固定，所以圖書售價越高，出版社獲利就越多。

亞馬遜如果下單，Transview也會承接，條件同樣是六八%，不過與亞馬遜之間的交易是透過批發商大阪屋栗田寄送書本。

Transview自二〇一三年開始不只配送自家出版的書，也開始替其他出版社以透視法的方式，將圖書配送給書店。第一家合作出版社是總公司位於東京都內的**KOROCOLOR**（ころから）出版社。

KOROCOLOR出版社社長木瀨貴吉，五十二歲，二〇一三年成立公司時，也摸索過一陣子透過批發商管道的經營模式，不過日販與東販都「委婉拒絕」，大阪屋栗田則要求批發價六七％且銷售抽成五％，所以出版社實際抽成六二％，半年後支付款項，條件十分嚴苛，所以「我婉拒了」，木瀨說。最後，木瀨選擇以外部出版社的身分成爲透視法的第一位受試者。

木瀨說：「我從成立出版社前一年開始，便不斷與工藤先生再三商量。工藤先生很熱忱地邀請我『讓我們一起改善書店的收入』，這引起了我的共鳴，同意他的提議。不過透視法至今在出版業界相當成功，在這樣的氛圍下，敝社身爲外部打頭陣的先鋒，如果不幸失敗，會被當作透視法本身的挫敗，這讓我感到責任重大。」

儘管木瀨十分擔心，他委託給透視法的圖書銷售依舊順利成長。

木瀨委託透視販售的同時，也利用了亞馬遜的寄售服務。

木瀨：「我並沒有多想，也沒有任何寄售的相關知識，只是在寄售的頁面上慢慢地輸入總公司地址、代表人、支付方式等基本條件，無須審查，也沒花太多時間，就完成了寄售的註冊，而且可以即時上線銷售。雖然批發價六〇％的條件比批發商還差，但它的註冊步驟很簡單，讓我覺得相當簡潔俐落，所以就順勢開始利用亞馬遜的寄售服務了。」

KOROCOLOR 出版社二〇一四年三月出版的《九月在東京路上》（九月、東京の路上で）一書，在亞馬遜寄售賣出大約三千本之後，木瀨這才發現，在亞馬遜寄售與經由透視販售所賺取的實際費用相差了數十萬日圓，這對剛開始營運的出版社來說，是一筆爲數不小的數字，於是木瀨暫且從寄售收手，全心投入透視通路。

在那之後，亞馬遜不時會出現缺貨的情形。當時木瀨對此情況並不太在意，直到某本書在亞馬遜連續缺貨了快一個月，突然爆發出版社與「作者間的衝突」。作者堅稱「連一本書都沒有在亞馬遜上販售，就相當於書不存在」，木瀨反駁「這本書一直都有在其他網路書店、紀伊國屋、丸善販售」。

木瀨說：「就算跟作者爭辯這些五四三，也賣不出一本書，反而徒增疲憊，所以爲了滿足作者需求，我又重新利用亞馬遜的寄售服務。」時值二〇一六年夏天。「那時批發價比一開始的六〇%提高了一些。你問原因嗎？這亞馬遜倒是沒解釋。」

木瀨擔憂的是亞馬遜的寄售服務，是由亞馬遜制定規則，而身爲使用者的出版社必須遵守的商業模式。木瀨說：「這並不是彼此簽訂合約的商業合作模式，所以亞馬遜可以任意更改規定內容，它如果要將批發價從現在的六〇%改成四〇%也是可行的。讓我害怕的是亞馬遜透過寄售規定的約束，在亞馬遜與出版社之間建立了一套上對下的關係。儘管事業規模有大有小，但是我個人認爲契約地位的對等，才是商業貿易的本質。」

透視法的外銷以出版社爲客群，由KOROCOLOR出版社帶頭示範之後，其他出版社紛紛加入行列。在二〇一九年四月，已有九十四間出版社委託Transview販售圖書，二〇一八年整年所配送的書籍攀升到約八萬五千本。工藤預估一年後出版社數量會增加至一百三十間左右。合作的書店多達二千多間，幾乎占了日本書店總數的五分之一。

工藤說：「透視法的目標之一，還包括建立一條足以與亞馬遜這類網路書店抗衡的渠道。跟 Transview 下單，書店可以從一本書開始下訂，幾乎日本全國都可以隔日送達，獲利也比以往多一〇％。如此一來，客人隔天就可以在書店收到他想讀的書了。」

透視法的普及，也有利於 Transview 在出版本業上，制定圖書定價。工藤遞給我一本他們在二〇一九年四月出版的《看故事學論語，論語全譯定本》（物語として読む全訳論語決定版），該書共五百九十二頁，未稅價格二千二百日圓。

工藤：「這一本可以跟眾多出版社的書混搭，一起送到書店，節省物流費用，所以我們才可以定為二千二百日圓。如果只有我們一家出版社，價格可能就必須定在二千六百日圓了吧。」

對 Transview 有利，其他出版社也能受益，又能提高書店獲利，似乎這才眞的符合「三贏」的定義。

精選書店

位於京都御所與鴨川之間，我從主要幹道彎進一條靜謐的街道，此處有一間名為誠光社的小書店，是現年四十一歲的堀部篤史與妻子兩人於二〇一五年十一月所開設。堀部自大學時代便開始在京都歷史悠久的書店惠文社一乘寺店打工，最後升到店長。那裡的店員對選書擺設很講究，因而榮獲「精選店鋪」的美名，更是知名的觀光景點。

堀部會自行創業開店，是因爲他只想利用賣書的形式來經營書店。之前在惠文社時，進貨全由批發商經手，所以光靠書店抽成，無法支付人事費用或房租，於是書店裡越來越多的空間，用來陳列利潤較高的雜貨。最終這些帶給堀部巨大的壓力，讓他不禁思考，自己的本業到底是什麼？

該怎麼做，才能光靠賣書來營運一間書店？答案是同步實施兩個方案：一，縮小書店規模；二，與出版社直接交易，將書店抽成提高到三〇％。

我比採訪約定的時間提早抵達誠光社，待在收銀兼櫃臺的一隅，啜飲著堀部太太幫我沖泡的咖啡。櫃臺內擺放著一部懷舊的黑膠唱片機，正在播放美國作曲家兼歌手詹姆士．泰勒（James Taylor）的黑膠唱片。

誠光社成立初期，堀部便一間一間地拜訪出版社，推行直接交易。現在與誠光社直接交易的出版社有二百多間，誠光社網站上列出的名單包括文藝春秋、新潮社、海鈴書房（みすず書房）、河出書房新社等。與各出版社之間的合作條件略有不同，堀部的目標鎖定在藉由直接交易，讓書店抽成達到三〇％。

「我們開出的條件是一次進貨三萬日圓以上的圖書，而且是買斷不退貨，運費則由出版社負擔。有的出版社很爽快地答應，當然即使我們已經成立了四年，至今依舊仍有談不攏的地方。因爲這是人與人之間的溝通，我也只能耐心地繼續跟他們協商下去。至於我們還沒直接合作的出版社，則是透過專門接洽童書的批發商進貨。」

在堀部遞給我的那些批發商通路的進貨單上，詳細記載了每本圖書的批發價格，數字從八三．五％到七〇．〇％不等。

——你認爲書店抽成二二％，與跳過批發通路，抽成三〇％，這兩者間究竟有何差異？

「書店經營的分母越小，影響力就越大。像我們家月銷大約三百萬日圓，書店抽成可以從六十六萬日圓拉升到九十萬日圓。我是根據以前待在惠文社一百坪左右空間所累積下來的經驗，得出一個結論：想要以一間單純的書店存活下來，就必須縮小每間店的分母。我們家的書店面積不到二十坪，庫存大約五千本。工作人員基本上只有我和太太。我們一樓是店面，二樓弄成住家，竭盡所能地節省開銷，再加上與出版社直接交易，讓書店抽成來到三〇％，達成只靠賣書來經營書店的目標。現在我們可以養家活口，甚至有多餘的錢可以在夜晚外出小酌。」

據說店裡所有的書籍都是由堀部親自選書下單。堀部說道：「我希望客人下次來的時候，都能在架上看到不一樣的書，所以幾乎每天都會下單訂書。」

——日本每年平均出版七萬多種書目的新書，你有辦法全部看過一遍嗎？

「我利用出版社的書單目錄，大概可以瀏覽五千多種書目吧！像岩波文庫、講談社文藝文庫等等，而且在上一份工作經歷二十年的訓練，我大概知道要抓哪些重點。」

堀部心中所描繪的書店，並不是像亞馬遜那種輸入書名檢索購物的索引型書店，而是精心排列書架上的書本，讓讀者體驗當下偶遇的欣喜。例如在料理書的書架上，擺著各種食譜，中間穿插一些《孤獨的美食家》之類的漫畫，或是池波正太郎所寫有關食物的隨筆散文。爲了尋找食譜而光顧的客人，可能隨手帶走一本漫畫或池波的散文集，這才是堀部致力營造的書店。他們另外還在書本的排列上下功夫，在新書之間穿插少許的二手書，讓書架整體看上去更有品味。

我在堀部店裡購買了三本硬底子的書，分別是岩波現代文庫出版的《吃鹽的女人——訪談錄．北美黑人女性》（塩を食う女たち聞書・北米の黒人女性）、Inscript 出版的《福克納，密西西比》（*Faulkner, Mississippi*），以及新潮社出版的《納粹的下一個天堂》（*The Nazis Next Door: How America Became a Safe Haven for Hitler's Men*）的日文譯本，購買金額共七千七百五十四日圓。誠光社抽三成，所以會有二千三百二十六日圓的收入。

——最後，針對同樣是直接交易，我詢問堀部亞馬遜的寄售服務批發價六成一事的看法。

堀部正言厲色地表示：「批發價六成的條件突然擺在出版社面前，我想毫無準備的出版社絕不可能招架得住。如果亞馬遜是利用自己權力上的優勢，強行推銷的話，極有可能造成某種程度上的『剝削』。」

誘人吞下劇毒的甜言蜜語

亞馬遜在二〇一七年進一步布署，爲推動直接交易奠定基石。

二〇一七年四月下旬，亞馬遜通知各出版社將在六月底廢除「延期交貨訂單」。一般亞馬遜從批發商日販進書有兩種形式：一是日販有庫存，可以出貨的「標準訂單」；另一種是當亞馬遜下單時，日販倉庫湊巧也缺貨，於是從出版社調貨直接送達亞馬遜，這部分即是所謂的「延期交貨訂單」。也就是說，亞馬遜打算撤除從出版社調貨的延期交貨訂單。

亞馬遜撤銷延期交貨訂單會發生什麼事？當亞馬遜下單，日販缺貨時，那本書會連續數天顯示缺貨。如果出版社想預防在亞馬遜網站上的缺貨情況，只能利用寄售的方式直接進書給亞馬遜。

關於這點，亞馬遜與日販之間的看法相互對立。兩方陣營紛紛透過出版業的專業報，表明各自的立場。

亞馬遜的管道是《文化通信》，發言人爲前文中出現的圖書事業總部副協理村井良二，以及同部門的第二把交椅種茂正彥二人。

村井針對廢除延期交貨訂單的原委解釋如下：

「我們也要有心理準備，一旦停止延期交貨訂單，短期內本公司的銷售必定會受到相當大的衝擊。內部更是爭議不斷，質疑有沒有必要下這種決定……（儘管如此，最終下此裁斷的理由是）延期交貨訂單比例的增加，導致客人等待商品到貨的天數越拉越長，這意味著我們越瀕臨死亡。所以我們下定決心，停止延期交貨訂單，期盼日販盡量提高標準訂單的預備量，這樣做之後依舊無法籌備的部分，我們再透過與出版社直接交易的方式來供應，透過兩段式的架構，創造及早送貨到客人手中的完善機制。」（二〇一七年五月二十九日）

另外種茂提及，即使是寄售，依舊會維持再販制度，這點清清楚楚地寫在第七條規定當中。就算是寄售以外的直接交易，「如果出版社要求簽訂再販契約，我們完全配合」。至於批發價的部分，「雖然我們無法保證，雙方一度同意後的批發價會維持半永久性的狀態，但我們相當清楚在出版業不會輕易變更批發價格」。

換言之，一旦在寄售中雙方確定批發價格後，就不會輕易改變。亞馬遜特地說明，就像是自己承認出版社對亞馬遜抱持著不信任的態度。

我不清楚寄售規定第七條載有維持再販價格的相關內容，於是上網查詢，在亞馬遜網站上發現以下內容：

「乙方（筆者註：指出版社）於本服務註冊符合再販賣價格維持契約之定價的書籍及其他出版品時，有義務在填寫商品名單的步驟告知甲方（筆者註：指亞馬遜）該事實及定價（未稅）。」（寄售會員規定第七條第二項）

然而，正如前述的出版社社長木瀨所指出的，此乃亞馬遜訂定的規定，並非彼此交換契約簽署的契約書，亞馬遜若想朝令夕改，隨時都辦得到。

與其說亞馬遜打算完全破壞再販制度，不如說他們在估算如果像時效再販制度（出版品自發行開始，經過一定的期間後，可由書店自由標價的制度）一樣，在限定期間內改變圖書價格，是否能替亞馬遜帶來更多的銷售額？這件事將在一年後分曉。

亞馬遜與日販的契約是每年更新。日販身爲亞馬遜主要批發商，配給亞馬遜標準訂單的預備量這幾年逐年下滑。根據亞馬遜內部資料顯示：二〇一五年六成，二〇一六年五成，二〇一七年滑落到四成。預備量滑落的原因與其說是日販的供給能力變差，其實是日販未隨著亞馬遜銷售額的攀升加強供應量。

不包含在預備量中的書籍，便淪爲延期交貨訂單。

這裡的問題出在商品送達亞馬遜的備貨時間。如果是日販有庫存的標準訂單程序，商品一至三天便可送達；然而一旦成爲延期交貨訂單，就得耗費一到二週的時間。當因調貨而耗時的延期交貨訂單大增時，顧客可能就會放棄，導致商家錯失良機。這大概就是村井所說的「客人等待商品到貨的天數越拉越長，這意味著我們越瀕臨死亡」的意思了。

針對延期交貨訂單事件，負責處理亞馬遜事務的日販常務大河內充（二〇一八年六月卸任）在另一家出版業專業報《新文化》上提出反駁。首先，針對亞馬遜宣稱延期交貨訂單比例多達四成的說法，大河內說道：

「不光只是亞馬遜，日販在所有網路通路上的延期交貨訂單比例大概是一五％左右。當亞馬遜無法在本公司取得預備庫存時，會重複訂購同一件商品。這個部分如果也算進分母，我想亞馬遜所指出的預備量即與實際情況相距甚遠。」（二〇一七年六月二十二日）

大河內又進一步闡述：「我們對此次事件的發生感到相當困惑。亞馬遜指出，在延期交貨的訂單當中，比起書本以外的其他商品，從出版社的調貨不透明的部分太多。也就是說，他們不清楚到底是要進貨？還是不會進貨？所以我們為了提高交貨速度，讓交貨時間更加明確，從去年開始便以大型出版社為主軸推動改革，亞馬遜對此也給予高度的評價。然而正當我們為了拓展今後與出版社的連繫，開始有所行動之際，卻收到亞馬遜終止延期交貨訂單的通知……我所謂『感到相當困惑』指的是亞馬遜撤除所有延期交貨訂單的做法，與其先前的態度讓人覺得表裡不一。」

（同前篇報導）

亞馬遜與日販，分別透過不同的專業報，宣示雙方對立的立場。我過往曾在物流業的專業報工作過，但從沒遇過兩家商業上有往來的公司，夾著專業報隔空叫陣互嗆，在這之後也沒聽過物流業發生類似情況。大概也只有亞馬遜這家公司有這等能耐，還眞是一間不可思議的企業。

正當延期交貨訂單的問題帶給出版業巨大衝擊之際，日本亞馬遜總裁張差不多在同一時期，於日本記者俱樂部進行演講，會中他曾提及直接交易。當時正值二〇一七年二月下旬。

「自亞馬遜（日本）於二〇〇〇年開幕以來，我們就特別重視圖書這一塊。爲了提供顧客更完善多樣的圖書種類，我們藉由推動直接交易，實現了圖書流通的最佳境界，並且改善了缺貨情形。從出版社直接將圖書進貨到亞馬遜，不僅豐富了圖書選項，也加快了配送速度。我們爲亞馬遜的用戶、出版社和作者，提供了更多元的商品選擇，同時提升了使用的便利性……爲了讓更多的讀者用戶能更快速地取得書籍，並且在想要買書的時候就能在亞馬遜買到，今後我們會持續努力推動與出版社的直接交易。」

三分之二直接交易

那麼現在有多少間出版社與亞馬遜直接交易？亞馬遜發布廢止延期交貨訂單之前，曾在二〇一七年二月針對出版社召開方針說明會，會中曾公布自二〇一七年開始直接交易的出版社當中，年銷售額超過一億日圓以上的出版社有五十五家，已累計共一百四十一間出版社；年銷售額低於一億日圓且開始直接交易的有六百零五家，已累計有二千一百八十八間出版社，兩者合計共二千三百二十九間。（《新文化》二〇一八年二月八日）

出版社的數量若來到三千，就表示有三分之二以上的出版社已經與亞馬遜直接交易了。

然而，業界知情人士表示，必須留意這個數字的解讀方法。

「有的出版社——像 KADOKAWA 是屬於完全直接交易，將整個書系全權交由亞馬遜處理；也有的出版社是同時採用亞馬遜的直接交易與批發商，並且將重點擺在批發商通路；另外也有只與亞馬遜進行過一次或數次直接交易這種單點式的直接交易。整體而言，雖然都是直接交易，但與亞馬遜之間關係的深淺各有不同，在我看來亞馬遜是特意拿掉這層關係的差異，用有利於自己的形式發表數字。如果不小心以為有二千三百多間出版社都將與亞馬遜的直接交易作為主要販售通路，會有誤判全局的危險。」

例如單點式交易，指的大概是以下準大型出版社所述的情況。該準大型出版社的相關人士表示：「敝出版社以前曾以單點式的方式與亞馬遜進行直接交易，僅限於像黃金週、中元節、過年這些連續假期。因爲我們家倉庫也會休息，日販的回應也變得比較緩慢，才會與亞馬遜直接交易，而且數量頂多只是幾個宅配用的紙箱配送的程度。不過，當亞馬遜提出廢止延期交貨訂單時，我們並沒有加入與亞馬遜直接交易的行列，因爲亞馬遜所提議的批發價非常低，大約落在六三％至六四％之間。在準大型出版社當中，我們與批發商之間的批發價原本就已經偏低了，我們也隱忍多年。所以我們原本的打算是，如果亞馬遜開出的批發價可以像KADOKAWA一樣加碼到七〇％，我們就可以用這個當作武器，來跟批發商重談批發價。但是亞馬遜所提出的數字，遠遠低於我們原本的預計，所以最後我們沒有接受亞馬遜的提議。就我所知，跟本社同樣爲準大型出版社當中，有滿多間都沒有加入直接交易。即使廢止延期交貨訂單之後，本社的圖書在亞馬遜網站上也沒有出現連續缺貨的情況，銷售十分順利。」

亞馬遜的直接交易在某種程度上看似已經滲透中小型出版社，卻得不到大型出版社的回應。

某大型出版社的相關人士說：「講談社、小學館、集英社目前也都還沒接受亞馬遜直接交易的邀約。要說大型出版社最不想遇到的情況，那就是如果自家的倉庫與亞馬遜進行ＥＤＩ（電子資料交換）連接，倉庫內部的所有一切就會被亞馬遜看光光。倉庫的內在機密曝光，就跟洩露公司經營狀況一樣，甚至有可能因而被亞馬遜抓住攸關生死的關鍵。所以不可能答應與亞馬遜直接交易。」

所以先前的準大型與大型出版社，都不約而同選擇經由批發商將圖書配送到書店的流通形態，而非亞馬遜的直接交易。

然而就在隔年，日販老闆公開發表批發商事業崩潰的言論。

日販老闆平林彰是在接受《文化通信》訪談時，提出這樣的看法。《文化通信》於二〇一八年三月刊登這篇報導，標題是〈要求出版社更改合作條件〉（出版社に条件変更求める）。報導中，平林指出今後將要求出版社提高雜誌已停滯多年的運費補貼，以及調降圖書的批發價格。（《文化通信》二〇一八年三月十九日）

在同年六月的股東大會上，角川春樹事務所社長角川春樹先確認《文化通信》報導內容是否屬實後，提問：「關於流通問題，貴公司此番要求，是否涉嫌濫用優勢地位？」

對此，平林回覆：「我個人認為我們的批發事業已經崩潰。我甚至認為批發商事業遲早會退場，這只是時間早晚的問題。」

批發業的龍頭企業老闆親口說出「批發商事業崩潰」的言論，由此可知出版業的問題已經病入膏肓。

這樣的言論，也同樣表現在財報數字上。

日販在二〇一八年三月制的年報中，單就本業的批發商部門計算，自創業以來首度出現六億多日圓的虧損；二〇一九年三月制的年報上的損失金額更是增加到七億多日圓。根據該社二〇一八年的財報，可以看出二〇一五年以後，運費支出的快速上揚是造成虧損的主要原因。

查看東販二〇一八年三月制的年報，帳面上雖然有盈餘，但若扣除東販算在營業外支出中以「銷售折扣」的名義提供給書店的獎金，單就批發商部門便有超過五億日圓的虧損。二〇一九年三月制的年報更是創下十二多億日圓的損失紀錄。

兩家企業現在都必須靠本業以外的事業獲利或變賣資產，來塡補批發商本業的虧損。

《文化通信》的常務星野評論：「日販與東販今後採取的行動便是與出版社談條件。具體上，我想他們會透過調降圖書的批發價，以及收取圖書運費這兩個方式，試圖解決圖書部門多年以來的虧損。同時，兩家企業在物流事業方面今後會進入合作模式。他們預定在二〇二〇年以後，共同處理新書配送業務、圖書雜誌退貨物流作業。原本關係疏遠的二大企業，竟然會在物流業務上相互合作，這在幾年前是不可能發生的事。另外，他們也有可能在書店事業上，加強彼此之間的連繫。二間公司旗下都差不多擁有三百間左右的書店，所以如果能夠強化批發業務與書店一條龍的經營模式，或許有可能成爲營運的重要支柱。最後，也有可能進行多角化經營，增加雜貨文具的銷售、經營餐飲店、加入照護產業、設立健身俱樂部等，藉以增加收入。」

看在亞馬遜的眼裡，從批發商老闆口中說出「崩潰」的言論，正是進攻的大好時機。

亞馬遜在二〇一九年二月召開的事業方針說明會上，邀請了各大出版社，宣布買斷圖書的企畫。在買斷圖書的情況下，亞馬遜的訴求是希望出版社調降批發價。至於滯銷的圖書，亞馬遜表示「將與出版社及賣家商量」，降價銷售的策略也納入考慮之中。（《日本經濟新聞》二〇一九年二月一日）

亞馬遜終於將魔爪伸向重新評估圖書市場的再販制度。

關於日本圖書今後是否會和美國一樣，像暢銷書傾銷般，用大幅降價的方式銷售，亞馬遜內部也是意見紛歧。某相關人士引用「亞馬遜高階主管認爲，日本法人之所以能夠成爲海外法人中的首位獲利者，全是因爲日本圖書價格受再販制度保護所致」的說法，推測日本出版業日後爲了保障自己的權益，針對折扣銷售應該還是會採取消極的態度。同時，其他的相關人士亦稱「說不定會調降已經發行二、三年的圖書價格，藉以吸引大衆目光，帶動另一波銷售熱潮」。

從時間軸來觀察亞馬遜的行動，可以發現他們對直接交易的強烈堅持，從在日本營運開始以來就一本初衷，從未改變。等到直接搭上出版社，之後再分別談判，個別攻破再販制度，也不會讓人覺得有什麼不可思議。

然而，一旦眞的發生類似情況，現在壓在一千五百日圓上下的暢銷新書，價格有可能抬升到二千多日圓，甚至三千日圓以上。出版社如果只是一味接受亞馬遜提出的降價協商，將會親手葬送圖書的未來。亞馬遜一旦展開行動，提議調降批發價，圖書價格自然會開始上揚。對亞馬遜而言，或許能替圖書部門帶來提升獲利的價值，但對未來可能付出高價購買圖書的消費者來說，有何利益可言？

無庸置疑的是，市場要正常運作，絕不可缺乏公正的競爭。所以在擁有七千億日圓消費力道的圖書市場當中，占有二千億日圓銷售額的強者亞馬遜，如果憑藉雄厚的購買實力，持續壓榨小型出版社並從中獲利，日本恐難以由此描繪出出版業光明璀璨的未來風景。

結語

亞馬遜公司猶如萬花筒一般持續進化、演變，吸引用戶目光。他們施展魔力，隨著新服務的推陳出新，讓用戶永不厭倦，反而更加著迷。

媒體更是緊跟報導亞馬遜的一舉一動。

美國亞馬遜在二〇一九年四月下旬的財報發布會上宣布，將擴大美國免費隔日到貨的營運範圍。在日本，隔日到貨是是一般標準，但在疆域廣闊的美國，標準服務是後天到貨。貝佐斯乘坐在由前妻麥肯琪駕駛，從德州一路開往西雅圖的車上所完成的創業計畫書中，早已明確標示有便利性、商品齊全、價格這三大重點，同時亦清楚指出「便利性」指的是商品配送的速度。如今，亞馬遜預計在二〇一九年投注大規模投資，將美國的配送速度從後天到貨縮短至隔日到貨。

亞馬遜於二〇一九年六月召開的ＡＩ大會「Re:MARS」業務發布會上，亞馬遜內部人稱「另一個傑夫」的全球消費者業務部執行長與亞馬遜副總裁傑夫．威爾克在開幕時宣告，亞馬遜將在年底前啟用小型無人機，預計三十分鐘以內即可將商品送達顧客手中。第一階段實施對象是五磅（大約二公斤）以下商品，飛行距離最遠十五英里（約二十四公里）。

在美國先行推出的服務項目日後通常也會在日本實施，如此一來可以預料日本利用小型無人機配送包裹的服務，未來可能也將由亞馬遜打頭陣。

提到美國優先推出的服務，包括圖書專用實體店 Amazon Books、不收現金便利商店的無人商店 Amazon Go，以及囊括大約二千多件亞馬遜網站上榮獲四星以上評價商品的亞馬遜四星店（Amazon 4-Star），預計早晚也會進軍日本。亞馬遜前進銀行體系的風聲，在這二、三年間更是時有所聞。

這些服務事業誠如貝佐斯所言，早在數年前便開始播種、培育，在服務正式推出之前，已經花了多年研究，反覆測試修正。至於其中哪一項事業會成爲貝佐斯口中所說的「一棒揮出一百分，甚至一千分」的搖錢樹，目前不得而知，不過可以確定的是，從這些事業賺取獲利的亞馬遜會持續蛻變下去。

那麼，亞馬遜當前關注的事業是什麼？

出席前述「Re:MARS」會議的貝佐斯，在會上「貝佐斯語錄」全開，侃侃而談今後亞馬遜的投資事業。首先，面對司儀提問：「當你想投資的事業遭周遭反對時，你會如何處理？」貝佐斯如此答道：

「這時候我有一句固定的臺詞，我會說：『要不要跟我一起賭一把？』這世界上沒有任何人可以正確預知未來，我也不知道將來會發生什麼事，所以才會說『跟我一起賭一把』。相反地，有時候我也會被周遭的人說服，准許他們放手去投資新的事業。不過事情一旦決定了，我絕對不會雞蛋裡挑骨頭爲難他們，我會說『我知道了，既然是大家一起決定的事，那我們就一起努力讓它成功』。」

司儀接著詢問，亞馬遜近期最大的賭注是什麼？貝佐斯回答是網路衛星計畫「古柏計畫」（Project Kuiper）。這是一項加入目前打得火熱的寬頻通訊服務事業的計畫，預計將發射超過三千顆通訊衛星覆蓋整個地球，亞馬遜曾在四月公告計畫綱要。從圖書出版起步的亞馬遜宣告，要跨足衛星寬頻事業。

貝佐斯說：「這是一項使用回收式低軌衛星的服務，全世界每個人都希望能夠平等地連上寬頻，不論是窮鄉僻壤，還是人煙稀少的地區，因為寬頻連線現在已經是一項人人都需要的服務。」

目前，這個領域已有軟銀集團出資的美國新創公司、臉書等紛紛準備加入戰局，所以一旦進入實用階段，想必會有一番激烈的競爭，不過事業如果步上軌道，或許又將成為亞馬遜另一個全新收入來源的支柱。

現在GAFA當中，以亞馬遜最受矚目，這是因為亞馬遜將大部分利潤投注在新服務或新商品的開發用途上，卻從未發過一次股息。因為亞馬遜認為回報股東最好的方式是，藉由不斷投資新服務或新商品，擴大亞馬遜本身的規模。這在股票市場算是十分特異獨行的想法。

然而，就連被媒體尊為「奧馬哈的先知」的知名投資家華倫．巴菲特都在旗下公司波克夏．海瑟威二〇一九年五月召開股東大會之前，聲稱「以前沒買亞馬遜的股票是我愚蠢」，並承認波克夏將首度購入亞馬遜股票。在此之前對亞馬遜敬而遠之的「先知」巴菲特也開始購買亞馬遜股票的新聞，亦進一步推升了亞馬遜的股價。

對用戶而言，亞馬遜又是怎麼樣的公司？

亞馬遜不斷改善服務，一次次推出新服務，如此用心的呵護，讓用戶渾然忘我，往往都快要陷入停止思考的境地。

我自己就不光是圖書或DVD，連醫藥用品、紅酒、衣服都在亞馬遜網站上購買，在家等著收貨。我才在思考自己不會在亞馬遜購買的大概只剩生鮮食品，結果就好像有人跟我心電感應似地，財經報社便報導日本亞馬遜與大型連鎖超市「Life Corporation」聯手，預計在二〇一九年推出從實體店面配送生鮮食品及熟食的服務。（《日本經濟新聞》二〇一九年五月三十日）

然而，消費者是否可以完全信賴，乃至依賴亞馬遜？

看看那些市集賣場的賣家，或是下定決心加入直接交易的出版社，因爲難以抗拒亞馬遜的集客力與銷售實力，紛紛一擁而上，結果一旦踏上亞馬遜鋪好的道路，便遭對手翻臉不認人的慘痛故事，消費者會不會也像他們一般遭遇同樣的反擊？

在我們享受亞馬遜所帶來的便利而視爲珍寶的同時，商店街的店家一間間鐵門深鎖，街上的書店更是越來越少。

如果亞馬遜的做法是不追求當前利益，專心搶奪市占率之後，再提高利潤，那麼當周遭再也沒有可以與之匹敵的競爭對手時，這一刻不就是亞馬遜從消費者身上恣意吸取利益的最佳時機了嗎？

二〇一九年四月，日本亞馬遜將尊榮會員年費從以往的三千九百日圓調漲到四千九百日圓。有人說還是比美國年費一百一十九美元便宜，或許也有人會說不喜歡被漲價的話，退出會員就好。但是，亞馬遜的行銷方式就是慢慢地、一點一滴地讓用戶中毒，對亞馬遜上癮，然後再也脫離不了。想要讓那些亞馬遜重度使用者，斷絕一切在亞馬遜上的購物行爲過活下去，恐怕會有相當大的困難。

陷入這種寄生體質，難道沒有問題嗎？以自家利益爲優先的亞馬遜哪一天掌握了日本過半的市場，身爲用戶的你我不會後悔嗎？我希望大家停下腳步，多方蒐集亞馬遜的資訊，並加以分析、判斷。

我寫這本書的目的，是希望在這個將亞馬遜讚譽爲全球「勝利組企業」、看好資訊不斷的大環境底下，提供一些不同的見解。

亞馬遜不單只有表面上「勝利組企業」顯而易見的一面，還包括：貝佐斯這位企業經營者的人物形象；在經營上，實際仇視勞工或工會活動的狀況；竭盡全力逃離繳稅義務的企業本質；在市場取得優勢地位之後，便徹底壓榨合作企業，弱肉強食的本色；對財務報告義務不以爲意的保密主義等。

期望各位消費者能自今日起，從這些更完整的面向，冷靜地重新評估亞馬遜這家企業。

二〇一九年八月某日　橫田增生

參考文獻

書籍

◆《亞馬遜AMAZON.COM：傑夫・貝佐斯和他的天下第一店》羅伯・史派特　遠流　二〇〇〇年九月
◆《亞馬遜網路書店的十大秘訣》雷貝佳・桑德斯　聯經　一九九九年十月
◆《亞馬遜的祕密》（アマゾンの秘密）松本晃一　鑽石社　二〇〇五年一月
◆《有錢人也驚訝的一〇五日圓這筆大金額》（大金持も驚いた１０５円という大金）吉本康永　三五館　二〇〇九年五月
◆《亞馬遜公司的臥底報導》（潜入ルポアマゾン・ドット・コム）横田増生　朝日新聞出版　二〇一〇年十二月
◆《窮漫畫》（漫画貧乏）佐藤秀峰　佐藤漫畫製作所　二〇一二年四月
◆《大逃稅》尼可拉斯・謝森　商周　二〇一九年四月
◆《避稅天堂》（タックス・ヘイブン）志賀櫻　岩波新書　二〇一三年三月
◆《改變街區的獨立小店》堀部篤史　時報　二〇一五年十二月
◆《貝佐斯傳：從電商之王到物聯網中樞，亞馬遜成功的關鍵》布萊德・史東　天下文化　二〇一六年十一月
◆《食稅魔》（タックス・イーター）志賀櫻　岩波新書　二〇一四年十二月

◆《傑夫・貝佐斯擊潰敵手的技巧》（ジェフ・ベゾス ライバルを潰す仕事術）桑原晃彌　經濟界新書　二〇一五年三月
◆《書店與民主主義》（書店と民主主義）福嶋聰　人文書院　二〇一六年六月
◆《直接賣書》（まっ直ぐに本を売る）石橋毅史　苦樂堂　二〇一六年六月
◆《激戰》（ドッグファイト）楡修平　KADOKAWA　二〇一六年七月
◆《只須這一本就能全盤掌握雲端的基本概念》（この一冊で全部わかるクラウドの基本）林雅之　SB新創　二〇一六年八月
◆《物流致勝：亞馬遜、沃爾瑪、樂天商城到日本 7-ELEVEn，靠物流強搶市場，決勝最後一哩路》角井亮一　商業週刊　二〇一七年十月
◆《小出版社的經營之道》（小さな出版社のつくり方）永江朗　猿江商會　二〇一六年九月
◆《亞馬遜 2022：貝佐斯征服全球的策略藍圖》田中道昭　商周　二〇一八年十一月
◆《物流大衝擊》（物流大激突）角井亮一　SB新書　二〇一七年六月
◆《大和正傳》（ヤマト正伝）日經商務編　日經BP　二〇一七年七月
◆《宅配危機》（宅配クライシス）日本經濟新聞編　日本經濟新聞出版社　二〇一七年十月
◆《為什麼亞馬遜要「今日到貨」？》（なぜアマゾンは「今日中」にモノが届くのか）林部健二　petite lettre　二〇一七年十二月
◆《亞馬遜效應！》（アマゾンエフェクト！）鈴木康弘　總統社　二〇一八年四月
◆《帶你了解 AMAZON 亞馬遜》（AMAZON アマゾンがわかる）GAFA・Research・JAPANSocym　二〇一八年五月

◆《Amazon 的人為什麼這麼厲害？：日本亞馬遜創始成員告訴你，他在貝佐斯身旁學到的高成長工作法。》佐藤將之　大是　二〇一九年一月

◆《出版狀況編年史 V》（出版状況クロニクル V）小田光雄　論創社　二〇一八年五月

◆《amazon 稱霸全球的戰略：商業模式、金流、ＡＩ技術如何影響我們的生活》成毛真　高寶　二〇一九年五月

◆《四騎士主宰的未來：解析地表最強四巨頭 Amazon、Apple、Facebook、Google 的兆演算法，你不可不知道的生存策略與關鍵能力》史考特・蓋洛威　天下雜誌　二〇一八年八月

◆《亞馬遜死亡指數》（デス・バイ・アマゾン）城田真琴　日本經濟新聞出版社　二〇一八年八月

◆《1 小時做完 1 天工作，亞馬遜怎麼辦到的？：亞馬遜創始主管公開內部超效解決問題、效率翻倍的速度加乘工作法》佐藤將之　采實　二〇一九年六月

◆《仁義不在的宅配》（仁義なき宅配）横田增生　小學館文庫　二〇一八年十一月

◆《出版的崩壞與亞馬遜》（出版の崩壊とアマゾン）高須次郎　論創社　二〇一八年十一月

◆《沒人雇用的一代：零工經濟的陷阱，讓我們如何一步步成為免洗勞工》詹姆士・布拉德渥斯　遠流　二〇一九年四月

◆《數位經濟與稅金》（デジタル経済と税）森信茂樹　日本經濟新聞出版社　二〇一九年四月

◆《繩之以法》（*Called to Account*）瑪格麗特・霍奇（Margaret Hodge）　Little, Brown　二〇一六年九月

影音資料（為了方便檢索，以下盡量採用 YouTube 上的片名）

- 傑夫・貝佐斯一九九七年訪談（Jeff Bezos 1997 Interview）一九九七年
- 傑夫・貝佐斯一九九九年訪談——亞馬遜這個書呆子（The Jeff Bezos of 1999: Nerd of the Amazon）六十分鐘　一九九九年七月
- 《商業周刊》主編史蒂芬・謝普訪談：傑夫・貝佐斯如何開創亞馬遜？（How Did Jeff Bezos Start Amazon with Stephen Shepard Businessweek editor-in-chief）二〇〇一年四月十一日
- 傑夫・貝佐斯二〇〇一年訪談（Jeff Bezos 2001）二〇〇一年五月四日
- 亞馬遜驚人的故事——傑夫・貝佐斯（The Amazing Amazon Story - Jeff Bezos）二〇〇一年
- 挑戰：傑夫・貝佐斯的亞馬遜（Taking on the Challenge: Jeffrey Bezos Amazon）Entrepreneurship Conference　二〇〇五年二月十二日
- 創辦人傑夫・貝佐斯談論全新 Kindle（Founder Jeff Bezos discusses the All-New Kindle）二〇〇七年十一月十九日
- 二〇〇八年新創學院裡的傑夫・貝佐斯（Jeff Bezos at Startup School 08）二〇〇八年四月十九日
- 傑夫・貝佐斯談論亞馬遜、創新、顧客服務、Kindle、電子書及行銷（Jeff Bezos on Amazon, Innovation, Customer Service, Kindle, eBooks, and Marketing）BookExpo America　二〇〇八年五月三十日
- 亞馬遜 Kindle 與 Kindle Fire 的記者會（Amazon Kindle and Kindle Fire Press Event）Amazon Web Services　二〇一二年九月六日

◆亞馬遜如何在英國逃稅？（How Amazon avoids tax in the UK）BBC Parliament 二〇一二年十一月十二日

◆二〇一二年回覆：活動第二天傑夫・貝佐斯與沃納・威格斯閒談（2012 re: Invent Day 2 Fireside Chat with Jeff Bezos & Werner Vogels）Amazon.com 二〇一二年十一月二十九日

◆亞馬遜：點擊背後的真相（Amazon: The Truth Behind the Click）BBC Panorama 二〇一三年十一月二十九日

◆亞馬遜的零售商務革命潮（Amazoń Retail Revolution Business Boomers）BBC 二〇一四年五月二十八日

◆傑夫・貝佐斯介紹亞馬遜打造的第一支智慧型手機 Fire phone（Jeff Bezos introduces Fire phone, the first smartphone designed by Amazon）Amazon Press Conference 二〇一四年六月十八日

◆亞馬遜崛起（Amazon Rising）CNBC Originals 二〇一四年六月三十日

◆《商業內幕》燃火研討會，亨利・布拉吉訪談傑夫・貝佐斯（Interview Amazon CEO, Jeff Bezos, sat down with Henry Blodget at Business Insider's Ignition）二〇一四年十二月十五日

◆華特・艾薩克森二〇一六年十月訪談：傑夫・貝佐斯的力量（The Power of Jeff Bezos - Interview October 2016 with Walter Isaacson）二〇一六年十月

◆達拉斯的小布希總統紀念中心論壇：傑夫・貝佐斯談論「領導力」（Jeff Bezos speaks at the George W. Bush Presidential Center's Forum on Leadership, in Dallas）二〇一八年四月二十日

◆Gala 二〇一七：傑夫・貝佐斯閒談（Gala 2017: Jeff Bezos Fireside Chat）二〇一七年五月

◆亞馬遜的賈西談論雲端 Alexa 戰略與成長（Amazon's Jassy on Growth, the Cloud Alexa Strategy）二〇

一七年十月十二日

◆亞馬遜CEO傑夫．貝佐斯和兄弟馬克的稀有對談——貝佐斯成長與成功的祕密（Amazon CEO Jeff Bezos and brother Mark give a rare interview about growing up and secrets to success）Los Angeles' Summit　二〇一七年十一月四日

◆亞馬遜網路服務CEO安迪．賈西談論他如何抓住夢寐以求的工作（Amazon Web Services CEO Andy Jassy On How He Snagged His Dream Job）CNBC　二〇一七年十二月

◆傑夫．貝佐斯談論亞馬遜、藍色起源、家庭與財富（Jeff Bezos Talks Amazon, Blue Origin, Family, And Wealth）Business Insider　二〇一八年四月二十四日

新聞報導除了參考日本國內《日本經濟新聞》《朝日新聞》《讀賣新聞》等以外，亦翻閱了諸多美國、英國等地為主的海外新聞報導。雜誌部分則參考《週刊東洋經濟》《日經商業週刊》《鑽石週刊》《新聞周刊日文版》《DIAMOND Chain Store》等雜誌，此外亦多方參照英文雜誌報導。引用報章內容時，作者竭盡所能於文中載明來源出處。

Eurasian Publishing Group
圓神出版事業機構
用心與你對話．視野無限寬廣
先覺出版社
Prophet Press
www.booklife.com.tw reader@mail.eurasian.com.tw

人文思潮 144

潛入亞馬遜：了解全球獨大電商的最後一塊拼圖

作　　者／橫田增生
譯　　者／林姿呈
發 行 人／簡志忠
出 版 者／先覺出版股份有限公司
地　　址／台北市南京東路四段50號6樓之1
電　　話／（02）2579-6600・2579-8800・2570-3939
傳　　真／（02）2579-0338・2577-3220・2570-3636
總 編 輯／陳秋月
資深主編／李宛蓁
責任編輯／林亞萱
校　　對／蔡忠穎・林亞萱
美術編輯／林雅錚
行銷企畫／詹怡慧・黃惟儂
印務統籌／劉鳳剛・高榮祥
監　　印／高榮祥
排　　版／杜易蓉
經 銷 商／叩應股份有限公司
郵撥帳號／ 18707239
法律顧問／圓神出版事業機構法律顧問蕭雄淋律師
印　　刷／祥峰印刷廠
2020年7月初版

SENNYU REPO AMAZON TEIKOKU by Masuo YOKOTA
© Masuo YOKOTA 2019
All rights reserved.
Original Japanese edition published by SHOGAKUKAN,
Traditional Chinese (in complex characters) translation rights arranged with
SHOGAKUKAN, through Bardon-Chinese Media Agency.
Chinese (in complex character only) translation copyright © 2020 by Prophet Press,
an imprint of Eurasian Publishing Group.

定價 390 元 ISBN 978-986-134-361-7 版權所有・翻印必究

◎本書如有缺頁、破損、裝訂錯誤，請寄回本公司調換
Printed in Taiwan

我寫這本書的目的，是希望在這個將亞馬遜讚譽為全球「勝利組企業」、看好資訊不斷的大環境底下，提供一些不同的見解。亞馬遜不單只有表面上「勝利組企業」顯而易見的一面……

——橫田增生，《潛入亞馬遜》

◆ **很喜歡這本書，很想要分享**

圓神書活網線上提供團購優惠，
或洽讀者服務部 02-2579-6600。

◆ **美好生活的提案家，期待為您服務**

圓神書活網 www.Booklife.com.tw
非會員歡迎體驗優惠，會員獨享累計福利！

國家圖書館出版品預行編目資料

潛入亞馬遜：了解全球獨大電商的最後一塊拼圖／
橫田增生 著；林姿呈 譯 . -- 初版 .-- 臺北市：先覺，2020.07
384 面；14.8×20.8 公分 --（人文思潮；144）
譯自：潜入ルポ amazon 帝国
ISBN 978-986-134-361-7（平裝）
1. 亞馬遜網路書店（Amazon.com） 2. 電子商務 3. 報導文學

490.29 109006953